常　青　主编 | 城乡建成遗产研究与保护丛书

# 西南近代建筑风格演变

# THE EVOLUTION OF MODERN ARCHITECTURE STYLES IN SOUTHWEST CHINA

侯实　著

同濟大學出版社
TONGJI UNIVERSITY PRESS
·上海·

**图书在版编目（CIP）数据**

西南近代建筑风格演变 / 侯实著 . -- 上海 : 同济大学出版社 , 2023.5

ISBN 978-7-5765-0394-4

Ⅰ . ①西… Ⅱ . ①侯… Ⅲ . ①建筑风格－研究－西南地区－近代 Ⅳ . ① TU-862

中国国家版本馆 CIP 数据核字 (2023) 第 091852 号

**西南近代建筑风格演变**

**侯实　著**

出 品 人　金英伟
责任编辑　姜　黎
责任校对　徐春莲
装帧设计　张　微

出版发行　同济大学出版社 www.tongjipress.com.cn
（地址：上海市四平路 1239 号　邮编：200092　电话：021–65985622）
经　　销　全国各地新华书店
印　　刷　常熟市华顺印刷有限公司
开　　本　710mm×960mm　1/16
印　　张　22
字　　数　440 000
版　　次　2023 年 5 月第 1 版
印　　次　2023 年 5 月第 1 次印刷
书　　号　ISBN 978-7-5765-0394-4
定　　价　118.00 元

# 总 序

国际文化遗产语境中的“建成遗产”（built heritage）一词，泛指历史环境中以建造方式形成的文化遗产，其外延大于“建筑遗产”（architectural heritage），可包括历史建筑、历史聚落及其他人为历史景观。

从历史与现实的双重价值来看，建成遗产既是国家和地方昔日身份的历史性见证，也是今天文化记忆和“乡愁”的共时性载体，可作为所在城乡地区经济、社会可持续发展的一种极为重要的文化资源和动力源。因而建成遗产的保护与再生，是一个跨越历史与现实，理论与实践，人文、社会科学与工程技术科学的复杂学科领域，有很强的实际应用性和学科交叉性。

显然，就保护与再生而言，当今的建成遗产研究，与以往的建筑历史研究已形成了不同的专业领域分野。这是因为，建筑历史研究侧重于时间维度，即演变的过程及其史鉴作用；建成遗产研究则更关注空间维度，即本体的价值及其存续方式。二者在基础研究阶段互为依托，相辅相成，但研究的性质和目的不同，一个主要隶属于历史理论范畴，一个还需作用于保护工程实践。

追溯起来，我国近代以来在该领域的系统性研究工作，应肇始于 1930 年由朱启钤先生发起成立的中国营造学社，曾是梁思成、刘敦桢二位学界巨擘开创的中国建筑史研究体系的重要组成部分。斗转星移八十余载，梁思成先生当年所叹“逆潮流”的遗产保护事业，于今已不可同日而语。由高速全球化和城市化所推动的城乡巨变，竟产生了未能预料的反力作用，使遗产保护俨然成了社会潮流。这恰恰是因为大量的建设性破坏，反使幸存的建成遗产成了物稀为贵的珍惜对象，不仅在专业研究及应用领域，而且在全社会都形成了保护、利用建成遗产的价值共识和风尚走向。但是这些倚重遗产的行动要真正取得成功，就要首先从遗产所在地的实际出发，在批判地汲取国际前沿领域先进理念和方法的基础上，展开有针对性和前瞻性的专题研究。唯此方有可能在建成遗产的保护与再生方面大有作为。而实际上，迄今这方面提升和推进的空间依然很大。

与此同时，历史环境中各式各样对建成遗产的更新改造，不少都缺乏应有的价值判断和规范管控，以致不少地方为了弥补观光资源的不足，遂竞相做旧造假，以伪劣的赝品和编造的历史来冒充建成遗产，这类现象多年来不断呈现泛滥之势。对此该如何管控和纠正，也已成为城乡建成遗产研究与实践领域所面临的棘手挑战。

总之，建成遗产是不可复制的稀有文化资源，对其进行深度专题研究，实施保护与再生工程，对于各地经济、社会可持续发展具有愈来愈重要的战略意义。这些研究从基本概念的厘清与限定，到理论与方法的梳理与提炼；从遗产分类的深度解析，到保护与再生工程的实践探索，需要建立起一个选题精到、类型多样和跨学科专业的研究体系，并得到出版传媒界的有力助推。

为此，同济大学出版社在数载前陆续出版“建筑遗产研究与保护丛书”的基础上，规划出版这套“城乡建成遗产研究与保护丛书”，该丛书被列入“十三五”国家重点图书出版物出版规划项目。该丛书的作者多为在博士学位阶段学有专攻，已打下扎实的理论功底，毕业后又大都继续坚持在这一研究与实践领域，并已有所建树的优秀青年学者。我认为，这些著作的出版发行，对于当前和今后城乡建成遗产研究与实践的进步和水平提升，具有重要的参考价值。

是为序。

同济大学教授、城乡历史环境再生研究中心主任

中国科学院院士

丁酉正月初五于上海寓所

# 前 言

中国近代是一个大转型的时代，正如李鸿章所说“三千余年一大变局”和陈寅恪所说“数千年未有之巨劫奇变”。而建筑是一个时代政治、经济、社会、文化变化最重要的物化载体之一，透过西南近代建筑风格的演变，可以窥见思想、观念、制度等各种变化。

鸦片战争后，随着西方殖民势力的入侵，中国东南沿海和沿长江的诸多城市陆续开埠，划定的租界区仿照西方建立起近代城市与建筑管理制度，发展工业和城市公共事业，兴办建筑师事务所和营造厂，引进西方建筑材料、建造技术和施工设备，逐渐建立起繁华的近代都市。

而西南地区的川滇黔三省地处内陆，在近代转型过程中有着较为独特的历史进程，开埠晚，租界不发达，长期的军阀混战导致工业、经济发展滞后，近代城市和建筑行业转型较沿海沿江地区缓慢。也正因如此，在西南广袤的城乡才留下了独具特色、类型丰富，既受外来影响又带有本土风貌特征的近代建筑群。这一外来建筑样式的本土化进程同时也是中国传统文化对外来文化的涵化过程，对研究中国内陆地区的建筑转型具有重要意义。

首先，本书对西南近代城市与建筑发展历程进行了综述，分别以西南近代城市开埠（1889 年）、辛亥革命爆发（1911 年）、军阀战争结束（1933 年）、抗战后国民政府还都南京（1946 年）作为时间节点，将西南近代建筑的发展为成 5 个时期：萌芽期、转变期、发展期、繁荣期、衰退期。由于篇幅原因，对衰退期不作详细论述。

其次，本书用 4 个章节对不同时期的西南近代建筑风格演变进行了论述，以外来文化影响下建筑风格的本土化转变为主要视角，研究不同建筑风格的源起与演变的过程，分析其背后的原因：

（1）1840 年至 1888 年是西南近代建筑的萌芽期。最早的外来样式出现在天主教建筑中，禁教时期的天主教堂被动采用本土民居样式，19 世纪中叶出现将西式修院与中式合院结合的庭院式本土修院形式；以木构架为主的教堂将入口从中式民居的正面逐渐转向山面，室内空间仿照巴西利卡三廊式布局，并将主立面设计成中式牌楼大门的样式，形成与西方教堂近似的室内空间与立面构图。

（2）1889 年至 1910 年是西南近代建筑的转变期。因重庆开埠而传入了外廊式风格，因滇南开埠而传入法式洋房风格；19 世纪下半叶教案频发，天主教会利用教案赔款重建了规模更大的教堂和修院，演化出几种新的中西融合的平面类型，立面则流行中式砖石牌楼、木构牌楼式，以及简化的巴洛克风格、罗马风风格、哥特式风格；基督教会在教会医院建筑中最早采用了西式新古典主义风格，在教会学校建筑中最早采用了中国民族形式。

（3）1911 年至 1933 年是西南近代建筑的发展期。辛亥革命后设立的政府机关，创办的新式中小学校等大多沿用了清末象征“新政”的巴洛克风格大门或门头，继而影响到川黔地区军阀、士绅庄园的门头样式；外廊式风格在传播过程中，受传统建筑“间架”逻辑的影响，发展出一种本土化外廊式风格；法式洋房在传播过程中，同样与风土民居融合，发展出一种本土化洋房建筑；军阀主导新建或改建的骑楼街、商业街形成了“拼贴”西式街面的时髦样式；这一时期新古典主义风格建筑数量不多，多受制于建筑材料和技术而部分采用本土做法；教会大学确立了融合西式新古典主义平面布局、立面构图与中式风土建筑“语汇”的中国民族形式，并影响到全国其他地区。

（4）1933 年至 1946 年是西南近代建筑的繁荣期。军阀混战结束后，迎来商业、金融业的短暂繁荣，各大银行、公司纷纷兴建“摩登”的大楼，并聘请沿海城市的建筑师主持设计，带来彰显银行地位的新古典主义风格、装饰艺术派与现代主义风格；1938 年日军开始大轰炸后，建筑业急剧萎缩，利用传统简易技术搭建了一大批临时住宅、临时校舍、平民住宅等；随着与殖民者和侵略者的外部矛盾的加深，国民政府倡导的代表中华民族形象的中国固有式建筑在这一时期得以推广；但现代主义建筑师反对浪费，宣传并提倡现代主义风格；在官绅住宅中形成了一种战时简洁样式，少有装饰，奠定了重庆近代建筑的主要特色。

再次，本书对西南近代建筑管理制度与建材工业发展历史进行了简单的梳理，着重阐明建筑管理制度的不健全导致的行业发展滞后，现代战争对建筑结构和外观选择的重要影响，建材工业落后带来的对本土材料和技术的持续需求，以及由此得到促进的风格的融合。

最后，从西南近代建筑风格演变和建筑转型的视角，本书对主要研究成果进行了总结，并对未来的研究方向进行了展望。

# 目录

**总序** 3

**前言** 5

**第一章　为什么研究西南近代建筑** 11

一、缘起 11

二、西南近代建筑的时空界定 12

1. 西南近代建筑的空间界定 12

2. 西南近代建筑的时间界定 14

三、西南近代建筑研究综述 15

1. 整体研究概况 15

2. 不同学科的研究成果 18

3. 现有研究总结 24

**第二章　西南近代建筑发展历史分期** 26

一、西南近代历史发展进程 27

1. 天主教与基督教传播 27

2. 洋务运动与开埠 37

3. 军阀统治与军阀战争 52

4. 抗战内迁与大轰炸 65

5. 抗战胜利后的回迁 86

二、西南近代建筑发展历史分期 89

1. 关于历史分期的讨论 89

2. 对历史分期的新认识 91

第三章　萌芽期：本土建筑风格的传承与演变　97
一、采用本土建筑风格的早期天主教堂　98
1. 寨堡式布局的早期天主教堂　98
2. 本土民居风格的早期天主教堂　99
二、融入西式特征的天主教堂与修院　100
1. 西式庭院式布局的本土修院　100
2. 砖石牌楼式立面的天主教堂　103
3. 天主教堂空间和立面的变化　106

第四章　转变期：外来样式的殖入与中西融合　111
一、开埠时期传入的外来建筑样式　112
1. 随开埠传入的外廊式风格　112
2. 随铁路传入的法式洋房风格　120
二、中西融合的天主教本土教堂与修院　125
1. 中西融合的天主教堂平面布局　125
2. 中西融合的天主教堂立面风格　137
3. 中西融合的天主教堂空间与装饰　147
三、基督教建筑中的外来与本土风格　157
1. 西式风格的基督教堂与医院　157
2. 本土风格的乡间基督教堂　165

第五章　发展期：西式风格本土化与中式建筑复兴　167
一、巴洛克风格的本土化演变　168
1. 巴洛克风格建筑的类型与特征　168
2. 巴洛克风格的样式来源　182
二、外廊式风格的本土化演变　184
1. 外廊式公馆建筑的类型与特征　184
2. 外廊式风格的本土化演变　198

三、洋房式风格的本土化演变 203
1. 法式洋房风格建筑的影响 203
2. 洋房式风格的本土化演变 207
四、商业街的西式“表皮”立面 211
1. 军阀主导下建造的骑楼街 211
2. 新式商业街的“拼贴”立面 217
五、新古典主义风格的本土化特征 220
1. 新古典主义风格建筑的类型 220
2. 新古典主义风格的本土化特征 221
六、中式建筑风格的传承与复兴 225
1. 新式学堂对传统书院的继承与创新 225
2. 从中国民族形式到固有式建筑的转变 229

**第六章　繁荣期：传统技术改进与现代主义兴起** 244
一、抗战前短暂流行的“摩登”样式 245
1. 新古典主义风格的商业建筑 245
2. 装饰艺术派与现代主义风格的传入 246
二、抗战时传统建筑技术的继承与改进 250
1. 采用简易建筑技术的临时建筑 250
2. 传统建筑技术的传承和改进 253
三、抗战时中国固有式建筑的流行与反思 271
1. 仿官式建筑的中国固有式风格 271
2. 对中国固有式建筑的反思 274
四、抗战时流行的装饰艺术派与现代主义风格 277
1. 装饰艺术派与现代主义风格的流行 277
2. 现代主义建筑理论的宣传与推广 286
五、抗战时城市与乡村居住建筑的变化 288
1. 战时简洁样式的居住建筑 288

2. 乡土民居的防御性与装饰特征 293

第七章 近代建筑制度与技术对风格的影响 300
一、建筑制度与法规对建筑风格的影响
1. 建筑管理机构与建筑业的发展 300
2. 从传统匠帮到近代营造业转变 300
3. 战时防空法对建筑风格的影响 305
二、建材工业与建造技术对风格的影响 311
1. 机制砖瓦对建筑风格的影响 313
2. 水泥与钢材对建筑风格的影响 313
315

结语
一、西南近代建筑风格演变研究成果 319
1. 西南近代建筑风格演变特征 319
2. 西南近代建筑转型特点 319
二、西南近代建筑未来研究方向展望 324
326

附录
附录 1 现存西南近代天主教堂建筑 329
附录 2 现存西南近代基督教堂建筑 336
附录 3 现存滇越铁路与个碧临屏铁路车站建筑 338

参考文献 341
后记 349

# 第一章　为什么研究西南近代建筑

## 一、缘起

中国近代建筑的研究始于20世纪50年代，到80年代，学界对此研究的视角和内容更为全面，但主要研究成果集中在上海、武汉、青岛、天津、厦门、大连、重庆、岭南等沿海沿江的城市和地区，对身处内陆的西南近代建筑研究的广度和深度均不足，还缺乏全景式研究，缺少对建筑演变动因的深入分析。总的来看，遗留的问题还比较多。

西南是一个地理和文化的双重概念，本书特指四川、贵州、云南、重庆三省一市[1]。因与周边区域之间被崇山峻岭阻隔，形成相对封闭的地理单元，西南地区在历史发展进程中具有一定的相似性与关联性，使得将其整体作为研究对象成为可能。明末清初以后，虽然已有西方传教士进入西南地区，但与西方世界直接联系则要到19世纪末开埠之后，原本较弱的经济和工业基础，加上民国以来长时间军阀战争的影响，使得西南近代城市的发展较沿海沿江地区滞后。抗日战争全面爆发后，西南成为大后方，大量行政、军事、工业、教育、科研机构内迁，人口、资金和技术的汇聚，在客观上促进了西南的开发，加速其社会的转型。

正是由于社会发展进程的独特性，西南近代建筑的演变具有自身的特点和规律，由始至终延续继承了地域风土建筑特征，并在对外来建筑样式不断“被动融合”与“主

---

1　本书中的西南是指现在的四川、贵州、云南、重庆三省一市的范畴，后文又可简称“川滇黔”三省，包括重庆和历史上的西康省。现在的重庆市域古代属四川的川东地区，在抗战时期，重庆市曾于1939年成为国民政府院辖市（相当于今天的直辖市），新中国成立后，1950年设立川东行署区，1952年撤销，1997年再次直辖。西康省于1939年设立，1955年撤销。

动涵化”中，最终形成了本土化的风格。比如以天主教堂和公馆为代表的西南近代乡间建筑，既具有地域风土建筑特征，又带有西式风格与装饰元素，与大家熟悉的沿海沿江城市“完全西化”的近代建筑差异甚大；而以重庆为代表的近代城市建筑中，采用新材料、新技术，由专业分工的营造厂建造的近代大楼数量较少，大部分近代建筑中均能看到传统建筑材料和建造技术的影响。

研究西南近代建筑的建造年代、建造者、使用者，并以建筑风格演变作为切入口，将建筑材料、建造技术和文化观念作为关联因素，探讨建筑风格的产生背景、演变动因与传播路径等，这些是本书的主要关注点。作为“中国建筑的现代转型”这一主题的组成部分，西南近代建筑研究是对中国近代建筑史研究的重要增补，是近代时期中西建筑文化交融研究的重要组成部分，也是对西南近代历史学、社会学等学科的补充。

本书以第三次全国文物普查中的近现代建筑为线索，搜集和整理了西南地区现存的大部分重要近代建筑的相关资料，重点包括教会建筑、公馆洋房、商业金融建筑、教育建筑、工业建筑和军事设施等。大量一手的近代建筑案例资料可为今后的调查研究提供基础资料和索引，为西南近代建筑保护提供支撑。

## 二、西南近代建筑的时空界定

### 1. 西南近代建筑的空间界定

“西南”作为一个地理概念，有广义和狭义之分。20 世纪 40 年代，刘敦桢先生在西南地区做中国住宅调查研究的时候，对“西南”有过一个大略的定义：“窃以为西南诸省之涵义，在地理上，系指四川、西康、云南、贵州、广西五省而言，即东经 93° ～ 113° ，北纬 21° ～ 34° 之间。”[1]20 世纪 90 年代出版的《西南研究书系》的总序《西南研究论》一文指出：“狭义的西南指今天的川、滇、黔、渝三省一市，广义的西南则还包括藏、桂两地以及湘、鄂西部一些地区。”[2]

1　刘敦桢 . 西南古建筑调查概况 [M]// 刘敦桢文集：第四卷 . 北京：中国建筑工业出版社 ,2007:1-23.

2　《西南研究书系》编委会 . 西南研究论（总序）[M]// 斯心直 . 西南民族建筑研究 . 昆明：云南教育出版社 ,1992:1-12.

“西南”又是一个文化的概念。从民族学角度看，一般将历史上西南地区各少数民族分属于“氐羌系统、百越系统、苗瑶系统和百濮系统”[1]，再加上人口占据绝对多数的汉族，就构成了西南现有的民族。从语言学角度看，主要方言为西南官话，包含四川、贵州、云南、重庆大部分地区，湖北、湖南、陕西、广西小部分地区。除汉语外，还有“汉藏语系藏缅语族、汉藏语系壮侗语族、南亚语系孟高棉语族和汉藏语系苗瑶语族”[2]。

虽然少数民族众多，语言类型丰富，但相似的自然、地理条件，使得西南地区社会文化发展历程具有相似性，从而将西南整体作为研究对象成为可能。“其北面的秦岭及大巴山脉的阻隔大大削弱和延缓了自秦统一中原以来汉文化向西南的推进；其东面的巫山山脉和沅水、乌江等重重障碍既阻隔了四川盆地与洞庭湖盆地间的天然关联，又造成了强大的荆楚文化同西南文化的自然分野；武夷山和南岭则缓冲了其同东南‘百越’的某种冲突，并使彼此间的文化距离日益拉开；西南内部数条与中原相异的南北流向的大江大河又沟通了西南内部的相互联系。”[3]

特殊的地理环境决定了西南地区历史城镇的分布。古代的交通工具效率低，水运是最节省的方式，此外就只能依靠马帮驮运和人力搬运，由此形成了蜀道、蜀身毒道、川盐古道、茶马古道等古代交通网络。西南古代的城镇就是沿着这些江河水系、山间坝子、交通驿道发展起来的。具体而言，金沙江东西向串联起西南地区多条大江，而四川盆地内又有多条自西北流向东南的江河交汇于金沙江，沿线串联起了富饶的城镇，除成都平原外，均为低山丘陵地貌；发源于云贵高原的河流一部分由南向北汇入金沙江，另一部分向南或东南流经南亚和东南亚国家入海，该地区城镇一是沿江分布，更多的是位于山间大小不等的“坝子”中；川东地区为平行岭谷地貌，长江经由唯一的通道向东经三峡夺路而出，山顶是连绵的平坝，适宜耕作和居住。

地理环境的封闭性，使得近代时期西南的经济、政治、文化的发展受殖民和外来文化的影响较之沿海和长江中下游地区要缓慢一些。川滇黔三省的近代历史发展进程同样具有较高的一致性，相似之处在于：

---

1 蓝勇 . 西南历史文化地理 [M]. 重庆 : 西南师范大学出版社 ,1997:8.

2 同上 .

3 《西南研究书系》编委会 . 西南研究论（总序）[M]// 斯心直 . 西南民族建筑研究 . 昆明 : 云南教育出版社 ,1992:1-12.

（1）从早期西方天主教传播来看，川滇黔长期属于同一个大教区管辖。17 世纪，西方传教士已开始深入西南腹地，1753 年，罗马教廷将四川、云南、贵州 3 省的传教权委托给巴黎外方传教会。1879 年，天主教将中国分为五大传教区，其中第四区域为四川（含重庆）、云南、贵州、西藏[1]。

（2）1911 年辛亥革命以后，川滇黔三省军阀之间进行了长达 20 余年的战争，云南军阀对贵州和四川的持续影响，使西南三省更紧密地联系在一起，并在政治、军事、经济上相互影响[2]。

（3）抗战期间，西南被选定为抗战大后方，重庆成为陪都，正是由于水陆交通的阻隔，除了贵州三都、独山、丹寨和荔波 4 个县，云南龙陵、保山和腾冲 3 个县曾被日军攻陷外，其他县市均未沦陷，而相邻的湖南、湖北、广西则大部分县市均沦陷，川滇黔在抗战时期的历史进程也具有一致性。

因此，从近代建筑发展演变的角度看，本书选取“狭义”的西南，即今天的“四川、云南、贵州、重庆”三省一市，作为研究的空间范围。

## 2. 西南近代建筑的时间界定

通常讨论的中国近代建筑是与历史学上的中国近代时期相对应的，对应的是西方殖民势力进入，中国社会性质发生变革的时期。“所指的时间范围是从 1840 年鸦片战争开始，到 1949 年中华人民共和国建立为止。中国在这个时期的建筑处于承上启下、中西交汇、新旧交替的过渡时期，这是中国建筑发展史上一个急剧变化的阶段。”[3]“从一般地探讨建筑社会性来说这种分界线是可以，但从特殊地阐述建筑形式，尤其是从阐述中西建筑形式的交融会合这个问题来说，显然这一分界线没有实际意义，应当以建筑现象本身呈现的特征为分期标准。”[4]

事实上，早在 16 世纪中国建筑就开启了中西方文化交融的历史进程。澳门 1535 年开始形成城市，并出现西式建筑，北京圆明园 1745 年至 1759 年修建西洋楼，

---

1 徐宗泽 . 中国天主教传教史概论 [M]. 上海 : 上海书店出版社 .2010:171.

2 川滇黔三省军阀与广西的桂系军阀之间也有战争 , 但总的来看 , 川滇黔三省之间的混战更频繁和紧密。

3 侯幼彬 . 中国大百科全书（建筑·园林·城市规划卷）[M]. 北京 : 中国大百科全书出版社 ,2004:569-570.

4 王世仁 . 中国古建筑探微 [M]. 天津 : 天津古籍出版社 ,2004:409-410.

广州1800年至1841年间的十三行与十三夷馆，均是按照西方的营造思想、方法和形式建造的，这些建筑虽然不能定义为近代建筑，但通常的近代建筑研究均将其纳入研究范畴，可以将其称为“前近代时期”[1]。“对中国近代建筑的研究而言，我们关注的是那一部分体现了近代中国社会变迁的近代建筑。具体来说，即能够通过研究这一部分建筑在形制、技术、思想等方面应变递嬗的过程，考察传统与现代的关系、中外关系以及社会结构、生活和意识的种种变迁。”[2]

本书研究的内容为近代及前近代时期受外来文化影响的建筑转型及风格演变。17世纪中叶，天主教已在西南地区传播，但早期的教会建筑几乎没有留下实例，且主要是改造和利用当地传统建筑，对建筑风格转变影响甚小。西南地区保留下来的受西方文化影响的最早的近代建筑多建于鸦片战争前后，经历了教会传播、开埠通商、军阀战争、抗日战争等各个时期，近代建筑风格也处于不断转变之中。因此，从近代建筑发展演变的角度，本书研究对象的时间界定为：1840年至1949年间的近代建筑，同时兼顾19世纪中叶以前的前近代时期。

## 三、西南近代建筑研究综述

### 1. 整体研究概况

1956年，梁思成指导刘先觉完成的学位论文《中国近百年建筑》，开启了中国近代建筑研究的先河，该成果在《中国近现代建筑艺术》[3]一书中有所体现。1962年，建设部组织编写了《中国近代建筑简史》[4]，是最早关于近代建筑的综述研究。20世纪80年代开始新一轮近代城市与建筑研究，至1995年年底进行了哈尔滨、重庆、昆明等城市（地区）的近代建筑调查，共出版《中国近代建筑总览》16个分册，

1 杨秉德．中国近代中西建筑文化交融史 [M]. 武汉：湖北教育出版社，2003:94-104.

2 刘亦师．关于中国近代建筑史研究的几个基本问题 [M]// 张复合，主编．中国近代建筑研究与保护（八）. 北京：清华大学出版社，2012:3-15.

3 刘先觉．中国近现代建筑艺术 [M]. 武汉：湖北教育出版社，2004.

4 建筑工程部建筑科学研究院，建筑理论及历史研究室，中国建筑史编辑委员会．中国近代建筑简史 [M]. 北京：中国工业出版社，1962.

侧重于受外来建筑文化影响较早较大的沿海、沿江（长江）、沿边（边疆）地区的城市。其中，杨嵩林等主编的《中国近代建筑总览　重庆篇》[1] 和蒋高宸等主编的《中国近代建筑总览　昆明篇》[2] 从建筑概况、实测报告、建筑分布、调查分析等方面对重庆和昆明的近代建筑做了初步的介绍和研究。

1989 年，王绍周主编的《中国近代建筑图录》[3] 是较全面的中国近代建筑资料集，而涉及西南的只有几个案例。杨秉德主编的《中国近代城市与建筑》[4] 在论及成都及重庆时，有较多的建筑案例，《中国近代中西建筑文化交融史》[5] 是从建筑文化的视角切入，研究中国近代中西文化交融的历史，其中提及早期西方建筑对中国近代建筑产生影响的三条渠道：教会传教渠道、早期通商渠道与民间传播渠道，对本书有所启发。关于中国近代建筑转型方面的研究，赖德霖的《中国近代建筑史研究》[6] 是该领域最早的研究成果之一，对后续研究有很大启发性，尤其是在近代建筑的建造技术、建筑观念等研究方面具有开创性。李海清的《中国建筑现代转型》[7] 则从建筑技术、建筑制度、建筑思潮等方面对中国近代建筑进行了全方位的研究。以上的研究成果均是针对中国近代建筑全貌式的研究与论述，内容中单独涉及西南近代建筑的很少。

1986 年至 2016 年的 30 年间，全国共召开了 15 次中国近代建筑史学术年会，收入《中国近代建筑保护与研究》系列丛书（一）至（十）的论文有 770 篇，这些论文涵盖了中国近代建筑研究的各个方面，覆盖地域面广，但其中论及西南近代建筑的仅占论文总数的 5.2%，从一个侧面反映出西南近代建筑研究的力量偏弱，成果较少。（表 1-1）

---

1　杨嵩林，等 . 中国近代建筑总览 重庆篇 [M]. 北京 : 中国建筑工业出版社 ,1993.

2　蒋高宸，等 . 中国近代建筑总览 昆明篇 [M]. 北京 : 中国建筑工业出版社 ,1993.

3　王绍周 . 中国近代建筑图录 [M]. 上海 : 上海科学技术出版社 ,1989.

4　杨秉德 . 中国近代城市与建筑 [M]. 北京 : 中国建筑工业出版社 ,1993.

5　杨秉德 . 中国近代中西建筑文化交融史 [M]. 武汉 : 湖北教育出版社 ,2003.

6　赖德霖 . 中国近代建筑史研究 [M]. 北京 : 中国建筑工业出版社 ,2007.

7　李海清 . 中国建筑现代转型 [M]. 南京 : 东南大学出版社 ,2004.

表 1-1 《中国近代建筑研究与保护》书系论文数量统计

| 论文集名称 | 出版时间 | 总论文数 | 西南地区论文数 |
| --- | --- | --- | --- |
| 中国近代建筑研究与保护（一） | 1999 年 11 月 | 56 | 2 |
| 中国近代建筑研究与保护（二） | 2001 年 7 月 | 55 | 3 |
| 中国近代建筑研究与保护（三） | 2004 年 1 月 | 62 | 1 |
| 中国近代建筑研究与保护（四） | 2004 年 7 月 | 74 | 1 |
| 中国近代建筑研究与保护（五） | 2006 年 7 月 | 95 | 3 |
| 中国近代建筑研究与保护（六） | 2008 年 6 月 | 125 | 11 |
| 中国近代建筑研究与保护（七） | 2010 年 7 月 | 88 | 2 |
| 中国近代建筑研究与保护（八） | 2012 年 7 月 | 83 | 8 |
| 中国近代建筑研究与保护（九） | 2014 年 6 月 | 69 | 7 |
| 中国近代建筑研究与保护（十） | 2016 年 7 月 | 63 | 2 |
| 总计 |  | 770 | 40 |

来源：自制

进入 21 世纪，以重庆大学为代表的西南本地高校开始系统地研究西南近代建筑，其成果体现在一系列硕士和博士论文中。《巴蜀建筑史——近代》[1] 在前人研究的基础上，将巴蜀近代最具代表性的建筑分为教会建筑、金融建筑、居住建筑、教育建筑、工业建筑等类型，列举了较多的案例，分析其建筑历史与特征，并对近代建筑师及营造学社在四川的成就及影响做了总结。《重庆抗战时期建筑研究》[2] 将时间锁定在陪都八年期间重庆的建筑活动。《重庆陪都时期建筑发展史纲》[3] 从建筑管理机构、建筑法规制度、建筑师职能、营造商、建筑结构技术、建筑材料、建筑学术团体、建筑设计思想、建筑教育、文物保护等方面全面论述了重庆陪都时期的建筑史。《早期现代中国建筑规则创立初探——结合陪都时期重庆城市讨论》[4] 分别从建筑师制度和营建制度、建筑规则等方面做了论述，涉及重庆地方建筑规则与其他城市建筑规则的比较，防空建筑规则等，有大量的历史文献资料。

1　方芳 . 巴蜀建筑史——近代 [D]. 重庆 : 重庆大学 ,2010.

2　屈仰 . 重庆抗战时期建筑研究 [D]. 重庆 : 重庆大学 ,2011.

3　郭小兰 . 重庆陪都时期建筑发展史纲 [D]. 重庆 : 重庆大学 ,2013.

4　刘宜靖 . 早期现代中国建筑规则创立初探——结合陪都时期重庆城市讨论 [D]. 重庆 : 重庆大学 ,2014.

《川西地区民国时期建筑研究》[1]搜集了成都及周边地区民国建筑的史料，对建筑的形成背景、发展过程以及建筑特征、技术特征等进行了初步分析。《西方建筑文化影响下的贵阳近代建筑》[2]及《“西风”渐进影响下的贵州近代建筑》[3]是对贵州近代建筑概览式的研究，对贵州近代建筑的发展进行了分期，并按功能进行了分类，将风格类型分为了植入式、吸收式和创新式三种。《黔西南近代建筑浅探》[4]对黔西南特殊的庄园式近代建筑进行了记录和分析。

到2016年五卷本《中国近代建筑史》问世，汇聚了国内近代建筑史研究的诸多学者的研究成果，内容翔实，涉及范围广。但整套书系中论及西南近代建筑的仍然很少，分别摘录如下：“第五章 第二节 西南地区重庆和贵阳的现代化”论述了西南地区的重庆和贵阳的近代早期建筑发展历程；“第七章 第一节 圣约翰大学、金陵大学、岭南大学、华西协和大学、北京辅仁大学”中有关于成都华西协和大学建筑群的论述；“第七章 第四节 建筑‘翻译’——西方建筑师与一种中国风格建筑的设计方法”有关于贵阳圣若瑟堂的立面风格演变的研究；“第十二章 第八节 重庆新村实验与建设”是关于抗战前后重庆新村实验的研究；“第十六章 第一节 陪都重庆与后方城市贵阳的战时都市建筑问题”论述了重庆与贵阳在战时的建筑发展；“第十七章 第二节 战后重庆的都市计划与建设”重点论述了重庆的《陪都十年计划草案》。

## 2. 不同学科的研究成果

### （1）西南近代城市发展史的研究成果

关于西南近代城市的研究，20世纪80年代末出版的《重庆城市研究》[5]与《成都城市研究》[6]是关于两座城市研究论文的合集，并不成系统。20世纪90年代出版

1　景小彤 . 川西地区民国时期建筑研究 [D]. 绵阳 : 西南科技大学 ,2017.

2　周坚 . 西方建筑文化影响下的贵阳近代建筑 [M]// 张复合 . 中国近代建筑保护与研究（七）. 北京 : 清华大学出版社 ,2010:221-227.

3　陈顺祥 , 周坚 .“西风”渐进影响下的贵州近代建筑 [M]// 张复合 , 刘亦师 . 中国近代建筑保护与研究（九）. 北京 : 清华大学出版社 ,2014:75-103.

4　罗松 . 黔西南近代建筑浅探 [M]// 张复合 , 刘亦师 . 中国近代建筑保护与研究（九）. 北京 : 清华大学出版社 ,2014:104-113.

5　隗瀛涛 , 主编 . 重庆城市研究 [M]. 成都 : 四川大学出版社 ,1989.

6　成都市城市科学研究会 . 成都城市研究 [M]. 成都 : 四川大学出版社 ,1989.

的《近代重庆城市史》[1]《成都城市史》[2]《近代昆明城市史》[3]对三座城市的近代化进行了系统的研究，涵盖政治、经济、文化、社会各方面的变化，尤其侧重于经济活动对城市发展转型的影响。

杨秉德主编的《中国近代城市与建筑》[4]中第十一章论述了“内地城市成都”，第十二章论述了“内地城市重庆”。张仲礼、熊月之、沈祖炜主编的《长江沿江城市与中国近代化》[5]以长江沿江的城市近代化演变为线索，侧重于经济发展与社会转型的研究，涵盖西南的城市主要有重庆、万县、宜宾。隗瀛涛主编的《中国近代不同类型城市综合研究》[6]按特征将近代城市进行了分类，其中涉及西南的城市有约开商埠的中心城市重庆，自开埠的交通枢纽城市昆明、盐都自贡，战时后方工业化城市贵阳，传统商业转型城市成都，分别就推动近代城市化最重要的特征因素进行了论述。

《区域格局中的近代中国城市空间结构转型初探——以“长江上游”和“重庆”城市为参照》[7]论述了影响近代城市空间转型的几个因素——区位、现代交通以及租界的样板作用。《1937—1949年重庆城市建设与规划研究》[8]重点论述了重庆作为抗战时期陪都及成为直辖市后，在防卫御灾、乡村建设、工业区建设、教育文化区建设等方面的规划管理思想与实践，同时探讨了战时重庆的建筑思潮与建筑教育，是近年来研究西南近代城市较为全面的论文。《重庆近代城市规划与建设的历史研究（1876-1949）》[9]则分了三个历史时期，分别研究了每个时期重庆城市规划与建设的特征与实践成果。《〈陪都十年建设计划草案〉初探》[10]从一份民国文献入手分

---

1　隗瀛涛．近代重庆城市史 [M]. 成都：四川大学出版社，1991.

2　张学君，张莉红．成都城市史 [M]. 成都：成都出版社，1993.

3　谢本书，李江．近代昆明城市史 [M]. 昆明：云南大学出版社，1997.

4　杨秉德．中国近代城市与建筑 [M]. 北京：中国建筑工业出版社，1993.

5　张仲礼，熊月之，沈祖炜．长江沿江城市与中国近代化 [M]. 上海：上海人民出版社，2001.

6　隗瀛涛．中国近代不同类型城市综合研究 [M]. 成都：四川大学出版社，1998.

7　杨宇振．区域格局中的近代中国城市空间结构转型初探——以“长江上游”和“重庆”城市为参照 [M]// 张复合．中国近代建筑研究与保护（五）．北京：清华大学出版社，2006:271-284.

8　谢璇 .1937-1949 年重庆城市建设与规划研究 [D]. 广州：华南理工大学，2011.

9　李彩．重庆近代城市规划与建设的历史研究（1876-1949）[D]. 武汉：武汉理工大学，2012.

10　杨宇振．《陪都十年建设计划草案》初探 [M]// 张复合．中国近代建筑研究与保护（八）．北京：清华大学出版社，2012:184-189.

析了当时的规划思想，《〈陪都十年建设计划草案〉之研究》[1] 主要研究了《陪都十年建设计划草案》的制定背景、内容以及实施情况，并对其进行了评述。《“嘉陵江三峡乡村建设”时期北碚的城市与建筑（192—1949）——重庆乡村就地现代化样本研究》[2] 则重点研究了卢作孚在北碚领导的“嘉陵江三峡乡村建设”的城市化和现代化过程。《重构与变迁——近代云南城市发展研究（1856—1945 年）》[3] 重点对云南近代的城市化进行了梳理，分为了四个阶段，主要的城市包括大理、昆明及滇越铁路沿线城市。《近代成都城市空间转型研究（1840—1949）》[4] 分两个时期论述了近代成都城市空间的演变。

（2）按功能分类的西南近代建筑研究成果

17 世纪，西南地区已有西方传教士活动的记载，近代教堂往往是一个区域建筑最早发生转变的类型，所以大量近代建筑研究都着眼于教堂的类型及风格。目前关于西南近代教堂建筑的研究主要以重庆大学、西南交通大学、昆明理工大学三所高校的学位论文为主。《重庆近代天主教堂建筑研究》[5]《近代川西天主教教堂建筑》[6]《宜宾教区近代天主教堂建筑研究》[7]《云南基督教堂及其建筑文化探析》[8]《云南少数民族地区基督教教堂建筑装饰艺术研究》[9] 等论文，分别从不同地域和教区的教堂建筑入手，对近代教会的传播、现存教堂的实例分布、教堂风格特征分析、东西方文化交融等方面进行了研究和阐述。《贵州近代天主教堂造型的研究》[10] 和《贵

1 赵耀 .《陪都十年建设计划草案》之研究 [D]. 重庆 : 重庆大学 ,2014.

2 李文泽 .“嘉陵江三峡乡村建设”时期北碚的城市与建筑（1927-1949）[D]. 重庆 : 重庆大学 ,2018.

3 李艳林 . 重构与变迁——近代云南城市发展研究（1856-1945 年）[D]. 厦门 : 厦门大学 ,2008.

4 马方进 . 近代成都城市空间转型研究（1840-1949）[D]. 西安 : 西安建筑科技大学 ,2009.

5 黄瑶 . 重庆近代天主教堂建筑研究 [D]. 重庆 : 重庆大学 ,2003.

6 曹伦 . 近代川西天主教教堂建筑 [D]. 成都 : 西南交通大学 ,2003.

7 何畅 . 宜宾教区近代天主教堂建筑研究 [D]. 西安 : 西安建筑科技大学 ,2006.

8 张炯 . 云南基督教堂及其建筑文化探析 [D]. 昆明 : 昆明理工大学 ,2009.

9 程琦 . 云南少数民族地区基督教教堂建筑装饰艺术研究 [D]. 昆明 : 昆明理工大学 ,2010.

10 周坚 , 陈顺祥 . 贵州近代天主教堂造型的研究 [M]// 张复合 . 中国近代建筑研究与保护（八）. 北京 : 清华大学出版社 ,2012:278-285.

州近代天主教堂建筑类型初探》[1]是对贵州近代天主教堂建筑的全面研究。《中国近代基督宗教教堂图录（上、下）》[2]收录了全国31个省市有代表性的近代教堂的图片，包括大量西南地区的教堂，但缺乏分析研究，更缺乏图纸资料。《中国近代教会大学建筑史研究》[3]与《相思华西坝——华西协和大学》[4]则分别对教会开办的华西协和大学的历史和建筑进行了研究。

除教会建筑外，还有大量论文按照建筑功能类型，分门别类地研究以重庆为主的西南近代城市建筑。其中，关于近代金融建筑的研究有《重庆近代金融建筑研究》[5]；关于近代使馆建筑的研究有《重庆抗战时期使馆建筑研究》[6]；关于近代居住建筑的研究有《成都地区近代公馆建筑形态研究》[7]《成都市近代居住建筑保护现状与研究》[8]《重庆近代居住建筑研究》[9]《重庆近代宅第建筑特色研究》[10]《近代平民住宅的重庆实践》[11]《云南名人故居建筑特色解读》[12]；关于近代教育建筑的研究有《成都近代教育建筑研究》[13]《重庆近代教育建筑研究》[14]《华西协合大学近代建筑研究》[15]；关于近代工业建筑的研究有《重庆工业遗产保护利用与城市振兴》[16]《抗

1 周坚，郑力鹏．贵州近代天主教堂建筑类型初探 [J]. 建筑遗产 ,2020(03):36-43.

2 徐敏．中国近代基督宗教教堂图录（上、下）[M]. 南京：江苏美术出版社 ,2012.

3 张丽萍．相思华西坝——华西协和大学 [M]. 石家庄：河北教育出版社 ,2004.

4 董黎．中国近代教会大学建筑史研究 [M]. 北京：科学出版社 ,2010.

5 李睿．重庆近代金融建筑研究 [D]. 重庆：重庆大学 ,2006.

6 华观庆．重庆抗战时期使馆建筑研究 [D]. 重庆：西南大学 ,2015.

7 庞启航．成都地区近代公馆建筑形态研究 [D]. 成都：西南交通大学 ,2008.

8 何雨维．成都市近代居住建筑保护现状与研究 [D]. 成都：西南交通大学 ,2010.

9 陈卓．重庆近代居住建筑研究 [D]. 重庆：重庆大学 ,2006.

10 匡志林．重庆近代宅第建筑特色研究 [D]. 重庆：重庆大学 ,2012.

11 张菁，佘海超．近代平民住宅的重庆实践 [M]// 张复合，刘亦师．中国近代建筑保护与研究（九）．北京：清华大学出版社 ,2014:504-512.

12 曹帆．云南名人故居建筑特色解读 [D]. 昆明：昆明理工大学 ,2012.

13 孙音．成都近代教育建筑研究 [D]. 重庆：重庆大学 ,2003.

14 邱扬．重庆近代教育建筑研究 [D]. 重庆：重庆大学 ,2006.

15 李晶晶．华西协合大学近代建筑研究 [D]. 泉州：华侨大学 ,2012.

16 许东风．重庆工业遗产保护利用与城市振兴 [D]. 重庆：重庆大学 ,2012.

战时期重庆近郊分散式工业区建设》[1]，关于近代机场建筑研究的专著《中国近代机场建设史》[2]。此外，还有单独论述某种建筑风格在西南地区传播的论文，如《新古典主义建筑思潮与近现代重庆主城建筑演变（1891—1960）》[3]。

### （3）关于西南近代社会变迁的研究成果

对西南近代天主教及基督教传播历史的研究已经有了很多成果，法国荣振华整理的《16—20世纪入华天主教传教士列传》[4]，将巴黎外方传教会入华的所有1209名会士的生平做了简单梳理，其中提及大量西南地区的教堂、修院。刘杰熙编著的《四川天主教》[5]、郭丽娜的《清代中叶巴黎外方传教会在川活动研究》[6]和韦羽的《18世纪天主教在四川的传播》[7]是对天主教在川早期活动的研究成果。关于西南少数民族地区传教的研究成果更丰富，有秦和平的《基督宗教在西南民族地区的传播史》[8]，东人达的《滇黔川边基督教传播研究（1840—1949）》[9]，张坦的《"窄门"前的石门坎——基督教文化与川滇黔边苗族社会》[10]等。究其原因，近代以来西方教会尤其是基督教在西南地区传教的重点就是少数民族地区，这些区域原本比较落后，对教会的接受度高，传教活动对促进少数民族地区的社会、文字、文化、教育、医疗等方面发展的作用也最为显著。

随着近代以来西南乡村及少数民族地区的社会转型，建筑也发生着潜移默化的变化，但关于近代乡村及少数民族地区社会变迁的研究成果还较少。目前聚焦云南滇越铁路沿线社会、经济与建筑转型的研究成果还比较丰富，包括：《滇越铁路百

1 骆建云，谢璇．抗战时期重庆近郊分散式工业区建设[M]// 张复合．中国近代建筑研究与保护（八）．北京：清华大学出版社，2012:190-198.

2 欧阳杰．中国近代机场建设史[M]．北京：航空工业出版社，2008.

3 罗连杰．新古典主义建筑思潮与近现代重庆主城建筑演变（1891—1960）[D]．重庆：重庆大学，2016.

4 （法）荣振华，等．16—20世纪入华天主教传教士列传[M]．耿昇，译．桂林：广西师范大学出版社．2010.

5 刘杰熙．四川天主教[M]．成都：四川人民出版社，2009.

6 郭丽娜．清代中叶巴黎外方传教会在川活动研究[M]．北京：学苑出版社，2012.

7 韦羽．18世纪天主教在四川的传播[M]．广州：广东人民出版社，2014.

8 秦和平．基督宗教在西南民族地区的传播史[M]．成都：四川民族出版社，2003.

9 东人达．滇黔川边基督教传播研究[D]．北京：中央民族大学，2003.

10 张坦．"窄门"前的石门坎——基督教文化与川滇黔边苗族社会[M]．昆明：云南教育出版社，1992.

年史（1910—2010）——记云南窄轨铁路》[1]《百年窄轨——滇越铁路史·个碧石铁路史》[2]都对滇越铁路和个碧石支线铁路的历史进行了叙述，涉及铁路沿线的站房、办公等建筑；《滇越铁路与滇东南少数民族地区社会变迁研究》[3]《延伸的平行线：滇越铁路与边民社会》[4]《民国时期滇越铁路沿线乡村社会变迁研究》[5]三本书分别从人类学和社会学的角度，研究了滇越铁路的修筑给原本闭塞的滇南少数民族地区社会带来的冲击与改变，这种变化是两种势能相差较大的文化之间的碰撞和融合，使滇南成为中西文化交流的重要地区；《滇越铁路与近代云南经济变迁》[6]则从经济学角度论述了滇越铁路对云南的深远影响；《重构与变迁——近代云南城市发展研究（1856—1945年）》也论及滇越铁路沿线的城市化进程；《滇越铁路与近代云南社会文化研究——技术与文化关系的视野》[7]《滇越铁路与近代云南社会研究》[8]则从社会、技术与文化层面分析滇越铁路对云南近代化的影响。

关于抗战时期西南大后方社会、经济发展的研究，主要以重庆为代表的抗战史料挖掘为主，出版了系列丛书，包括：《西南抗战史》[9]《抗战时期内迁西南的高等院校》[10]《抗战时期西南的金融》[11]《抗战时期西南的教育事业》[12]《重庆大轰炸》[13]《抗

1　王耕捷.滇越铁路百年史（1910—2010）——记云南窄轨铁路[M].昆明:云南美术出版社有限责任公司,2010.

2　孙官生.百年窄轨——滇越铁路史·个碧石铁路史[M].北京:中国文联出版社,2008.

3　王玉芝,彭强,范德伟.滇越铁路与滇东南少数民族地区社会变迁研究[M].昆明:云南人民出版社,2012.

4　吴兴帜.延伸的平行线:滇越铁路与边民社会[M].北京:北京大学出版社,2012.

5　王明东.民国时期滇越铁路沿线乡村社会变迁研究[M].昆明:云南大学出版社,2014.

6　车辚.滇越铁路与近代云南经济变迁[D].成都:四川大学,2008.

7　梁克旭.滇越铁路与近代云南社会文化研究——技术与文化关系的视野[D].昆明:昆明理工大学,2008.

8　张宗学.滇越铁路与近代云南社会文化研究[D].昆明:昆明理工大学,2008.

9　周勇.西南抗战史[M].重庆:重庆出版社,2013.

10　中国人民政治协商会议西南地区文史资料协作会议.抗战时期内迁西南的高等院校[M].贵阳:贵州民族出版社,1988.

11　中国人民政治协商会议西南地区文史资料协作会议.抗战时期西南的金融[M].重庆:西南师范大学出版社,1994.

12　中国人民政治协商会议西南地区文史资料协作会议.抗战时期西南的教育事业[M].贵阳:贵州省文史书店,1994.

13　重庆市政协学习及文史委员会,西南师范大学重庆大轰炸研究中心.重庆大轰炸[M].重庆:西南师范大学出版社,2002.

战时期重庆大轰炸日志》[1]《重庆抗战大事记》[2]《抗战时期西南后方社会变迁研究》[3]《抗战大后方金融研究》[4]《衣冠西渡：抗战时期的政府机构大迁移》[5]《抗战时期的云南社会》[6]等。此外，还有关于重庆抗战遗址保护研究的专著《重庆抗战遗址遗迹保护研究》[7]等。

## 3. 现有研究总结

### （1）整体研究

西南作为一个地理和文化的双重概念，在文化地理学领域，大量的研究是以西南作为一个整体的研究对象，比如《西南研究论》[8]《西南历史文化地理》[9]《中国西南文化研究》[10]等。在建筑学领域，也有将西南地区的古代建筑或民族建筑作为整体研究的，比如《中国西南地域建筑文化》[11]《西南民族建筑研究》[12]等。但对于西南近代建筑的研究都是以省份或城市为单位，缺乏从整体上对西南近代建筑的全局式研究。

### （2）研究广度

《中国近代建筑保护与研究》系列丛书（一）至（十）中论及西南近代建筑的文章仅占论文总数的 5.2%，这套论文集从一个侧面反映出西南近代建筑研究的成果偏少。五卷本《中国近代建筑史》对西南近代建筑的研究篇幅也极少，仅涉及重庆、

---

1 潘洵，周勇．抗战时期重庆大轰炸日志 [M]. 重庆：重庆出版社，2011.

2 重庆抗战丛书编纂委员会．重庆抗战大事记 [M]. 重庆：重庆出版社，1995.

3 潘洵．抗战时期西南后方社会变迁研究 [M]. 重庆：重庆出版社，2011.

4 刘志英，张朝辉，等．抗战大后方金融研究 [M]. 重庆：重庆出版社，2014.

5 唐润明．衣冠西渡：抗战时期的政府机构大迁移 [M]. 北京：商务印书馆，2015.

6 云南省档案馆．抗战时期的云南社会 [M]. 昆明：云南人民出版社，2005.

7 黄晓东，张荣祥．重庆抗战遗址遗迹保护研究 [M]. 重庆：重庆出版社，2013.

8 徐新建．西南研究论 [M]. 昆明：云南教育出版社，1992.

9 蓝勇．西南历史文化地理 [M]. 重庆：西南师范大学出版社，1997.

10 云南省社会科学院历史研究所．中国西南文化研究 [M]. 昆明：云南民族出版社，1996.

11 戴志中，杨宇振．中国西南地域建筑文化 [M]. 武汉：湖北教育出版社，2003.

12 斯心直．西南民族建筑研究 [M]. 昆明：云南教育出版社，1992.

贵阳、成都几个大城市的典型建筑，研究的侧重点在城市规划建设层面。此外，现有成果对西南其他城市和乡村中的近代建筑较少提及，如近代天主教堂建筑的资料较多，但大量乡间教堂则鲜有文章论及；近代公馆也因大多散布在乡间，资料就更少。从整体入手去研究西南近代建筑，面临着基础资料不全的难题。

（3）研究深度

关于西南近代建筑的研究集中在重庆、成都、昆明等大城市，尤其是集中在开埠城市——重庆，已有20余篇博士及硕士论文，作为近代以来西南地区的交通、经济、文化的中心，同时也是国民政府陪都，重庆在中国近代史上无疑具有重要的地位，不同视角的近代建筑研究成果已较多。但除此之外西南广大地区的近代建筑是如何转型的？城乡建筑演变背后的社会动因是什么？中西方建筑文化是如何交融并创造出独特风格的？对这些问题的讨论尚不够深入。

（4）研究论点

西南近代建筑研究的一些论点有待商榷。天主教堂是西南近代建筑研究的重点，但其形制特征的源流尚未厘清，有研究认为教堂平面“借用传统布局原则，划分教会的尊卑”，形成“前堂后寝的布局”[1]，但实则是延续继承了西方修院的平面布局，结合本土院落民居从而形成的一种本土化教堂的独特类型，并非附会“前堂后寝”。贵州近代天主教堂的牌楼式立面，有学者认为是借用了“象征着儒家的伦理道德”[2]的纪念性牌楼，实则更接近于川黔地区传统寺庙、祠堂、会馆的砖石牌楼式大门样式。

总的来说，相较于沿海沿江城市，关于西南近代建筑的研究成果偏少，研究广度和深度均不足。现有研究以“点状”的描述为主，重点关注个别城市近代建筑的风格及结构做法，尤其以重庆的近代建筑研究成果最丰富。对于西南地区散布在城镇、乡村中的具有代表性的近代建筑关注较少，研究的视角还比较单一，对于建筑风格演变规律、传播路径及其背后的社会、文化动因的研究较少，缺乏全局式的研究。

---

1 曹伦 . 近代川西天主教教堂建筑 [D]. 成都 : 西南交通大学 ,2003:23-24.

2 赖德霖 , 伍江 , 徐苏斌 . 中国近代建筑史 第三卷 民族国家——中国城市建筑的现代化与历史遗产 [M]. 北京 : 中国建筑工业出版社 ,2016:87.

# 第二章　西南近代建筑发展历史分期

关于西南近代历史发展的研究成果较多，对建筑风格转变影响较大的事件主要包括：近代教会传播、洋务运动与开埠、军阀统治与战争、抗战内迁与大轰炸、抗战胜利后的回迁等。以往西南近代建筑史的研究，对建筑发展做过不同的历史分期，而从外来建筑样式影响下的本土化视角，通过梳理与建筑风格转变相关的重要历史事件，可以对西南近代建筑发展的重要时间节点进行重新划分。

西南近代建筑转型肇始于天主教的传播。1706 年，康熙皇帝开始驱逐传教士，全国进入禁教时期，到 1840 年前天主教的传播均属于地下传教，因而教会建筑大多采用中式民居风格。19 世纪下半叶，西南各地发生大规模教案，教会利用清政府的巨额赔款重建和新建了一批西式及中西合璧风格的教堂。此时，洋务运动影响到西南，政府开办了西南最早的一批近代工业。1890 年前后，重庆和滇南的城镇相继开埠，1910 年滇越铁路完工，打通了西南地区对外的两条商贸通道，建筑风格也随之发生变化：一是从长江中下游开埠城市顺江而上传入重庆的殖民地外廊式风格，二是从越南沿滇越铁路传入云南的法式洋房风格。1911 年后，受军阀战争的破坏及政局更替频繁的影响，西南地区经济发展缓慢，城市建设远远落后于沿海沿江地区，但军阀士绅的公馆却是时髦样式。抗战时期，重庆成为国民政府陪都，西南地区成为抗战大后方，大量行政机关、高等院校、工商企业内迁带来短暂的繁荣，建筑师事务所和营造厂汇聚西南，带来了装饰艺术派、现代主义等新风格。从 1938 年至 1942 年，日军对西南的大轰炸导致大规模破坏和建筑业的停滞，传统技术在战争期间发挥了快速建造的优势，大量用于临时住宅、临时校舍与平民住宅。

# 一、西南近代历史发展进程

## 1. 天主教与基督教传播

### （1）早期天主教传播与禁教的影响

西南近代建筑转型是从天主教在西南地区传播开始的，远远早于基督教[1]。有记载的最早的天主教传教士要数明末入川的利内思（Ludovicus Buglio）与安文思（Gabriel de Magalhaens），“1640年，利内思神父持有刘阁老致成都主要大员的介绍函前去了。继而安文思神父也去帮助利公。圣教始自成都，传至保宁府、重庆等处”。[2]二人的传教事迹被记入《圣教入川记》一书，二人还曾被张献忠抓获，帮其设计精巧的西式仪器。南明永历皇帝朱由榔由广西进入黔西南，在安龙停留了4年，南明朝廷内外有不少人信仰天主教，包括马太后、皇后和皇子等人，相传有两名外籍传教士随行，到此地活动[3]。南明政权被迫迁到云南后，存续了一段时间，被清军剿灭，天主教在黔西南及云南的影响随即消失。

16世纪，法国天主教势力进入越南。1653年，巴黎外方传教会成立，全力从事在亚洲的海外传教活动，1658年，罗马教皇任命陆方济（Franciscus）为安南东京宗座代牧，兼管中国西南川、滇、黔等省教务，但陆方济本人未曾到过中国西南三省。1696年，正式设立四川、贵州、云南代牧区。1702年，巴黎外方传教会的巴吕埃（de La Baluere）、白日升（Jean Baseet）和遣使会的穆天尺（Joarmes Mullener）、毕天祥（Appiani Loruis）来到四川，复振传教活动[4]。当时“寻得教友不多，在重庆遇见教友十余人。由重庆至成都，寻获教友较重庆犹多”。[5]

清康熙年间，由于“教仪问题”，“一即对于天主之名，一即敬孔祭祖之事”，1704年，罗马教廷公布“采用天与上帝之名的禁令及关于祭祖敬孔之几种礼仪”，

---

1 为了便于区分，并与宗教学领域研究的称谓保持一致，本书中的基督教（Protestantism）是指经过16世纪宗教改革运动后的新教，而把天主教（Roman Catholicism）与基督教统称为基督宗教。

2 徐宗泽．中国天主教传教史概论[M]．上海：上海书店出版社，2010:190.

3 方豪．中国天主教史人物传（上）[M]．北京：中华书局，1988:294-301.

4 秦和平．基督宗教在西南民族地区的传播史[M]．成都：四川民族出版社，2003:13-14.

5 古洛东．圣教入川记[M]．成都：四川人民出版社，1981:66.

1706 年，康熙皇帝颁布谕旨，“凡教士非得领得朝廷准予传教之印票及许可服从中国之礼仪者，不得在中国传教”[1]。将不接受印票的传教士们驱逐出中国，此后的传教活动均转入地下。在西南地区，巴黎外方传教会的巴吕埃等人拒绝清政府的要求，遂被驱逐出中国，不久，穆天尺又潜回四川，暗中开展传教活动[2]。1815 年，嘉庆皇帝又强化禁教，直到 1840 年鸦片战争后的道光年间传教活动才再次合法化。“禁教风波”前后共历时 130 余年，其间，天主教都采用地下传教的方式，由于官府的查封，与非教徒的矛盾等，发生过一些传教士被捕、被杀事件。

“1753 年 1 月，教皇本笃十四正式将云南、贵州、四川的传教权（又称保教权）授予巴黎外方传教会”[3]，从而确立此后 200 余年间其在西南地区的控制权。早在 1663 年，巴黎外方传教会就在巴黎迪巴克大街（Rue du Bac）开办了第一座修院。“1664 年，在暹罗首都犹地亚筹建暹罗总修院（或称圣若瑟修院），传授拉丁文、哲学、神学、人类学和远东语言，完全效仿法国神学院的教学安排。1680 年，暹罗总修院曾一度南迁，1767 年，再度迁至印度蓬的血连，1808 年，又迁至马来西亚槟榔屿。”[4] 1717 年，四川的白日升和梁弘仁将李安德、苏宏孝、党怀仁，以及云南宗座代牧卜于善推荐的修生一起送到暹罗总修院学习，随后，陆续到暹罗总修院进修的中国司铎逐年增加，在印度蓬的血连时，来就学的中国修生计 10 人，在槟榔屿时 78 人[5]。

禁教时期的天主教建筑主要特征有：一是将教堂外观尽可能伪装成中式民居，避免引起官方及非教徒的注意。外国传教士被驱逐，地下传教的任务主要落在华籍传教士身上，如 1745 年至 1754 年的 10 年间，全四川没有一个外籍传教士，仅靠华籍传教士李安德一人支撑，外来样式对这一时期教堂建筑风格的影响非常有限。这一时期中式民居风格的教堂多为合院式布局，将厅堂的明间作为经堂，外观几乎看不出西式教堂特征。二是禁教时期部分教堂选址偏远，如 1780 年建造龙溪教堂及修院时，傅方济结合之前禁教及教案的经验，“认为修院最好坐落在长江右岸川滇交界的三不管地带，这样既可‘提供长期的安宁’，也可在‘困难突

---

1　徐宗泽 . 中国天主教传教史概论 [M]. 上海 : 上海书店出版社 ,2010:141-144.

2　刘杰熙 . 四川天主教 [M] 成都 : 四川人民出版社 ,2009:5-7.

3　同上 .

4　郭丽娜 . 巴黎外方传教会与天主教的中国本土化历程 [J]. 汕头大学学报（人文社会科学版）,2006（01）:49-52.

5　同上 .

然而至的时候，由于接近两省边界而使川滇两边传教士便于相互走动往返，躲避两省当局的搜捕’”。[1]

(2) 天主教本土化政策及影响

西南近代天主教主要经历了耶稣会（Jésuites）、遣使会（Congrégation de La Mission）和巴黎外方传教会（Missions étrangères de Paris）3 个不同的天主教传教会。1753 年巴黎外方传教会确立在川滇黔三省传教事务的主导权，共有 1209 名入华传教士，在西南地区传教时间最长，人数最多，影响也最深远。

无论是早期入华的耶稣会、遣使会，还是后来主导西南教务的巴黎外方传教会，均采取“本土化”传教策略。耶稣会传教士热衷于上层路线，接近王公贵族、地方官吏、文化精英，提出“中国文化适应政策”，热衷于学习中国文化及从事中西文化交流工作[2]。遣使会传教士注重在各地长住民中培养高级神职人员（司铎），他们在天主教“本土化”过程中起过重要作用[3]。巴黎外方传教会的传教策略有别于之前的耶稣会，注重中国偏僻的农村，原因之一在于当时中国的经济文化落后地区对天主教的抵触情绪相对较弱。

在中国的外籍传教士由欧洲教会提供经费，这保障了传教士在中国能过上较为体面的生活，可以雇佣劳动力，出行乘坐滑竿等，可深入偏远的山区。为践行本土化政策，传教士们多身穿中式马褂，与中国传统乡绅形象接近，努力融入本土文化生活中。（图 2-1）

但与天主教仪式有关的物品，如葡萄酒、圣油、画像等，则仍需不远万里从国外运来，通过广州十三行或澳门转运。成都平安桥天主教堂当年就专门挖有地下酒窖用于储藏葡萄酒，18 世纪中叶，传教士尝试在云南迪庆种植葡萄，用从法国带来酿制葡萄酒的器皿，在云南传播葡萄酒酿造工艺。

巴黎外方传教会从 17 世纪开始在暹罗犹地亚、印度蓬的血连、马来西亚槟榔屿等地建造修院，18 世纪初，已陆续有中国西南地区的修生前往学习。随着西南地

1　郭丽娜，刘文立，朱清萍．清代中期巴黎外方传教会在川培养华籍神职人员活动述评 [J]. 宗教学研究，2009(01):98-106.

2　(法) 荣振华，等 .16—20 世纪入华天主教传教士列传 [M]. 耿昇，译．桂林：广西师范大学出版社，2010:6-7.

3　(法) 荣振华，等 .16—20 世纪入华天主教传教士列传 [M]. 耿昇，译．桂林：广西师范大学出版社，2010:531-546.

a．贵州传教士乘坐滑竿出行（来源：《贵州 100 年 • 世纪回眸》）

b．成都的法国与中国传教士（来源：《法国与四川：百年回眸》）

c．贵阳的外国传教士（来源：《贵州 100 年 • 世纪回眸》）

图 2-1 西南地区天主教传教士的本土化生活

区教会扩大的需要，并且留学海外路途遥远，时有战争、匪患等，困难重重，同时禁教期间本土神职人员在传教事业上发挥了重要作用，所以巴黎外方传教会越发重视本土传教人才的培养，开始陆续在西南所属辖区内创办修院[1]。

随着在西南城市与乡村传教的深入，教会建立了“教区—堂区—会口”多层级的传教模式。外籍传教士来华时需通过澳门或东南亚中转，先学习在亚洲传教所需的基本知识，再逐步深入西南乡村。至 1946 年，天主教在西南地区共建立了 14 个教区，其中 8 个教区由巴黎外方传教会直接负责，4 个教区为中国籍神父负责，2 个教区为其他外国传教会负责。每个教区又分为数个堂区，以州府为中心，堂区以下为会口，遍布县、镇、村。每个教区内都设有小修院、中修院、大修院等，有的修院兼具大小修院功能，神父兼做修院院长、教授。

《1659—2004 年入华巴黎外方传教会会士列传》一书中，通过人物生平梳理出有记载的西南地区的修院就有 30 余座，包括：凤凰山圣诞修院、龙溪修院、落壤沟修院、姚家岗修院、沙坪坝大修院、天池大小修院、慈母山大小修院、河坝场大小修院、白果树大小修院、深坑小修院、吊黄楼修院、简州小修院、铜罐驿大修院、成凤山修院、富林小修院、水鸭塘小修院、舒家湾小修院、峨眉备修院、西昌小修院、宁远小修院、打箭炉修院、一窝蜂中修院、河堤口大小修院、观稻田修院、三官楼修院、思蒙堡修院、六冲关修院、狮子坝小修院、白龙潭小修院、景家冲弥格修院等[2]。

1 郭丽娜，陈静．论巴黎外方传教会对天主教中国本土化的影响 [J]. 宗教学研究，2006（04）:128-134.

2 《1659—2004 年入华巴黎外方传教会会士列传》，收录在：（法）荣振华，等 .16—20 世纪入华天主教传教士列传 [M]. 耿昇，译．桂林：广西师范大学出版社，2010.

1840年，传教合法化以后，新建的修院多位于城市近郊，既方便到达，又远离闹市区；既有优美的环境，利于学员潜心学习，也能在一定程度上躲避教案的侵扰，比如白鹿领报修院位于彭州近郊，离成都平安桥约半天的路程；慈母山修院位于重庆主城区对岸的慈母山上。天主教修院还常常要多次迁移，比如贵阳教区的中修院原本位于北天主堂的经言学校，1855年，童文献将其搬迁到城郊的六冲关，1859年，胡缚理新建的大修院位于贵阳近郊的在青岩姚家关，1861年因教案被捣毁，后与六冲关中修院合并[1]。1786年建成的四川宜宾落壤沟修院在四川与云南交界处，1801—1815年，徐德新主教将其迁至四川西部的天全县，后又迁至宝兴邓池沟称为穆坪修院，骆书雅主教又将其迁至彭州白鹿领报修院，1920年，又将大修院迁至成都平安桥29号，以白鹿领报修院为中修院，1935年，白鹿领报修院因山体泥石流冲毁了教堂，大中修院均迁至成都平安桥[2]。

巴黎外方传教会的本土化政策带来了这一时期教堂建筑风格的转变，主要体现在早期本土修院中，既吸收了西方修院的围廊式平面布局特征，又融入了地域风土建筑的合院式建筑特征，形成一种典型的中式民居外观，西式教堂布局的本土修院形制。最具代表性的是雅安宝兴邓池沟天主教堂（1839年）和峨眉山龙池天主教堂（1850年）。（图2-2）

a. 宝兴邓池沟天主教堂（来源：宝兴县人民政府网站）

b. 峨眉山龙池天主教堂（来源：《中国近代基督宗教教堂图录（下）》）

图2-2　19世纪中叶典型的天主教堂

1　贵州省地方志编撰委员会 . 贵州省志·宗教志 [M]. 贵阳 : 贵州人民出版社 ,2007:351.

2　郭丽娜 , 陈静 . 论巴黎外方传教会对天主教中国本土化的影响 [J]. 宗教学研究 ,2006(4):128-134.

### （3）清末教案的规模及影响

1840年鸦片战争后，1842年《南京条约》的签订为西方传教势力打开了新的大门，条约规定："耶稣天主教原系为善之道，自后有传教者来至中国，一体保护。"[1]法国和美国效仿其后，于1844年分别与清政府签订条约，恢复传教的合法性，清政府正式许可传教。19世纪下半叶，在内忧外患下，西南地区发生的教案数量增多，规模扩大，每次教案均要捣毁一批教堂。不同于禁教时期，在传教合法化之后的教案就演变成了国与国之间的外交事件，由于晚清政府在军事和外交方面的屡屡失败，以至于教案大多以地方政府支付巨额赔款作为结束，且赔款数额越来越高。这些赔款使得西南各教区的经济实力大增，教会得以重建或新建规模更大、风格更多元的新教堂。

19世纪下半叶至20世纪初，西南地区发生的主要教案及赔偿金额如下：

① 四川、重庆教案

1863年，爆发重庆教案，1864年，赔偿教会白银15万两；1865年，爆发酉阳教案，赔偿白银8万两；1868年，爆发第二次酉阳教案，再赔偿白银1.8万两；1873年，爆发黔江教案，共赔偿白银3.85万两；1874年，爆发南充、营山教案，1876年，爆发邻水、江北厅、涪陵等教案，共赔偿白银2.9万两；1886年，爆发第二次重庆教案，赔偿英、美、法等国教会白银26.157万两；1890年，爆发大足余栋臣起义，前后经历了10年，赔偿法国教会白银118万两结案；1895年，爆发成都教案，此后嘉定、叙府、保宁三府及其他十余州县教堂被捣毁，属于基督教的30处，属于天主教的40处，共赔偿教会白银50万两[2]。

② 贵州教案

1861年端午节，爆发青岩教案；1862年元宵节，爆发开州教案，赔银1.2万两[3]；1869年，爆发遵义教案；在此之前，兴义、永宁、安顺、桐梓、都匀、绥阳等地都有反洋教斗争，这九起教案一并结案，共赔银7万两[4]。

---

1　徐宗泽．中国天主教传教史概论 [M]. 上海：上海书店 ,2010:167.

2　隗瀛涛．四川近代史稿 [M]. 成都：四川人民出版社 ,1990:135-182.

3　中国第一历史档案馆，福建师范大学历史系．清末教案（第 1 册）[M]. 北京：中华书局 ,1996:416.

4　周春元，何长凤，张祥光．贵州近代史 [M]. 贵阳：贵州人民出版社 ,1987:71-85.

③　云南教案

1883 年，云南爆发浪穹、永平教案，对两地教会赔偿白银 5 万两[1]；1900 年，爆发昆明教案，烧毁了平政街天主教堂，赔偿白银 15 万两[2]；1904 年，爆发维西教案，至 1906 年，赔偿白银 15.9 万两[3]。

西南地区目前保留下来的教堂和修院，大多是 19 世纪下半叶利用教案赔款重建或新建的。这一时期的教堂建筑在风格上发生了较大的转变，大多采用西式风格或中西合璧风格，促成这种风格转变的原因主要在于：

一是教案巨额赔款使得教会变得富有，有实力建造规模更大的教堂和修院。早期来华的传教士依靠西方教会的资助和本地教徒的捐助，仅能维持教会日常开支，在物质上并不宽裕。而 19 世纪下半叶以来，西南地区的教会获得数额巨大的教案赔款，大多用于重建或新建教堂，规模比老教堂更大，有的甚至是此前的数倍。如禁教时期范益盛在修建龙溪修院时，曾向澳门账房申请提前支付经费 200 皮埃斯特，计划在五年内的传教津贴中逐年扣除偿还，可见当时的经费捉襟见肘；而到了 1897 年，成都教区在利用教案赔款重建平安桥天主教堂时，占地达到 1.16 万平方米，历时 7 年，大修院全部采用楠木，共耗费白银 20 万两，同一时间重建的还有彭州领报修院（1895 年），1900 年，重庆教区修筑仁爱堂医院时，耗费白银 2 万两[4]。从现存教堂年代的比例来看，大部分都是教案后重建的。（图 2-3）

二是随着重庆和滇南的开埠，外来建筑结构技术与风格逐步传入西南地区。19 世纪末，重庆和滇南一些城市开埠，西南地区从封闭的内陆逐渐开始对外开放，殖民地外廊式等新的建筑风格传入，本土工匠逐渐熟悉并掌握了部分西式建筑营造技术，比如采用砖拱砌筑连续的圆形券，以及跨度更大的弧形券等，这些新的建筑技术与样式的传播也促使天主教堂风格的转变。

三是开埠后西方殖民文化较中国传统文化处于传播优势地位，天主教堂开始向西式风格转变。通过 19 世纪的数场战争，西方国家在与处于土崩瓦解边缘的晚清王朝的军事较量中获得了绝对的优势，殖民者有实力维护西方传教士在中国的利益。

1　刘鼎寅，韩学军 . 云南天主教 [M]. 北京 : 宗教文化出版社 ,2004:15-17.

2　徐刚 . 方苏雅与“昆明教案”——1900 年的昆明大火 [J]. 滇池 ,2006:66-73.

3　刘鼎寅，韩学军 . 云南天主教 [M]. 北京 : 宗教文化出版社 ,2004:18-20.

4　四川省地方志编纂委员会 . 四川省志 • 宗教志 [M]. 成都 : 四川人民出版社 ,1998:355.

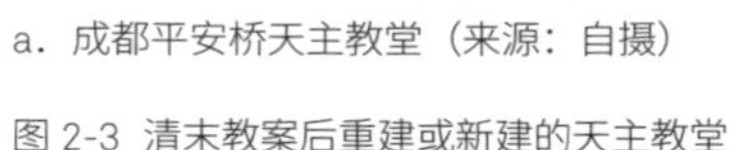

a．成都平安桥天主教堂（来源：自摄）

b．彭州领报修院内院（来源：自摄）

图 2-3 清末教案后重建或新建的天主教堂

这一时期重建的天主教堂，多是由外籍传教士主持，并尽可能仿照西式教堂的理想空间和立面风格进行设计与建造，所以出现大量模仿西式教堂的立面风格，如铜梁永嘉天主教堂为典型的巴洛克风格，绵阳柏林天主教堂为简化的罗马风，荣昌昌元天主教堂为哥特式风格等。（图 2-4）

据不完全统计，到 1949 年前，天主教已在西南地区建立起了大、中、小不同级别的教堂和修院共四五百座。为了更好地在民间传播宗教，又陆续设立了医院、护校、施诊所、麻风病院、孤儿院、孤老院、中小学校等，为当地老百姓提供医疗、孤儿、养老、教育等福利，至新中国成立前，这些附属机构还有百余处，通常都是与教堂设置在一起。（表 2-1）

### （4）基督教本色化运动及影响

与天主教相比，基督教在西南地区的传播要晚得多。1877 年，基督教内地会（China Inland Mission）传教士麦嘉底（Rev.John. M'carthy）由上海出发，溯长江而上，抵重庆开始传教，开启基督教在西南地区的传播。随即，美以美会（American Methodist Episcopal Mission）的伟廉士（Rev.L.N.Wheeler）和鹿依士（Rev.Spencer. Lewise）亦由上海来到重庆、成都等地。此后，进入四川传教的基督教会越来越多，且受基督教会本色化运动的影响，还出现了很多自发组织的分会[1]。

1 秦和平 . 基督宗教在西南民族地区的传播史 [M]. 成都 : 四川民族出版社 ,2003:43-44.

a. 铜梁永嘉天主教堂（来源:《中国近代基督宗教教堂图录（下）》）

b. 荣昌昌元天主教堂（来源：自摄）

图 2-4　清末教案后重建天主教堂的典型风格

表 2-1　解放前西南地区天主教各教区的机构数量

| 省份 | 教区 | 统计时间 | 教堂（本堂） | 大中小修院 | 孤儿院 / 孤老院 | 医院 / 护校 | 施诊所 / 麻风院 | 中学 / 小学 |
|---|---|---|---|---|---|---|---|---|
| 四川 | 重庆教区 | 1943 年 | 50 | 5 | 4 | 1 | 7 | 7 |
| | 成都教区 | 1949 年 | 55 | 3 | 2 | 2/1 | 7/1 | 1/2 |
| | 打箭炉教区 | 1949 年 | 19 | 1 | 3 | 1 | 9/1 | |
| | 叙府教区 | 1949 年 | 38 | 2 | 6 | 1 | | 1/1 |
| | 宁远教区 | 1949 年 | 20 | 3 | 2 | 2 | | 1 |
| | 嘉定教区 | 1949 年 | 21 | 2 | 3 | 1 | | 1/2 |
| | 顺庆教区 | 1949 年 | 22 | 2 | 2 | | | 2 |
| | 万县教区 | 1949 年 | 28 | 3 | 2 | 2 | | 1/1 |
| 贵州 | 贵阳教区 | 1949 年 | 34 | | | | | 1/10 余 |
| | 安龙教区 | 1949 年 | 20 | 1 | 1 | 1 | 1 | 3 |
| | 石阡教区 | 1949 年 | 28 | 1 | | | 4 | 4 |
| 云南 | 昆明教区 | 1949 年 | 38 | 2 | 4/2 | 1 | 3 | 8 |
| | 大理教区 | 1949 年 | 33 | 6 | 4/3 | | 8 | 21 |
| | 昭通教区 | 1949 年 | 25 | 1 | 3 | 4 | 2 | 7 |
| 注：教堂只统计本堂数量，分堂或会所数量未计算入。由于资料有限，数据为不完全统计。 | | | | | | | | |

来源：根据《基督宗教在西南民族地区的传播史》有关内容整理

1877年，内地会传教士祝名扬（Rev.S.R.Clarke）与巴子成（J.F.Broumton）来到贵阳，开始传教，最初以汉族为传教对象，将兴义、独山、安顺和贵阳作为重点地区。1895年，党居仁（J.R.Adaems）开始向苗族地区传教，此后，伯格理（Samuel Pollard）到威宁石门坎传教[1]。20世纪30年代后，贵州的传教重心转移到黔西北苗族、彝族地区，传教事务的领导权基本上由英籍传教士掌握[2]。

1881年，内地会传教士克拉克（George Clarke）由缅甸来到大理，租房传教，基督教开始在云南传播。次年，内地会在昆明设立传教总堂，1885年，圣道公会的索理仁到东川开展活动[3]。1921年，昆明基督教联合会成立，划分全省传教范围。20世纪20年代后期，更多教会进入云南，打破了这种格局[4]。

基督教传入中国时，主要大城市已被天主教占领，所以基督教采取了两种传教方式：一是以李提摩太为代表，借教育、医院等开路，活跃于大中型城镇等经济较发达地区，影响及传播对象主要是官绅士民；二是以戴德生为代表，深入经济落后的农村，面对面的互动传教，传播对象是农民或贫民。西南三省的基督教传教士两种方式均有采用，既在成都、重庆、阆中等城市开办医院和学校，也在偏远的少数民族乡村中传教。

自1873年中国人成立第一个自办基督教会开始，此类组织不断发展。至1918年“中华国内布道会”成立，中国教会中的领袖人物和广大信徒都认识到中国人必须有自己的基督教信仰，必须建立中国人自己的教会。1922年，中国基督教大会在上海召开，中国基督教“本色化”运动开启。到新中国成立前，基督教在西南地区取得了较大的成功，西南三省基督教徒人数已是天主教徒的3倍，且少数民族占多数。

基督教在西南地区没有形成系统的本土修院体系，仅建立了一些零散的神学院与圣经学院。相较于天主教，基督教对西南近代教育、医疗、卫生等事业的贡献更大，基督教会更重视中高等教育，不仅创办了大量教会中学，还在成都创办了一所教会大学——华西协和大学（现四川大学华西医学中心）。在开办之初，这些教育和医

1 秦和平．基督宗教在西南民族地区的传播史 [M]. 成都：四川民族出版社，2003:143-149.

2 陈鸿钧．四川贵州云南三省宣教概况 [M]// 中华全国基督教协进会．中华基督教会年鉴（第7期），1924.

3 秦和平．基督宗教在西南民族地区的传播史 [M]. 成都：四川民族出版社，2003:250-251.

4 秦和平．基督宗教在西南民族地区的传播史 [M]. 成都：四川民族出版社，2003:257.

疗机构规模均较小，多与教堂设置在一起，随着规模的扩大，就独立于教堂之外了。基督教会的医院和学校建筑体量大，风格新颖，一些新的建筑风格，如中国民族形式就最早出现在基督教学校中。而基督教堂立面风格往往更简洁，不似天主教堂立面装饰那么华丽。（表 2-2）

## 2. 洋务运动与开埠

### （1）洋务运动在西南的影响

两次鸦片战争的失败，引起了中国社会的极大震动，在对西方工业文明有了初步了解之后，晚清的开明知识分子提出“师夷长技以制夷”的主张。19 世纪 60 年代，洋务运动开始，洋务派的重要代表人物奕䜣、曾国藩、李鸿章、左宗棠、张之洞等人，在中国兴办洋务，以自强为目的，将“师夷长技”之说由观念变成实践，主张全面学习西方资本主义的方法办工厂，学习西方的技术和科学。

洋务派提出“中学为体、西学为用”的主张，引发了对“中西体用”的讨论。“中体西用”思想在洋务运动时期对于传播西方近代文明起了积极作用。在建筑领域，建筑作为“用”的范畴，使得西学以及西式建筑的传播得到了正统依据。洋务派官

表 2-2　新中国成立前西南各省基督教教会的机构数量

<table>
<tr><th>省份</th><th>统计时间</th><th>总堂/分堂</th><th>神学院/圣经学校</th><th>医院/护校</th><th>孤儿院/孤老院</th><th>诊所</th><th>大学</th><th>中学/小学</th></tr>
<tr><td rowspan="3">四川</td><td>1917 年</td><td>64/329</td><td></td><td></td><td></td><td></td><td></td><td></td></tr>
<tr><td>1920 年</td><td>369</td><td></td><td>26/5</td><td></td><td></td><td>1</td><td>15/467</td></tr>
<tr><td>1949 年</td><td>611</td><td>10/1</td><td>50</td><td>36</td><td></td><td colspan="2">91</td></tr>
<tr><td rowspan="2">贵州</td><td>1919 年</td><td>17/106</td><td></td><td>2</td><td></td><td></td><td></td><td>92</td></tr>
<tr><td>1949 年</td><td>241</td><td>1/4</td><td>8</td><td>12</td><td>100 余</td><td></td><td>5/120</td></tr>
<tr><td rowspan="2">云南</td><td>1920 年</td><td>128</td><td></td><td>2</td><td>9</td><td></td><td></td><td>1/67</td></tr>
<tr><td>1949 年</td><td>900 多</td><td>5/5</td><td>8/3</td><td>16</td><td></td><td>3</td><td>10/97</td></tr>
<tr><td colspan="9">注：由于资料有限，数据为不完全统计。</td></tr>
</table>

来源：根据《基督宗教在西南民族地区的传播史》有关内容整理

员在全国创办了一系列近代军事业民用工业以及交通运输业，适应新式机械化工业生产需求的建筑材料和结构技术得以推广。

洋务运动思想影响到西南三省的维新派官员，尝试建立官商合营的基础工业，包括军事工业和重工业，这是西南近代工业的开端。最具代表性的是四川机器局（1877 年）、个旧厂务招商局（1883 年）、云南机器局（1884 年）、贵州清溪铁厂（1886 年）等。

四川机器局是由洋务派官员四川总督丁宝桢创办的。1878 年年初，老厂建成投产，“系国人自行设计施工，采用传统的木结构，设计中为加大厂房跨度，作连体状平面，为获得较大生产空间做出一定探索，但由于当时材料、技术的限制，厂房仍难适应生产要求”。[1]1905 年，开始筹建新厂，1909 年，又于高板桥新建白药厂（即弹药厂），“设检验、炮弹、铸造、锻造 4 个厂房，配套建筑有大营门、二营门、后西门、德国技师住宅、花厅、西苑、茶园等”。[2] 厂房内部为大空间，屋顶有侧天窗，巴洛克风格的西式立面，有高耸的烟囱和带尖顶的塔楼，“共分大小厂房一百八十八间，崇垣大柱，覆屋重檐，安设铁炉、烟筒、风箱、气管，四通八达，取材既富，用工极坚，与内地营造之法不同”。[3] 四川机器局保留下来的车间为钢屋架，砖砌外墙，厂房内主柱由生铁铸成，柱础为混凝土基座，以地脚螺栓紧固，顶与钢屋架下弦用螺栓相连，是较早采用水泥柱基和钢屋架的工程实例[4]。（图 2-5）

“19 世纪 70 年代初，在昆明开办的云南机器局，是云南近代机器工业的发端。这个官办的军用工业初聘法国人为技师，工人不到 100 人，主要生产火炮。1890 年前后，扩建厂房 10 间，通过瑞生洋行订购机器一批，枪、弹的生产有所增加。1907 年，锡良继任云贵总督，遂购造弹机 17 部，扩建大小厂房 28 间，工人增至 200 余人”[5]，生产规模进一步扩大，机器局设笔码（枪弹）厂、修枪厂、木厂、生熟铁厂。“1883 年，创办的云南矿务招商局，是云南推行官督商办对铜矿进行机械化开采的尝试。4 年后，

1　四川省地方志编纂委员会 . 四川省志 • 建筑志 [M]. 成都 : 四川科学技术出版社 ,1996:111.

2　同上 .

3　丁宝桢 . 机器局遵旨停止报销用款折 . 光绪五年九月二十三日 . 见 : 丁文诚公奏稿 (卷 17) , 光绪十九年刊本 :35.

4　四川省地方志编纂委员会 . 四川省志 • 建筑志 [M]. 成都 : 四川科学技术出版社 ,1996:111.

5　《云南近代史》编写组 . 云南近代史 [M]. 昆明 : 云南人民出版社 ,1993:158.

a. 四川机器局新厂主车间（来源：《成都市志·建筑志》）

b. 四川机器局车间钢屋架（来源：《成都市志·建筑志》）

图 2-5　四川机器局厂房

虽有大小开矿机器 600 余件运抵云南，日本矿师二人被聘为指导，但进展不大”。[1]

云南个旧锡矿资源丰富，清乾隆年间，清廷大力开发东川铜矿用于铸币，并在云南设铸币局，用锡量大增，个旧锡矿业迅速发展。1866 年，云贵总督劳崇光曾奏请招商采办个旧锡矿，至 1883 年才首次开办大锡官府厂尖（长矿），同年成立个旧厂务招商局；1887 年，又撤销个旧厂务招商局，锡矿全部归商人经办。至 1889 年蒙自开关以后，锡产量迅速增加，个旧成了世界上最重要的锡产地之一。1902 年，法国开办隆兴公司，获得云南七府矿产开发权；至 1908 年 1 月，清政府又以 150 万两纹银赎回七府矿权。为抵制隆兴公司，1905 年，成立官商合营的个旧厂锡务股份有限公司；1909 年，改组为个旧锡务公司，即云南锡业公司的前身，同年，向德国礼和洋行购买选矿等机械设备，建设蓝蛇洞至洗砂厂的架空索道，洗砂厂摇床房为钢结构，依山势建于 5 个平台上，利用重力选砂[2]。但这些早期机械化生产的探索由于缺乏水源和动力，不能发挥机械化生产优势，基本宣告失败。至今仍保存有洗砂厂摇床房（1913 年）、索道铁架等工业遗存。（图 2-6）

1886 年，贵州第一个大型的近代企业——青溪铁厂在镇远县青溪镇筹办，拟为“官督商办”。铁厂从英国帝塞德厂购进冶炼设备，从上海聘外籍矿师和工匠，厂房占地 60 余亩，“铁厂规模之大，在当时全国亦为仅见”，厂房采用西式结构，

1　《云南近代史》编写组 . 云南近代史 [M]. 昆明 : 云南人民出版社 ,1993:158.

2　云锡志编委会 , 编 . 云锡志 [M]. 昆明 : 云南人民出版社 ,1992.

在贵州首次使用了进口的耐火砖。后因资金不足，管理不善，1905 年铁厂倒闭[1]。青溪铁厂的失败影响极大，使得贵州的近代工业刚一起步就夭折。

1905 年，四川总督锡良在重庆创办铜元局，在距主城区仅一江之隔的南岸苏家坝江边勘定厂址[2]，1908 年基本建成，1913 年开始正式生产，生产铜元，也生产银元。铜元局先后购买英制和德制设备各一套，形成两条生产线，并修建了规模宏大的厂房，是重庆最早使用钢筋混凝土和耐火材料的工业建筑，委托上海慎昌洋行承包设计和供应外国机械设备，监造 14 个车间（工段）与发电所[3]。“建筑为中式平房，就倾斜地形筑成两台。上台为局址，下台就英制、德制设备各建厂房对峙。”[4] 故有所谓英厂、德厂之称，英厂与德厂均为青砖砌筑的西式建筑，屋顶还开有侧天窗。局址即铜元局大花厅，采用中式官式建筑，仿照清朝道台衙门等级与形制设计。（图 2-7）

a．民国时期的个旧锡务公司（来源：云南锡博物馆）

b．个旧洗砂厂摇床房（来源：云南锡博物馆）

图 2-6　个旧锡务公司厂房

1　贵州新闻图片社 . 世纪回眸 : 贵州 100 年 [M]. 贵阳 : 贵州人民出版社 ,2013:72.

2　许东风 . 重庆工业遗产保护利用与城市振兴 [D]. 重庆 : 重庆大学 ,2012:14.

3　重庆市城乡建设管理委员会 , 重庆市建筑管理局 . 重庆建筑志 [M]. 重庆 : 重庆大学出版社 ,1997:3.

4　傅友周 . 重庆铜元局的回忆片断 [J]. 重庆工商史料 ,1983.

a．重庆铜元局厂区（来源：《重庆近代城市建筑》）

b．重庆铜元局英厂与德厂（来源：《重庆近代城市建筑》）

图 2-7　重庆铜元局厂房

就西南洋务运动时期的工业建筑来看，“重庆开埠以前，生产性用房一般还是简易手工作业，没有较大空间的厂房”。[1] 西南地区的其他工业厂房同样如此，仍是以砖木结构为主，通过扩大平面来获得更大跨度的空间。洋务运动在西南地区影响总体较小，仅重要工业厂房建筑使用了钢材、耐火砖和水泥等新材料，立面多为西式风格。当时西南三省尚不能生产水泥和钢材，所需大多依靠进口，经由长江水道运输，转运四川各地，或来自越南海防，沿红河水道输入，转运云南各地，且售价高，无法大规模应用。

### （2）重庆开埠过程及其影响

重庆地处嘉陵江与长江交汇处，往上游是广袤的四川盆地，往下游是凶险的长江三峡，自古便是川东地区的政治、军事和商业中心。重庆很早就引起了英美列强的密切关注，占据重庆并开辟通商口岸成为西方列强深入中国腹地，开发四川市场，占领西南物产资源的重要战略需要。

1876 年，中英《烟台条约》签订，川江门户宜昌开为商埠，重庆府可由英国派驻寓官查看川省英商事宜，重庆的对外贸易就开始激增[2]，实现了英国开放重庆的第一步。1881 年，重庆进口洋货占上海进口货物将近 1/9，地位仅次于上海、汉口和天津，这些洋货以重庆为中心，再分别销往成都、嘉定、叙府、绵州、合州等地，有些还

1　重庆市城乡建设管理委员会，重庆市建筑管理局 . 重庆建筑志 [M]. 重庆：重庆大学出版社 ,1997:3.

2　隗瀛涛 . 近代重庆城市史 [M]. 成都：四川大学出版社 ,1991:117.

要继续远销到更远的云南和贵州[1]。1890年，中英《烟台续增专条》正式规定了“重庆即准作通商口岸无异”[2]。经过一段时间的准备，1891年3月，重庆海关开关，正式开埠。

清政府专门在重庆划出通远门内的一片区域作为外国使馆区，名为领事巷。1891年，英国在重庆首先设立领事馆；1896年3月，法国领事馆设立，管辖范围包括四川、贵州、甘肃、新疆、青海、西藏等省份的事务；5月，日本领事馆设立；12月，美国领事馆设立；1904年，德国领事馆设立。这些早期领事馆建筑均为殖民地外廊式。1903年，重庆海关英籍税务司霍伯森以建造税务司公所为名，索要领事馆附近的打枪坝，1904年1月，清政府被迫签订《永租打枪坝约》，将此地永久租借给重庆海关，实为外国人把控，清政府的海关也采用了外廊式风格。（图2-8）

19世纪下半叶，亚洲各国的殖民地早已成为西方冒险家的乐园，重庆开埠后，第一时间随殖民者而来的便是各大洋行。重庆最早设立的洋行有：1890年的英国立德乐洋行（1903年转给隆茂洋行，1926年又转给英商太古洋行）；1891年的英国太谷洋行、怡和洋行；1900年的茂隆洋行；1899年的美国美孚油行；1897年的德国义昌洋行；1905年的德国瑞记洋行等。从1890年至1911年间，重庆先后开办了50余家洋行机构[3]。洋行建造的办公楼、别墅等建筑与领事馆一致，多为殖民地外廊式风格，仓库为存储便利，则不设外廊。

a. 重庆英国领事馆（来源：《陪都溯踪》）

b. 重庆法国领事馆（来源：《重庆建筑志》）

c. 重庆德国领事馆（来源：胡征摄影）

图2-8 重庆开埠后的外廊式领事馆

1 刘志英，张朝辉，等．抗战大后方金融研究[M]．重庆：重庆出版社，2014:49.

2 王铁崖．中外旧约章汇编（第1册）[M]．北京：三联书店，1957:553.

3 隗瀛涛．近代重庆城市史[M]．成都：四川大学出版社，1991:128.

1891 年，英国想将南岸王家沱划定为租界，后因开关时间紧迫，暂时搁置。1901 年，日本驻重庆领事和川东道签订《重庆日本商民专界约书》，准许日本在南岸王家沱设立专管租界，租界内的警察权、道路管辖权，以及一切施政事宜，全归日本领事管理。南岸王家沱多为江滩、山坡，人烟稀少、远离市区，与老城交通联系不方便。欧美各国洋行、公司都不愿到此盖房经商，且日本人自己也没有太多的发展愿望。到 20 世纪 30 年代，租界内开发的面积仅占总面积的 1/7，1931 年 9 月，王家沱租界租期届满，重庆人民趁机收回了租界。

开埠后，重庆江面上挂洋旗的木船和轮船越来越多，洋货大量输入，西南内陆的工业原料和土特产也大量输出。与此同时，重庆近代工业开始大力发展，并逐渐成为西南地区的工业中心城市。首先是自主创办的火柴业，随后扩大到丝纺、棉织、玻璃、采矿、航运、电灯等行业。1908 年，重庆绅商集资，在太平门附近创办了烛川电灯公司，全部机械设备皆采购自英、法两国，较早用上电灯，经过陆续扩建，"到 20 世纪 20 年代中期，重庆已在督邮街、陕西街等主要街道安装了 100 多盏路灯。到 1936 年全市 80% 的街巷、梯道都装有路灯"。[1]

中国近代城市的建设和发展大多与租界密不可分，外国租界输入的不仅有建造技术与建筑样式，还包括城市管理与规划、建筑行业制度等。近代重庆开埠晚，租界不发达，加上长达 20 余年的军阀混战，使得以重庆为代表的川江沿岸城市建设与市政管理水平较之沿海沿江地区发展慢，建筑业整体水平远远落后。直到 1929 年重庆正式设市之后，才开启大规模的近代城市建设。

重庆到宜昌之间的航路一直以本土的木船船帮为主。重庆开埠前后，外国轮船、军舰先后闯入川江，企图独霸川江航道，但由于条件险恶，汽轮商船载重量大，吃水较深，无法通过川江险滩[2]。1908 年，官商合办的"川江行轮有限公司"成立，至 1909 年第一艘商轮开始航行在宜昌和重庆之间[3]。但由于航路艰险、管理不良、面临外国轮船公司竞争等原因，国人创办的轮船公司大多经营不善，面临倒闭。卢作孚于 1925 年创办民生轮船公司，才逐步整合川江轮船公司力量，大力拓展轮船

1　李彩 . 重庆近代城市规划与建设的历史研究（1876-1949）[D]. 武汉：武汉理工大学 ,2012:71.

2　隗瀛涛 . 近代重庆城市史 [M]. 成都：四川大学出版社 ,1991:332.

3　隗瀛涛 . 近代重庆城市史 [M]. 成都：四川大学出版社 ,1991:189-210.

业务，并最终收回川江及内河航运权。

重庆开埠对整个川江流域城市的发展都产生了一定的影响。川江自古就是四川盆地交通运输的生命线，以重庆为中心，东至万县、宜昌，西至泸州、宜宾、乐山、自贡、内江、成都，北至合川、南充、遂宁、阆中、广安。通过川江内河航运，西方的工业产品在重庆中转，运输到了西南的内陆地区，这些地区的建筑也随着外来商品的输入而发生一定的变化。如 1890 年在重庆南岸设立的美孚洋行，其产销的桶装煤油，运销范围一度扩大到了川南泸州、宜宾、自贡、内江等地，偏僻的乡镇都有其广告标语。宜宾虽然不是开埠城市，但英国军舰抵达后，近代贸易及商业开始渗透，外廊式建筑也开始出现。这一时期成都的工商业也有了长足的发展，1901 年设立川西邮政总务局，1909 年建成启明电灯公司，成为全市主要供电企业，其他诸如火柴、肥皂、机械、造纸、印刷等民族工业也逐步发展起来[1]。（表 2-3）

表 2-3　清末成都的近代工业和工厂简表

| 工业种类 | 企业名称 | 创办时间 | 概况 |
| --- | --- | --- | --- |
| 电力工业 | 悦来电灯厂 | 1908 年 | 供电区从东大街、春熙路起，至盐市口止，仅供照明使用 |
| | 启明电灯公司 | 1909 年 | |
| 铸铁与机器工业 | 四川实业机械厂 | 1909 年 | 专造民间小工业所需的机械，专门对金属制品进行电镀加工 |
| | 华昌电镀厂 | 1909 年 | |
| 火柴厂 | 惠昌火柴厂 | 1907 年 | 日产火柴数百箱 |
| 造纸印刷业 | 成都乐利造纸公司 | 1909 年 | 垄断成都造纸业 |
| | 文伦书局 | 1903 年 | |
| | 四川印刷局 | 1904 年 | |
| | 成都古树官 | 1906 年 | |
| | 福昌印刷公司 | 1908 年 | |
| 化工工业 | 洋胰厂 | 1907 年 | 雇工 12 人，年产 18000 打 |
| | 福德肥皂厂 | 1908 年 | |

来源：《变革与发展中国内陆城市成都现代化研究》

1　马方进 . 近代成都城市空间转型研究（1840—1949）[D]. 西安：西安建筑科技大学 ,2009:23.

### (3) 云南开埠过程及其影响

16 世纪，英国与法国相继侵入印度。18 世纪中叶，英、法开始考虑从南亚和东南亚进入中国西南腹地的可能性。法国的目标在于以越南为跳板达到侵略中国的目的，首先关注的是滇南地区，希望从越南进入滇南，再抵达昆明，最初计划依靠红河水路。而英国则希望通过缅甸来达到这一目标，首先关注的是以八莫为中转的滇西地区，希望从缅甸进入大理，最后到达昆明，以至四川。

1885 年中法战争结束，身处战场所在地的越南正式沦为法国殖民地。1887 年中法签订《续议商务专条》，明确提出："两国指定通商处所，广西则开龙州，云南则开蒙自。缘因蛮耗系保胜至蒙自水道必由之路，所以中国允开该处通商，与龙州、蒙自无异。又允法国任派在蒙自法国领事官属下一员，在蛮耗驻扎。"[1]1889 年 8 月 24 日，蒙自设立海关，正式开埠，海关建筑为中式歇山顶殿堂。蒙自并不在红河水道岸边，但当时已是滇南重要的中心城市之一，又地处昆明至越南的古驿道上，距离云南境内红河航运的起点——蛮耗只有七八十公里的距离，从红河运来的进口货物运抵蛮耗后，再转陆路驮运到蒙自；出口货物由蒙自驮运至蛮耗，再经红河运出，均相对便利。1895 年，中法《续议商务专条附章》以河口代替蛮耗，另开思茅作为通商口岸。1897 年 2 月 4 日，思茅设立海关正式开埠，7 月 1 日，河口正式开埠。

1885 年英国吞并缅甸，1897 年与清政府订立《中英缅甸条约附款》，允许英国"将驻蛮允之领事官，改驻或腾越或顺宁府，一任英国之便，择定一处。并准在思茅设立英国领事官驻扎"。[2] 由此，思茅成为对法越、英缅共同开放的口岸。此后，腾越于 1902 年 5 月 8 日正式设关开埠，英国驻腾越领事馆于 1899 年设立，现存领事馆建筑是 1921 年建造，1931 年竣工的，石木结构，西式风格。（图 2-9）

自 19 世纪 70 年代以来，清朝部分官员看到开埠通商带来了经济和财政方面的诸多好处，也看到口岸城市在外国控制下的许多利益损失，开始酝酿中国政府自行开放一些商埠[3]，先后开岳州、三都澳、秦皇岛为通商口岸。在这一背景之下，1905

1 李春龙 . 新纂云南通志（卷 143 商业考一）[M]. 昆明 : 云南人民出版社年点校本 ,2007:98.

2 李春龙 . 新纂云南通志（卷 143 商业考一）[M]. 昆明 : 云南人民出版社年点校本 ,2007:101.

3 张永帅 . 近代云南的开埠与口岸贸易研究（1889-1937）[D]. 上海 : 复旦大学 ,2011:27.

a. 蒙自海关及税务司署（来源:《个碧石铁路老照片》）

b. 蒙自海关碧色寨分关食堂（来源：自摄）

c. 河口海关（来源：张高斌摄影）

d. 腾冲英国领事馆（来源：“腾冲市文化和旅游局”微信公众号）

图 2-9　云南开埠后的领事馆与海关

年 3 月，云贵总督丁振铎上奏朝廷请将昆明开为商埠，很快得到朝廷批准。1910 年，时任云贵总督李经羲拟定《云南省城南关外商埠总章》，划定昆明南门外“东起重关，西抵三级桥，南起双龙桥，北抵东门外桃源口”为商埠，“计东西长三里六分，南北长三里五分，周围约十二里有奇，地面平坦居中，附近车栈，即作为商埠”。[1] 由此云南全省的开埠城市有昆明、蒙自、河口、思茅、腾越共 5 个。

在云南开埠后，民族工业也有一定发展，除了云南机器厂外，还出现了官商合办的制革厂、造币厂、官印局、邮电企业、宝华锑矿公司等，商办企业有火柴、香烟、面粉、玻璃、煤油、采矿等，但使用机器生产的很少。此时的工业建筑一部分为购

1　李春龙 . 新纂云南通志（卷 143 商业考一）[M]. 昆明 : 云南人民出版社年点校本 ,2007:93.

置现成公房，或改建原有旧屋，另一部分为新营建的厂房。虽然近代工业建筑形式各色各样，但大都很简陋，无新式厂房，结构大部分仍为砖木混合式，只有很少一部分采用混凝土[1]。

（4）滇越铁路修筑及其影响

云南地处西南内陆，矿产资源丰富，由于地理环境的封闭性，自古以来虽有“蜀身毒道”等古道，但与外界的交通仍非常不便。从 19 世纪开始，英、法就尝试打通缅甸、越南到云南的交通线，先后派遣大量地质和工程人员到云南进行地质调查，除了寻找矿产资源外，也对可能的水陆、铁路线路进行勘察。法国最先利用红河到蛮耗的水路运输，但由于从自蛮耗到蒙自，再到昆明，均要靠人背马驮，费时费力，运输不便，加上红河水路航线有天然缺陷，河水涨落不定，船身稍大就难以通过。所以法国政府开始筹划修筑连接越南与云南的滇越铁路，使进出口货物通过铁路运到海防，然后直接转海路运输，大大节约了运输时间和成本。

滇越铁路全长 854 公里，全部由法国人投资修筑。1901 年，法国越南殖民当局与法国汇理银行等对外投资企业联合成立滇越铁路公司，开始修建越南境内的铁路，1903 年，从海防至老街段建成通车，共 389 公里。滇越铁路在云南境内的路段为 465 公里，1903 年法国派人踏勘路线，绘制蓝图，从 1904 年开始修建云南境内的延伸段，从中越边境的河口，经过蒙自、开远、碧色寨、宜良、呈贡等地到昆明，于 1910 年 4 月全线完工通车。

滇越铁路的修筑是一项巨大的工程，是我国最早采用“工程承包制”和“合同制”的建设项目之一。总承包商为印度支那铁路建筑公司，在其之下，从老街到昆明又分为 13 个标段，分别由不同的外国承包商负责具体施工。（表 2-4）

在整个滇越铁路云南段的施工过程中，除了承包商是欧洲公司之外，还有 1000 多名外国人组成的工程技术团队驻扎在现场。修路的工人则来自国内和东南亚，参加修路的所有劳工人数，据法国人在《云南铁路》一书中统计为 60700 人，而据中

1 马薇，张宏伟 . 昆明近代城市与建筑的演变 [J]. 云南工学院学报 ,1992（03）:39-46.

表 2-4 滇越铁路各分段承包商名单

| 工程分包段 | 公司中文名称 | 公司外文名称 | 国籍 |
| --- | --- | --- | --- |
| 第一、第二段（老街—弯塘） | 瓦利古尔斯基 | Waligorski(fr) | 法国 |
| 第二段（大树塘—弯塘） | 皮内沃 | Pineo(Italien) | 意大利 |
| 第三段（弯塘—落水洞） | 波若伦 | Bozzolo(Italien) | 意大利 |
| 第三段（弯塘—落水洞） | 贝让雷 | Bezale(fr) | 法国 |
| 第四段（落水洞—大塔） | 佩哈格利斯 | Peraglis(fr) | 法国 |
| 第四段（落水洞—大塔） | 卡若利 | Carolli(Italien) | 意大利 |
| 第五段、第六段（大塔—巡检司） | 瓦勒纳达 | Valnaeda(Italien) | 意大利 |
| 第五段、第六段（大塔—巡检司） | 斯耐亚 | Snezzia(Italien) | 意大利 |
| 第五段、第六段（大塔—巡检司） | 萨尔波尼 | Sarboni(Italien) | 意大利 |
| 第七段、第八段（盘溪—狗街子） | 佩 利 | Pelli(Italien) | 意大利 |
| 第九段（狗街子—可保村） | 巴迪克 | Badic(fr) | 法国 |
| 第十段（可保村—昆明） | 若萨利 | Rosali(Italien) | 意大利 |
| 第十段（可保村—云南府） | 索尔塞勒 | Sorzel(fr) | 法国 |

来源：《滇越铁路——来自法国的解密文件》

国人的估计则为 20 万～ 30 万人之多[1]。铁路修筑过程本身也对云南近代建筑业发展产生了一定影响，主要体现在：

一是在修筑过程中新建大量临时性住房，促进了建造技术的交流。管理人员的住房“采用简易形式建盖，如轻金属屋架、木条隔墙再披盖石灰黏土混合砂浆（俗称沙灰条）、瓦楞铁皮、钢绳等”。[2]大部分劳工住房则采用了本土及东南亚的简易建筑做法，或使用当地土坯、木料和瓦等建材，或“雇佣越南人建盖一些称为竹篱笆的茅屋。越南人是这类建筑的专家，他们将竹子劈开，削扁，编织成篱笆做围墙，再用粗大的竹子制成屋顶桁架，上面铺以宽大的棕榈树叶即成竹篱笆茅屋”。[3]（图 2-10）

1 王耕捷 . 滇越铁路百年史（1910—2010）——记云南窄轨铁路 [M]. 昆明 : 云南美术出版社 ,2010:37-39.

2 王耕捷 . 滇越铁路百年史（1910—2010）——记云南窄轨铁路 [M]. 昆明 : 云南美术出版社 ,2010:50.

3 王耕捷 . 滇越铁路百年史（1910—2010）——记云南窄轨铁路 [M]. 昆明 : 云南美术出版社 ,2010:50-51.

a. 波若伦公司在倮姑的驻地（来源：《滇越铁路：一个法国家庭在中国的经历》）

b. 瓦利古尔斯基公司的驻地（来源：《滇越铁路：一个法国家庭在中国的经历》）

c. 外籍技术人员聚会（来源：《滇越铁路：一个法国家庭在中国的经历》）

图 2-10　滇越铁路修筑过程中的临时建筑

二是在铁路修筑和运营过程中，为满足外国商人和技术人员的日常需求，滇南各地开办了不少洋行，建造了一批新功能、新样式的建筑。最著名的是希腊人创办的哥胪士洋行，哥胪士兄弟原为来华修筑滇越铁路的职员，为方便筑路工人采购货物，于1906年在东村路边建造了一个小店，营销日用品及五金零件，后来开办分号，目前还保留有蒙自和碧色寨两处洋行建筑。

三是滇越铁路穿行在滇南的崇山峻岭之间，需要架设桥梁、开凿隧道、修砌护坡等，大量使用了钢材、水泥等新建筑材料和新结构技术。所用钢材均为预制件，包括钢结构桥、钢轨、轨枕、道岔，以及定位用的专用螺桩、垫圈和螺帽等，均从海外运进，在工地现场即时安装。其中，技术难度最大的人字桥，是由法国工程师保罗·波登设计的肋式三铰拱钢梁桥。修路过程中水泥的用量也很大，越南海防产的水泥运输困难，就发明了用本地石灰石烧制“烧红土”来替代。铁路工程建设促进了新材料与新结构在云南本地的传播，培养了一大批技术工人。

滇越铁路的建成通车，很大程度上改善了云南的交通状况，结束了云南没有现代交通工具的历史，加强了云南与外界尤其是与海外的联系，使云南从内陆最偏远封闭的省份一跃成为对境外开放的前沿。在滇越铁路通车前，从海防至昆明的货物运输需要 32 天，其行程为：海防至河内汽船 1 天，河内经老街至蛮耗航运 19 天，蛮耗经蒙自至昆明牲口运 12 天，共计 32 天。而滇越铁路通车后，从昆明乘火车到达海防港仅需 3 天，再搭乘海轮至香港，全程仅需 6 至 7 天。

在中国境内的滇越铁路段，最初时沿线一共设置了 34 站，沿线站房均采用了法式洋房风格。又被分为了 5 个等级：特等站——河口、碧色寨，分别设有海关和分关，一等站——昆明，二等站开远，三等站——腊哈地、芷村、盘溪、禄丰村、宜良、可保村，此外还有 24 个四等站。设置小站的目的，一是在蒸汽机车时代为了补水方便，二是铁路沿线的宜良、可保、小龙潭等地有大量煤矿等资源。（图 2-11）

滇越铁路的修筑间接促成了昆明的开埠，促进了昆明新式建筑的出现和流行。在 1910 年昆明开埠前，已开业的洋行、公司共 5 家，即法国人的安兴洋行（1900 年）、帮纱为利公司续纱厘爷洋行（1906 年左右），希腊人的哥胪士洋行（1906 年），日本人的保田洋行（1909 年），美国烟草公司设立的昆明分公司（1907 年）[1]。滇越铁路通车后，昆明对外贸易迅速发展，极大地刺激了工商业的繁荣，传统的土货商店日渐式微，各种近代商行则急剧增加，大批外商涌到昆明开设洋行，先后在昆明开设的洋行达 34 家之多，其中法国开设的最多，共计 17 家[2]。

个旧锡矿原来由马帮驮运至蛮耗，经红河水路出口，滇越铁路修筑后，个旧锡矿改由个旧运往碧色寨装车，沿铁路运到越南海防出口。因此，碧色寨被设为滇越铁路特等站。而个旧至碧色寨段的铁路筑成后，碧色寨更成为滇越铁路米轨和个碧铁路寸轨之间的换装站，锡矿全部经此出口，碧色寨由一个小山村发展成为商业繁荣、设施完备的小型市镇，有警察局、各色洋行、商铺等，甚至还开设了妓院。（图 2-12）

滇越铁路筑成后，法国人以铁路用电为借口，要挟清政府准许其兴建石龙坝水电站，被云南劝业道道台刘岑舫拒绝，在他的倡议下成立了商办耀龙电灯公司，由德商礼和洋行承包勘测设计、设备安装工程，聘请德国工程师毛士地亚和麦华德分别负责水机工程和电气工程，设备器材由礼和洋行从德国西门子公司

1　谢本书，李江．近代昆明城市史 [M]. 昆明：云南大学出版社 1997:64.

2　李硅．云南近代经济史 [M]. 昆明：云南民族出版社，1995:221.

a．滇越铁路越南河内站（来源：《滇越铁路：一个法国家庭在中国的经历》）

b．滇越铁路昆明站（来源：《一座古城的图像记录：昆明旧照》）

图 2-11　滇越铁路主要车站

a．清末个旧蛮耗码头的运输场景（来源：《个碧石铁路老照片》）

b．民国蒙自碧色寨车站的运输场景（来源：《个碧石铁路老照片》）

图 2-14　蛮耗码头与碧色寨车站的运输场景

购进[1]。石龙坝水电站是中国建设的第一座水电站，1912 年 4 月竣工发电，由麦华德负责建设了我国第一条高压输电线路，输送到昆明水塘子变电站，降压后并供给用户照明，输电线路长达 34 公里，最初使用木杆架设，每 50 米立杆一根[2]。

1　云南省城乡建设厅 . 云南省志 • 建筑志 [M]. 昆明 : 云南人民出版社 ,1995:90.

2　同上 .

## 3. 军阀统治与军阀战争

### （1）西南军阀统治的历程

近代军阀的产生与清末各省设立的新军有关，“中国近代军阀最显著的特点，是掌握了一支听命于军阀个人的军队，从这个意义上说，袁世凯在清末控制了新建陆军，标志着中国近代军阀的兴起”。[1] 在此之后各地纷纷效仿，建立新军。西南近代军阀和高级将领从个人的教育经历来看，大致可以分为 3 类：

① 留学日本归国的士官生。包括日本的陆军士官学校、东京振武学校、东斌军事学堂等，主要是云南和四川籍的清末新军军官和民国早期军阀将领，在日本期间接受了进步思想，大多加入同盟会，归国后成为云南陆军讲武堂、四川陆军速成学校的教官，也在各镇新军中任士官，传播进步思想，是西南三省辛亥革命过程中的主力军。

② 传统地主阶级的团练武装。主要是民国早期贵州的兴义系军阀，刘显世最早以兴义地方团练武装起家，辛亥革命后逐渐成为贵州都督，带动了兴义系军阀的崛起，继任的王文华、袁祖铭等与刘显世均有姻亲。

③各省开办的新式军校的毕业生。其中以云南陆军讲武堂的毕业生影响力最大。四川的军阀也多就读于各类军校，又分为毕业于四川武备学堂的武备系，毕业于四川陆军速成学堂的速成系，毕业于保定军官学校的保定系等。贵州民国后期的军阀则主要毕业于贵州讲武学堂。

1911 年辛亥革命爆发后，川滇黔三省相继独立，开启了长达 20 余年的军阀统治与混战时期。之后的二次革命、护国战争、护法运动、北伐战争等，川滇黔都是主战场，三省之间为争夺军事控制权与经济资源战乱不断。参考西南近代历史进程，可以将西南军阀统治的历程大致分为 3 个阶段：

第一阶段，1911 年辛亥革命爆发至 1916 年护国战争结束。西南各省通过革命摆脱清朝封建统治，纷纷走向独立，唐继尧开始统治云南，兴义系军阀刘显世统治贵州，四川则形成军阀混战的局面，历经了尹昌衡、胡景伊、陈宧、蔡锷等历任都督后，刘存厚与熊克武开始登上历史舞台，斗争激烈。由于四川的混战局面，

1 谢本书，冯祖贻．西南军阀史（第一卷）[M]．贵阳：贵州人民出版社，1991:18.

滇黔军阀曾一度攻占并控制成都和重庆，四川逐渐成为川军、滇黔军与北洋军争夺的主战场。

第二阶段，1917 年护法战争爆发至 1928 年北伐战争胜利。借护法之名，滇黔军再度入川，唐继尧试图掌控西南三省，遭到川军抵制。云南经历了两次政变，在唐继尧去世后，政权最终被龙云夺得。贵州则经历了兴义系军阀内斗，袁祖铭获得统治权，在其北伐身亡后，兴义系势力衰微，被桐梓系军阀周西成取而代之。四川则实行防区制，群雄割据，群龙无首，刘存厚、熊克武、刘湘、刘成勋、杨森、刘文辉等都想武力统一全川，但均未能成功，滇黔军阀与北洋军阀依然对四川的局势施加影响。

第三阶段，1928 年北伐战争胜利至 1933 年川军内战结束。北伐胜利后，西南各军阀纷纷改旗易帜，接受国民革命军的编制，但西南三省内部的军阀之间以及地方军阀与中央军之间的战争从未停止。云南仍由龙云控制，贵州则经历桐梓系内斗，由毛光翔、王家烈、犹国才先后统治，1935 年被蒋介石为首的中央军取而代之。四川经过长时间斗争，逐渐形成刘湘、刘文辉、邓锡侯、田颂尧为首的四大军阀，经过“二刘大战”，1933 年刘湘胜出，控制全川，刘文辉败走川西，建立并统治西康省。1937 年，抗日战争爆发后，西南各省均派遣军队积极参加抗战。

从西南军阀产生的过程来看，早期的军阀和将领大多为留日士官生，回国后在新军担任下级军官，并在新式军校任教职，大多具有革命进步思想，是西南地区辛亥革命中推翻清政府地方统治的主力军。后期的军阀和将领则大多从各省开办的新式军校毕业的军官中产生，最初也接受进步思想，但大部分军阀统治者及将领的思想有着时代局限性，一旦夺取权力之后，便开始穷兵黩武、拉帮结派、横征暴敛，不断通过战争来争夺地盘、获取财富，巩固自己的统治，背离了革命的初衷。

#### （2）军阀战争的破坏

西南近代军阀之间的混战几乎从未间断，从 1912 年至 1932 年间，四川共爆发了大小478次战争，全川军队人数达50万人[1]。军阀战争导致西南主要城市在战争中遭到非常大的破坏，整个四川几乎都被卷入了战争，大量城市被毁，村庄被焚。从1929年宜宾的影像资料中，可以看出这一时期军阀战争的破坏力。

1917年4月，爆发了川军刘存厚与滇军罗佩金的“刘罗之战”，在成都的争夺中尤为激烈，战斗在人烟稠密的街区内展开，滇军在督军署内架设大炮，向城内刘存厚部的重要据点猛轰，川军利用民房做掩护。为扩大视野，清除遮蔽物，滇军向皇城、御河东西两侧的街道及三桥北街、永靖街等民房喷射汽油，纵火焚烧，即所谓“亮城”。据不完全统计，是役烧毁成都房屋780户[2]。7月，又爆发刘存厚与黔军戴戡的“刘戴之战”，黔军失败后，在成都市内四面放火，西北数十街悉成焦土，总府街、暑袜街等精华亦被焚毁，戴戡躲进督军署之后，川军为开辟攻击通道，将西顺街、三义巷至御河达皇城一线的民房强行拆毁，夷为平地，之后还放火焚烧南城楼一带民房。是役共焚烧成都市区房屋3000余家[3]。（图2-13）

在军阀混战期间，军队从清末的1万余人，急剧膨胀到近60万人[4]。除了军阀混战造成的直接破坏外，为筹措军费而进行的横征暴敛也是导致西南近代经济和建设发展滞后的主要原因。这一时期西南三省的经济基础仍是分散的、自给自足的小农经济。为巩固地盘，求得生存，进一步争霸取胜，各军阀在辖地内实行军事独裁统治，积极扩充军队，筹集军费主要依靠涸泽而渔式的横征暴敛[5]，其敛财手段包括：

① 田赋掠夺，或预征、或加征、或附征，使得农业凋敝。田赋附加往往是正税的十余倍至数十倍，预征田赋更是惊人，一年征税6至12次，广元县“某军驻扎该地，征至民国一百年（2011年）”[6]，且不同军阀占领后，还反复对同一地区征税。

② 商品捐税，税负过重导致工商业发展缓慢。刘文辉所征工商运输和产品税高达21种，其他军阀也大抵如此。在各项捐税中，尤以盐业税是军阀争夺的重点，

1 马方进．近代成都城市空间转型研究（1840—1949）[D]．西安：西安建筑科技大学，2009:24.

2 谢本书，冯祖贻．西南军阀史（第一卷）[M]．贵阳：贵州人民出版社，1991:221-223.

3 谢本书，冯祖贻．西南军阀史（第一卷）[M]．贵阳：贵州人民出版社，1991:234-243.

4 田鸠，杨帆译．四川动乱概观[J]．近代史资料，1962(4):49,61-66.

5 谢本书，冯祖贻．西南军阀史（第三卷）[M]．贵阳：贵州人民出版社，1994:346.

6 西南军阀史研究会．西南军阀史研究丛刊（第二辑）[M]．贵阳：贵州人民出版社，1983:156.

a．军阀战争之后的成都皇城坝周边（1917 年）（来源：Sidney D. Gamble 摄影）

b．军阀战争之后的宜宾北城街区（1929 年）（来源：David Crockett Graham 摄影）

图 2-13　四川地区军阀战争造成的破坏场景

川南自贡及川东一带均为产盐区，1927 年至 1929 年间，四川军阀截留的盐税正税款共约 3049 万元，仅 1934 年刘湘向重庆盐业工会预提 1935 年和 1936 年的引盐正税和“整理费”就有 1180 万元[1]。

③ 特别税捐，包括赌捐、妓女花捐、鸦片烟土税等。鸦片是西南地区的主要财政税种之一，1935 年，云南鸦片税收总值高达“国币”2000 万元以上，1927 年，周西成军政府的财政收入中鸦片税收占 1/2，到 1935 年贵州全省鸦片税收占全省税收总额的 65% 以上[2]。大面积种植鸦片导致西南各省粮食产量下降，云贵二省产烟之地占全省耕地面积的 2/3，两省均需向外省进口粮食。

④掠夺金融业，导致金融市场紊乱，影响工商业发展。最常见的做法是滥发纸币，从银行借款充作军费，造成通货膨胀。此外，各地军阀还摊派各种“短期公债”“定期债券”“金融库券”等名称各异、不能兑换的有价证券。

以上种种不计后果的掠夺，导致从 1911 年辛亥革命到 1933 年军阀战争结束的 20 余年间，西南三省的经济陷入缓慢发展或停滞状态。从农业看，西南各省的农民破产严重；从工商业看，西南军阀繁重的税收及对金融业的无序掠夺，造成通货膨胀，导致西南各省工商业不振，百业萧条，商品市场狭小，除鸦片这一特殊商品外，正常商

1　谢本书，冯祖贻．西南军阀史（第三卷）[M]．贵阳：贵州人民出版社，1994:349-353.

2　谢本书，冯祖贻．西南军阀史（第三卷）[M]．贵阳：贵州人民出版社，1994:353-356.

品贸易得不到发展。而货币不统一，物价飞涨，民族资本难以积累资金。除了为军阀战争服务的军工业和军阀直接控制的垄断性工业外，其他工业发展均处于停滞状态，有的行业甚至出现了倒退现象。比如井盐行业，因军阀疯狂的盐税掠夺，导致盐价高涨，食盐滞销，老百姓买不起盐，盐场又积压没有销路，1930年，四川井盐产量为7633千担，比1929年还减少595千担，1933年，继续下降为1256千担[1]。

而20世纪20年代至1937年抗战前，正是中国近代民族资本主义发展的黄金时代，沿海沿江地区的工商业兴旺，城市土地价格上涨，城区规模不断扩大。上海外滩在此期间进行了第三次的大规模重建，汉口、天津、南京、广州、厦门、哈尔滨、大连、青岛、北海、汕头等城市也都步入发展的快车道，各种新式建筑相继涌现，如今这些城市保留下来的近代建筑大多是这十余年间建造的。反观西南各省，由于军阀混战，导致农业和工商业的停滞与衰退，城市建设与建筑业也受到很大影响，西南大部分城市仍延续传统建筑的施工组织方式和建造技术，未能实现近代转型。

#### （3）军阀新政下的城乡建设

西南军阀统治时期，在城市建设方面最大的特点是：城市的管理水平和建设规模与某时期居统治地位的军阀个人的执政理念和能力密切相关，也与军阀治理下的地区财政收入挂钩。

重庆的近代城市建设始于1921年刘湘驻防重庆时，至1935年期间，重庆均属刘湘驻防地，局势相对稳定。最初委任杨森为督办，1926年7月，改任潘文华为督办，1929年11月，重庆正式设市，潘文华担任重庆市首任市长，城市规划与建设开始快速推进。在潘文华执政初期提出“辟城建市，拓展新市区”的规划建设理念，重庆开始辟建新市区、辟城修路并进行旧城改造，确定了新的城市格局；建电厂、水厂、钢铁厂；修建中央公园；创办电话所、整顿消防所、新建码头、试办轮渡和公共汽车公司；筹办重庆大学；收回王家沱日本租界等[2]。

到1932年，经过三次城区扩张之后，已从原来老城厢的3平方公里扩展到

1　谢本书，冯祖贻．西南军阀史（第三卷）[M]．贵阳：贵州人民出版社，1994:361-362.

2　李彩．重庆近代城市规划与建设的历史研究（1876—1949）[D]．武汉：武汉理工大学，2012:59-60.

46.75平方公里，初步具备近代都市的规模。这一时期，重庆的工商业和金融业发展迅速，至20世纪30年代，重庆开办的主要商业银行有近20家，其中聚兴诚银行（1915年）、美丰银行（1922年）、川康殖业银行（川康平民银行）（1930年）、市民银行（1931年）、川盐银行（1932年）、合成银行（1937年）为川帮六大银行[1]。

除重庆外，四川其他城市的建设进展缓慢。1919年4月，四川防区制正式形成，军阀林立且割据一方，流通货币达40多种。各军阀为了争夺地盘，不断扩充军队，军费开支无度，防区经济每况愈下，无暇顾及城市和市政设施的建设。成都为四川省府驻地，各军阀争夺激烈，在战争破坏市区的同时，也极力维护城市治安，在一定程度上保证了城市建设和经济发展，人口的增加使得商业得到一定程度发展。近代成都城市建设中最具代表性的人物是杨森，1924年5月，杨森任四川军务督办，希望在市政建设方面有所创新，以取得市民拥戴，提出“建设新四川”的口号，推行“新政”：修建马路；开辟公共体育场；成立通俗教育馆；将东大街前清按察使衙门拆毁，开辟出春熙路商业街。但因整体经济下滑，近代成都市区的建设发展还是十分有限。

贵州的城市建设也是在军阀主导下完成的。1913年至1926年间为兴义系军阀统治时期，贵州在军事上和经济上过分依靠唐继尧，1923年，成立了贵阳市政公所，负责市政建设，但总的来说发挥的实际作用较小。1926年至1935年间为桐梓系军阀统治时期，他们着手兴办了一批实业：一是成立“贵州电气局”，二是创办兵工厂，三是在贵阳创办模范工厂。1926年，设建设厅，为全省主管建筑营造的机关，下设省建设厅贵阳市政工程处[2]。周西成治理贵州虽然仅仅3年，但改善了贵州的交通、电力、教育、卫生等基础设施，创办了贵州大学，使贵阳向近代城市迈进，但因周西成死于军阀战乱便戛然而止。1930年，贵阳提请设市，直到1941年方才正式设立。

云南的军阀实力较强，一直谋求对外扩张，省内政局相对稳定，加上云南有开埠通商口岸，滇越铁路带来的连接海外的便捷通道，个旧锡矿业和鸦片业等带来的原始财富积累，带动了云南工商业的快速发展。昆明近代城市建设可以分为

1 贾大全．四川通史 卷七 民国 [M]. 成都：四川人民出版社，2010:480-481.

2 贵州省地方志编纂委员会．贵州省志・建筑志 [M]. 贵阳：贵州人民出版社，1999:15.

两个阶段：1912年至1927年间为唐继尧统治时期，在1919年设云南市政公所，开辟“护国门”；1922年，又成立昆明市政公所。城市建设具体措施有：拆除南城的丽正门及月城，改修为近日公园；着手整理街道，拓宽路面；整理篆塘，对城市下水道进行了彻底疏通；对翠湖、园通山等公园进行了改建；创办东陆大学（今云南大学前身）。1927年开始，为龙云统治时期，1928年，昆明设市；将正义路以东、护国路以西一段城墙完全拆除，填河建路修建新市场，后改名为南屏街；至1931年，先后整理街道38条。又在昆明城内拓宽道路，修建环城马路，形成了“方格网＋环线”的棋盘式道路系统，还相继修建了城郊公路[1]。1933年，昆明市政府又对小西城进行了改造。

在抗日战争爆发前，重庆和昆明成为这一时期西南工商业发展较快的城市，城区规模和城市建设水平在西南三省处于领先地位。军阀统治时期地方县城和村镇建设最富成效的地区是滇南。因个旧锡矿业的大发展，私人开办矿尖、炉号、商号均能积累大量财富，造就了个碧临屏铁路沿线城镇、乡村的繁荣，在滇南个旧、建水、石屏、通海一带，大量因锡矿而获得的财富体现在建筑上，留下了今天所见的建水、石屏的近代民居建筑群，但大部分民居延续了当地传统风土建筑形制，极尽雕饰之能事，只有部分学校、住宅带有西式装饰元素，这一影响已波及滇南土司统治地区。

### （4）军阀统治时期工业的发展

军阀统治时期，达到一定规模的民族工商业的发展都有军阀直接或间接的支持。一方面，战争时期，离开军阀的支持，工商业发展举步维艰；另一方面，这一时期工业的特点是以官商合办为主，军阀大量参股工商企业，但不参与具体经营。受战争影响，官商合办的工矿企业也是时办时停，如1919年熊克武等筹建的重庆炼钢厂，因受战败影响，直到1937年1月才生产出第一炉钢。

云南近代最重要的工业企业是个旧的云南锡业公司，谬云台担任总理职位后对工业生产的改革至关重要，抗战期间，云锡公司出口的成品锡一度占据云南出口商品总金额的80%以上（鸦片不算在内）。而重庆最重要的近代企业家是卢作孚，先

---

1　彭飞．昆明近代城市形态发展的特征及其影响因素 [D]. 昆明：昆明理工大学 ,2009:56-57.

后创办并整合了民生轮船公司、合川电灯公司、三峡印染织厂、民生机器厂、天府煤矿股份有限公司等，这些大的工矿企业支撑起了近代重庆及至西南最重要的工业门类。（表 2-5）

①　铁路运输业的发展

在云南的滇越铁路通车后，法国当局还想修筑从碧色寨至个旧、建水，从开远至弥勒，从宜良至曲靖等 7 条支线，但遭到云南士绅抵制。早在 1905 年，云南士绅即倡议抽盐、粮股募资修筑滇蜀铁路，1908 年改为在个旧大锡项下增收“锡股”和“炭股”，1912 年，再增加“砂股”，并改修个碧铁路，得到蔡锷的支持。1913 年，成立个碧铁路公司，1919 年，成立个碧铁路银行，因建水、石屏的矿商股东占总锡商人数的 80% 以上，因此将铁路延至建水、石屏，后改称个碧临屏铁路，分段修筑，沿途乡村多设车站。个碧临屏铁路采用 0.6 米宽的“寸轨”，与滇越铁路采用的“米轨”不同，两者在碧色寨转换，其目的在于：一是不让滇越铁路的机车驶入中国更远的轨道，维护好路权；二是寸轨修筑费用比修米轨便宜，而鸡街至石屏段路基采用米轨，以备将来更换为米轨之需。

1921 年，个旧至碧色寨段率先建成通车，个旧大锡可通过寸轨铁路运至碧色寨，再换米轨运至越南海防，再次促进了锡业的发展。1928 年，临安至鸡街段通车，1936 年，石屏至临安段通车，全线竣工，共长 177 公里。此时，云锡公司还需要开远鸟格煤矿和小龙潭煤矿所产煤炭作动力燃料，个旧土法炼锡需要大量木炭，矿山上数万工人需要大量粮食、肉类、蔬菜、豆制品等生活物资，这些多是通过个碧临屏铁路的运输来保障供给的。滇越铁路由法国人修筑，沿线站房采用法式洋房风格，个碧临屏铁路为民族资本自主修筑，开始融入地域风土建筑的特征。（图 2-14）

从清末开始，四川境内就规划了多条铁路，最著名的是川汉铁路，但基本都没建成。到 1927 年才兴建了四川第一条铁路——北川铁路，由卢作孚组建的北川铁路股份有限公司修筑，目的将合川天府矿区的煤炭从代家沟运到江北白庙子，然后转嘉陵江水路运出。北川铁路位于山脉顶部，全长 16.8 公里，总工程师为丹麦人守尔慈，副总工程师为唐瑞五，铁轨采用寸轨，宽度为 732 毫米。因铁路与嘉陵江江面存在较大高差，还需要将煤矿从山上接驳至江面，1934 年 4 月，白庙子下河绞车一期工程完工，绞车梭槽宽 15 米，用青石按照传统方式砌筑。此时，修筑铁路所

表 2-5 军阀统治时期重庆主要工厂一览表

| 历史名称 | 现在名称 | 地址 | 创办时间 | 创办人 | 企业简介 |
|---|---|---|---|---|---|
| 重庆电气炼钢厂 | 重庆特钢 | 沙坪坝詹家溪 | 1919 年 | 熊克武<br>刘湘 | 西南地区最早的钢铁厂，采用美国设备和瑞典技术 |
| 民生轮船公司 | 民生集团 | 渝中区朝天门 | 1926 年 | 卢作孚 | 西南最大的民族资本航运企业，逐步整合川江轮船，夺回川江内河航运权。在抗战内迁时抢运物资和人员入川 |
| 三峡印染织厂 | 重庆第五棉纺织厂 | 北碚文星湾 | 1927 年 | 卢作孚 | 西南最大的近代纺织企业之一，纺织机器设备先进 |
| 民生机器厂 | 重庆船厂 | 江北区青草坝 | 1928 年 | 卢作孚 | 西南最大的民营机器厂，最初为修理民生公司轮船而设，拥有大型设备，技术领先 |
| 四川水泥股份有限公司 | 重庆水泥厂 | 南岸玛瑙溪 | 1932 年 | 胡仲实 | 西南第一家水泥生产企业，西南最大的水泥厂，丹麦制造的全套生产设备，产品优质 |
| 天府煤矿股份有限公司 | 天府煤矿集团 | 北碚天府镇 | 1933 年 | 卢作孚 | 逐步整合大小煤矿，成为四川最大煤矿企业，采煤机械化程度高，修筑北川铁路运煤 |

来源：《重庆工业遗产保护利用与城市振兴》

a. 个碧临屏铁路鸡街车站通车（来源：《个碧石铁路老照片》）

b. 个碧临屏铁路石屏车站通车（来源：《个碧石铁路老照片》）

c. 个碧临屏铁路公司大门（来源：《个碧石铁路老照片》）

图 2-14 个碧临屏铁路公司办公楼与站房

用的钢轨和水泥仍需由外地运入。北川铁路为自主修筑，沿线站房建筑大多采用当地传统建筑风格，砖木结构，小青瓦屋面，立面样式简洁。（图 2-15）

② 采矿业的发展

云南近代主要的采矿业是个旧锡业。锡是现代工业的重要合金原材料，在军工、造船、机械、食品等领域都有重要应用，第二次工业革命后，在世界范围内锡的需求量大增。英、法等国未能直接取得个旧矿山的开采权，主要通过控制西方销售市场和售价，调整铁路运费和关税，攫取以个旧锡业为主的整个云南矿业的利润。

个旧锡务公司在 1913 年就已使用机械化设备，但由于原矿供应及水源和动力不足，遭遇失败，亏损严重。1920 年，缪云台出任个旧锡务公司总经理，开始改革，措施包括：搬迁蓝蛇洞索道至马拉格矿区、开凿马拉格竖井、整理洗砂和融锡两厂，1925 年马拉格矿区产量大幅提高，后又将蒸汽动力改为电气动力，供洗砂厂及融锡厂[1]。1928 年起，开始第三轮改革，彻底解决了洗矿、炼矿机器设备产能不足带来的动力、水源、原矿来源等几大问题，还邀请英国冶炼工亨氏亚赤迪耿到个旧改进炼锡方法，提高产品纯度。除自有矿山外，云锡公司主要靠收买各私人厂尖锡砂及

a. 水岚垭火车站（1942 年）（来源：北碚博物馆）

b. 文兴场兴隆湾的天府煤矿公司办公地（1934 年）（来源：北碚博物馆）

c. 白庙子绞车码头（来源：北碚博物馆）

图 2-15　北川铁路沿线建筑与设施

1　云南省志 • 冶金工业志编纂委员会 . 云南省志 • 冶金工业志 [M]. 昆明 : 云南人民出版社 ,1995:401.

土锡，加以精炼，成功练出纯度99.75%的上锡，将产品成色标准化，绕开香港中转市场，经伦敦五金交易所化验给证，直接从越南海防出口欧美，销路甚畅。1934年，组建云南矿业公司，1937年，开始在开远建设南桥水电站，以解决锡矿用电问题。从第一次世界大战至20世纪30年代，个旧大锡平均年产七八千吨，最高达到万吨以上，出现所谓的“黄金时代”，成为世界上主要的锡产地之一。

天府煤矿是重庆近代最重要的采矿工业。1933年北川铁路通车后，沿线六家较大的煤窑与北川铁路公司和民生实业轮船公司联合组成“天府煤矿股份有限公司”，卢作孚被公推为董事长。天府煤矿为重庆近代工业发展，尤其是为抗战时期军工企业的生产提供了重要的能源，从1939年至1945年，天府煤矿共计生产原煤175万吨，其中1945年生产的煤炭占陪都50%的能源供应。天府煤矿厂区内的建筑多为砖木结构单层厂房，小青瓦双坡屋面，屋顶有老虎窗，还有大量传统穿斗式木构架建筑。

③ 电力工业的发展

第二次工业革命后，电力取代蒸汽动力，成为现代工业的基础。西南各地的电力工业最初多用于城市居民和公共照明。1905年，四川总督锡良在位于成都的四川银元局内安设一台小型发电机，以蒸汽动力发电，供院内照明，点亮了四川有史以来的第一盏电灯。1906年，在重庆城太平门附近李耀庭宅第内，第一次安装100千瓦发电机，同样用于院内照明。

四川第一家公用发电厂建成于1908年，初名为成都劝业场发灯部，后改名为悦来电灯公司、同益电灯公司，装置50马力蒸汽机一台，带动1部40千瓦直流发电机发电，供督院街和劝业场的几家大商号、茶园、浴室等处照明。1909年，成都电灯股份有限公司（后改名为成都启明电灯股份有限公司）成立，后来陆续建成了都江、岷江、五通桥、江油等火力发电厂。

重庆第一家公用发电厂建成于1909年，名为重庆烛川电灯公司，为督邮街、陕西街一带供电照明。1932年，重庆市政府又组建官商合办的重庆电力股份有限公司，收购了濒临倒闭的烛川公司，并选址大溪沟征地新建发电厂，即大溪沟发电厂，1934年7月，建成投产，装机容量为3台各1000千瓦的汽轮发电机组。合川是重庆较早用上电力的县城，1926年，卢作孚在合川创立电灯公司，从上海购回引擎和发电机，租用药王庙作厂房，1928年，在合川总神庙建新厂，建立民生公司电灯部，各建筑均为砖木结构、竹木夹壁墙，大门具有中西合壁的巴洛克风格，中式八字朝门形式，柱顶装饰、线脚为西式。

1920 年，德国留学归来的工程师税西恒倡议在家乡泸县集资建设洞窝水电站，1922 年下半年开工，条石砌拦水坝，长 82 米、高 2.5 米，并从坝上游修建长 250 米的引水渠，落差 39 米。从德国购来 1 台卧式水轮发电机组，于 1925 年 2 月建成发电。机组额定功率 140 千瓦，用 6 千伏输电线路送往泸州市，供照明用电[1]。这是中国人自行设计施工的第一座水电站，砌筑拦水坝时，只有唐山水泥 10 桶，以糯米石灰浆的传统工艺来砌筑条石。（图 2-16a、b）

重庆长寿县境内多山，龙溪河流入长江，全长 170 公里，河流陡峻，瀑布多，青烟洞瀑布天然落差 26.7 米，税西恒在 20 世纪 30 年代初即做过勘察，制订了建设梯级水力发电站的计划。1935 年，利用桃花溪瀑布，在三洞沟建恒丰电厂，1937 年建成恒星电厂。

云南的电力工业起步较早。1908 年，昆明士绅在石龙坝创办耀龙电灯公司，1910 年，所有机件运抵昆明，1913 年，石龙坝水电站完工，开始发电。除昆明外，蒙自、开远、河口、昭通等城市均较早用上电力，如开远于 1916 年创办通明电灯公司，位于东门外东寺内，装置英国制造蒸汽直流发电机 1 台，装机容量 22 千瓦，至 1921 年开始供城区照明。

贵州的近代城市电力设施发展较滞后。1926 年，周西成主政后，才着手筹建贵州第一座发电厂，由贵阳商办电灯股份公司来执行，1927 年周西成将袁祖铭弃置镇远多年的一套直流发电机组运到贵阳，在城南武侯祠和鄂文，端祠创设电气局，于次年 8 月发电并投入使用。（图 2-16c）

a. 洞窝水电站拦水坝（来源：自摄）

b. 洞窝水电站生产设备（来源：自摄）

c. 贵阳发电厂（1927 年）（来源：《贵州 100 年 • 世纪回眸》）

图 2-16　西南军阀统治时期的电力工业

1　中国水利百科全书编辑委员会 . 中国水利百科全书 [M]. 北京 : 中国水利水电出版社 ,2006:263.

④ 自来水工业的发展

昆明的自来水工业是西南地区最早建立的，1916 年，开始在滇池修建第一座抽水泵站——九龙池泵房，以九龙池地下泉水为水源，抽水送至五华山水厂处理后，供昆明市居民饮用，1918 年 5 月，开始供水，至今仍在工作。九龙池泵房安装法国产水泵 2 台，德国西门子电机 2 台，总装机容量为 68 千瓦，泵房建筑面积较小，立面样式简洁，门窗为拱券型。

重庆虽然水资源丰富，但整座城市建在山上，饮水并不方便，需要下到河滩挑水，自古便有大量以挑水为业的底层劳动者。1927 年，以官督民办的方式成立“自来水公司筹备处”，采购德国西门子公司设备，由税西恒筹建并担任总工程师，负责整个工程的设计及管理。供水工程以嘉陵江作为水源，在大溪沟设起水站，在七星岗打枪坝设置制水区，1931 年 3 月，正式供水。为纪念水厂创始人税西恒，还在打枪坝自来水厂内建立了一座西式风格的水塔，砖石结构，顶部为带柱廊的圆亭。(图 2-17)

⑤ 轻工业的发展

军阀统治时期，西南早期民族工业以轻工业为主，集中在火柴、电灯、纺织、玻璃、造纸、制盐、面粉、碾米、制革、电池、瓷器、陶器、制药、肥皂等领域。四川稍具规模的缫丝、丝织企业共 50 家，除官方蜀川丝厂、三峡织染厂和日商又新丝厂外，基本属于民营资本。制盐业以自贡为主要基地，截至 1930 年，自贡盐厂使用蒸汽采卤机 94 部，犍为盐场也有 5 部。四川全省规模较大的造纸印刷企业 34 家。

这一时期的工厂从国外引进设备，厂房建筑既有采用传统砖木结构的，也有采用新式结构的。如 1908 年，华之鸿托人赴日本采购印刷机械，1911 年在贵阳正式创办文通书局。1915 年，又创办永丰造纸厂，再次赴日本采购造纸机器设备，采用蒸汽引擎作动力，1919 年建成投产[1]。建筑已开始采用木桁架结构，室内为大空间，以容纳成套设备，外立面开拱券形门窗，屋顶还有高侧窗。（图 2-18）

1 贵州档案方志信息网 http://www.gzdafzxx.cn/dcgz/tsgz/201602/t20160212_51733484.html.

a．昆明九龙池泵房建筑（来源：自摄）

b．昆明九龙池泵房最早的自来水设备（来源：《一座古城的图像记录：昆明旧照》）

c．重庆自来水公司打枪坝水塔（来源：自摄）

图 2-17　西南军阀统治时期的自来水工业

a．永丰抄纸厂厂房（来源：贵州档案方志信息网）

b．永丰抄纸厂抄纸机（来源：贵州档案方志信息网）

c．永丰抄纸厂大引擎（来源：贵州档案方志信息网）

图 2-18　贵阳永丰抄纸厂的厂房与设备

## 4. 抗战内迁与大轰炸

### （1）内迁带来的经济社会发展

1937 年抗战全面爆发，在 10 月 30 日的国防最高会议上，蒋介石公布了迁都的地点，“从二十四年开始，将四川建成后方根据地以后，就预先想定以四川作为国民政府的基地。现在中央已经决议国民政府迁到重庆”。[1] 自 1937 年 10 月国民政府迁都重庆，至抗战胜利后的 1946 年 4 月国民政府发布还都南京令，8 年多时间里，重庆成为中国的政治、经济、军事和文化中心，是战时中国首都，在支持长期艰苦抗战并取得最后胜利的过程中起了巨大的作用，也促进了四川和西南大后方的经济、

1　蒋纬国 . 抗日御海（第 2 卷）[M]. 台北 : 黎明文化实业公司 ,1979:28.

文化、科学、教育、卫生等事业的迅速发展。

① 抗战时期西南地区人口的流动

抗战爆发后，大量外来人口涌入西南，包括国民政府军政人员、产业工人、各行业职员、内迁院校师生等。比较抗战时期西南各省人员的变化情况，人口总数变化并不是很大，有大量迁入人口，同时也有大量迁出人口，两者基本相互抵消。西南外迁的人口最主要的是军事人员，“四川出川抗战的总兵力计 40 余万人，贵州计 10 余万人，此外四川加上西康省共征送壮丁 260.9 万人，贵州逾 64 万人次，云南近 40 万人”。[1]（表 2-6）

此外，抗战期间，西南还有相当数量的外国人，包括各友邦驻华使节、援华人员及军队，以及归来报效祖国的海外华侨。其中，战争期间各同盟国驻华的领事机构均设在重庆，为躲避日军轰炸，主要位于渝中半岛及南岸的黄山、南山一带。一部分领事馆租用原有建筑，如苏联领事馆官邸、德国领事馆等；另一部分新建的领事馆则多采用简洁样式，如鹅岭公园内的澳大利亚公使馆，南山植物园内的印度专员公署、法国大使馆等。（图 2-19）

内迁对西南影响最显著的是城市人口的增加。“成都由 1937 年 49 万余人增加到 1945 年 74 万余人；重庆由 1937 年的 45 万余人增加到 1945 年的 100 万余人；贵阳由 1941 年的 18 万余人增加到 1945 年的 28 万余人；昆明由 1936 年的 14 万余人增加到 1946 年的 30 万余人。”[2]

② 抗战时期西南地区金融业的发展

20 世纪 30 年代开始，国民政府形成了以“四行二局”（即中央银行、中国银行、交通银行、中国农民银行以及中央信托局、邮政储金汇业局）为中心的金融体系。抗战前，全国的金融中心在上海，抗战爆发后，重庆一跃成为全国金融中心。至 1943 年底，重庆一地有四行之分支行处即达到 39 家之多[3]。全国其他各类银行也大量迁渝，包括号称“北四行”的金城、盐业、中南、大陆银行，号称“南四行”中的上海商业储蓄、浙江兴业、新华信托银行等，均纷纷来渝开业。1943 年 7 月，

---

1　潘洵 . 抗战时期西南后方社会变迁研究 [M]. 重庆 : 重庆出版社 ,2011.1:18-19.

2　潘洵 . 抗战时期西南后方社会变迁研究 [M]. 重庆 : 重庆出版社 ,2011.1:35-36.

3　交通银行总管理处 . 金融市场论 [M]. 上海 ,1947:97.

表 2-6　抗战时期西南各省人口统计表（单位：万人）

| 年份 | 四川省 | 贵州省 | 云南省 |
|---|---|---|---|
| 1936 年 | 437.5 | 99.2 | 120.5 |
| 1937 年 | 520.9 | 102.0 | 123.9 |
| 1938 年 | 463.5 | 103.8 | 123.9 |
| 1939 年 | 464.0 | 102.1 | 108.5 |
| 1940 年 | 467.0 | 104.2 | 101.8 |
| 1941 年 | 464.4 | 104.8 | — |
| 1942 年 | 450.2 | 107.3 | — |
| 1943 年 | 464.8 | 100.8 | 92.2 |
| 1944 年 | 475.1 | 107.5 | 93.1 |
| 1945 年 | 436.9 | 105.0 | 96.2 |

来源：《抗战时期西南后方社会变迁研究》

a. 鹅岭公园澳大利亚公使馆（来源：自摄）

b. 南山印度专员公署（来源：自摄）

c. 南山法国大使馆（来源：自摄）

图 2-19　抗战时期重庆的领事馆与官邸

据重庆市各银行业注册一览表的统计，已向国民政府注册的银行共计 70 家，属于内迁重庆的外地银行共 33 家，占总数的 47%[1]。

抗战期间，西南地区的钱庄和保险业也有较大发展。到 1943 年底，重庆有银号和钱庄 34 家。战前重庆保险业多操纵于外商之手，战时重庆成为保险业的中心，

1　刘志英，张朝辉，等 . 抗战大后方金融研究 [M]. 重庆：重庆出版社 ,2014:117-118.

且外商数量大幅减少，据 1943 年统计，国人经营的保险公司已有 21 家，到 1944 年年底，增加到 53 家之多，其中外商仅剩 3 家。[1]（表 2-7）

西南其他各省的银行业较战前也有较大水平的发展。银行等金融机构往往会选择城市繁华地段开业，新建的银行大楼建筑体量大，质量好，样式新颖，属于同时代建筑中的典型代表。（图 2-20）

③ 抗战时期西南地区文化教育的发展

抗日战争前，中国共有高等院校 108 所，大部分集中在北平、上海等中心城市及沿江、沿海地区，其中仅上海、北平两市就占到 1/3，而贵州、陕西则一所也没有，1938 年，遭日军破坏的有 91 所，其中有 10 所学校完全遭到破坏，25 所学校因战争而被迫陷于停顿[2]。1938 年 3 月，国民政府颁布了《战时各级教育实施方案纲要》，为减少文化教育事业之损失，“把东南沿海的几所主要大学和科研机构西迁重庆”[3]。

表 2-7 抗战时期西南金融机构分布表（1945 年 8 月）

| 省份 | 银行 | | | 银号和钱庄 | | | 总计 | | |
|---|---|---|---|---|---|---|---|---|---|
| | 总行 | 分支 | 合计 | 总部 | 分支 | 合计 | 总机构 | 分支 | 合计 |
| 四川 | 215 | 921 | 1136 | 82 | 26 | 108 | 297 | 947 | 1244 |
| 西康 | 7 | 49 | 56 | 1 | — | 1 | 8 | 49 | 57 |
| 云南 | 23 | 165 | 188 | — | — | — | 23 | 165 | 188 |
| 贵州 | 8 | 113 | 121 | 2 | — | 2 | 10 | 113 | 123 |

来源：《抗战大后方金融研究》

1 董幼娴 . 重庆保险业概况 [J]. 四川经济季刊（第 2 卷第 1 期）,1945.1:21.

2 周勇 . 西南抗战史 [M]. 重庆 : 重庆出版社 ,2013:385.

3 中国人民政治协商会议西南地区文史资材资料会议 . 抗战时期内迁西南的高等院校 [M]. 贵阳 : 贵州民族出版社 ,1988:249.

a．重庆农民银行（来源：《杨廷宝建筑设计作品集》）

b．昆明银行（来源：《一座古城的图像记录：昆明旧照》）

图 2-20　抗战时期西南地区的银行建筑

西南三省接纳的内迁高校约占内迁高校总数的 48%。抗战前四川有高校 4 所，抗战爆发后新办 5 所，内迁 48 所，大多集中在渝、蓉两地，基本上是沿着长江及其支流沿线的城镇分布，包括长江沿岸的万县、重庆、沙坪坝、白沙、江安、李庄，嘉陵江沿岸的北碚，岷江沿岸的乐山、成都，沱江沿岸的泸县、金堂、三台等。这些依托水路的城镇对外交通便捷，人员和科研设备、书籍等方便再次疏散转运。由于内迁高校集中，在四川、重庆还形成了一些高等学府集中的学苑区，其中以重庆沙坪坝、成都华西坝、北碚夏坝、江津白沙坝最为集中，被民间称为“文化四坝”。抗战期间，中小学教育也有快速发展，1937 年，四川全省中等学校共有 267 所，到 1945 年增加到 671 所。

抗战前贵州唯一的大学——贵州大学创办于 1928 年，但三年后即停办。抗战爆发后贵州省新办 3 所大学，从外省迁来 6 所大学。内迁贵州的高校主要集中在贵阳，也有迁往遵义、湄潭、赤水等地的。1936 年，贵州全省有中等学校 39 所，到 1947 年增加到 149 所。

云南战前已有云南大学等高校，抗战后内迁的高校包括西南联大、华中大学、中法大学、国立艺专等。内迁云南的高校主要集中在昆明及其附近的澄江等地，大理、蒙自也有部分高校或校区。1937 年，云南全省有中等学校 137 所，到 1946 年增加到 216 所。

抗战时期，除了内迁西南的高校外，大批科研机构也纷纷迁到西南，中央研究院的生物、气象研究所，中央工业试验所、农业试验所，经济部地质调查所，中国科学社生物研究所，中国自然科学社等著名科研机构，以及中国地质学会、中国工程师学会、中国建筑师学会、中国农学会、中国化学会、中国气象学会、中国地理学会等20多个社团纷纷迁至重庆[1]。中央研究院的化学、工程、天文、数学等研究所，北平科学院的化学、物理、地质、生物、动物等研究所迁至昆明。中央研究院史语所和中国营造学社则是先迁昆明，后迁至李庄。

由于长期处于动荡之中，加之经费短缺，内迁的高校和科研机构，或借用现有建筑场地来办学和办公，或新建简易校舍。如同济大学1940年10月迁到四川李庄后，校本部设在禹王宫，工学院在东岳庙，理学院在南华宫，医学院在祖师殿，师生们住宿靠租用大户人家的宅院；浙江大学1940年1月迁到贵州湄潭，借用文庙为办公室，修葺城内外破旧祠堂、庙宇为各系办公室、实验室，在西门外开辟农场，在北门外建宿舍、餐厅、操场和游泳场；西南联大在云南昆明除了租用校舍外，运用传统建筑材料和技术修建新校舍，在蒙自时期则利用蒙自海关作为办公室、教室、图书馆和一部分单身教授的宿舍，东门外的哥胪士洋行作为教授和男生宿舍，周家大院让出一栋三层小楼作为女生宿舍；西南联大叙永分校，将城里的春秋祠、南华宫、天上宫、帝主宫、禹王宫、城隍庙、县文庙等房舍无偿提供给学校使用。（图2-21）

#### （2）大轰炸造成的损失与影响

随着国民党将首都内迁重庆，日军开始对以重庆为中心的西南大后方进行轰炸。早期目标是摧毁军事设施，主要针对飞机场、军工厂等，但1938年开始实行“无差别轰炸”策略，主要针对城市建成区，目的在于轰炸商业中心，摧毁中国人的抗战意志。“根据四川省档案馆不够完整的档案资料记载，日本至少出动飞机7380架次以上，对四川（含重庆）的66个市、县进行了至少321天的战略轰炸和扫射，投下的炸弹至少有26826枚。四川全省包括成都、重庆等地在内，在大轰炸期间共损失房屋234600间。”“针对重庆房屋建筑多为竹木结构的特点，日机携带大量燃烧弹，先投下炸弹将建筑物炸毁，再投下燃烧弹纵起大火，使火灾蔓延，加大对

1　潘洵．抗战时期西南后方社会变迁研究[M]．重庆：重庆出版社,2011:159.

a. 内迁重庆沙坪坝的中央大学（松林坡校区）（来源：《重庆近代城市建筑》）

b. 内迁四川李庄的同济大学（禹王宫校本部）（来源：寻根铸魂 同舟济世——纪念同济大学迁校李庄八十周年专题展（1940—2020））

c. 内迁贵州湄潭的浙江大学（文庙）（来源：《贵州100 年 • 世纪回眸》）

d. 曾在四川叙永办学的西南联大分校（春秋祠）（来源：西南联大博物馆）

图 2-21　抗战时期内迁西南地区的高校建筑

城市的破坏力度，加深社会动荡。”[1]

对重庆破坏最严重的轰炸是在 1939 年 5 月 3 日和 4 日，日机分别对重庆渝中半岛最繁华的下半城和上半城实施的轰炸。3 日，“下半城 27 条主要街道有 19 条被炸成废墟，包括当时银行林立的金融区陕西街被炸得七零八落，商业繁盛地区的商业场、西大街和新丰街等一带几乎全部炸光。下半城有 41 条街道被炸起火”，4 日，

1　潘洵，周勇 . 抗战时期重庆大轰炸日志 [M]. 重庆：重庆出版社，2011:105.

“上半城 38 条街道被炸”[1]。连续两日的大轰炸“炸、毁房屋 1949 幢”[2]。（图 2-22）

1940 年至 1941 年是日军对重庆轰炸最频繁的两年，1942 年太平洋战争爆发后，随着美国空军的援华，以西南为中心的后方空中军事力量大幅增强，此消彼长之下，日本空军逐渐失去制空权，对重庆的轰炸次数大幅减少。（表 2-8）

a. 被轰炸后的重庆市区（1940 年前后）（来源：Carl Mydans 摄影）

b. 被轰炸后的重庆市区（1939 年 5 月 4 日）（来源：“重庆抗战遗址博物馆”微信公众号）

c. 因大轰炸而起火燃烧的重庆街道（来源：《美国国家档案馆馆藏中国抗战历史影像全集·卷二十一 战火家园 I》）

d. 被轰炸后的重庆下半城（来源：“重庆抗战遗址博物馆”微信公众号）

图 2-22　重庆大轰炸中的建筑损毁

---

1　潘洵，周勇．抗战时期重庆大轰炸日志 [M]. 重庆：重庆出版社，2011:105.

2　赈济委员会统计室．重庆市敌机轰炸损失统计表（民国二十八年五月份）．台湾地区文史馆藏．重庆市局财产损失．目录号 302，案卷号 1440.

表 2-8　重庆大轰炸次数及人员、建筑损失表

| 年份 | 空袭次数 | 飞机架次 | 投弹（枚） | 毁房（幢） | 死亡（人） | 伤残（人） |
| --- | --- | --- | --- | --- | --- | --- |
| 1938 | 3 | 53 | 65 | 7 | 24 | 27 |
| 1939 | 34 | 865 | 1897 | 4757 | 5247 | 4196 |
| 1940 | 80 | 4722 | 10587 | 6952 | 4149 | 5411 |
| 1941 | 81 | 3495 | 8893 | 5793 | 2448 | 4448 |
| 1942 | 2 | 15 | — | — | — | — |
| 1943 | 8 | 348 | 151 | 99 | 21 | 18 |
| 合计 | 218 | 9513 | 21593 | 17608 | 11889 | 14100 |

来源：《重庆大轰炸纪实》

由于贵州诸多县市兵力薄弱，基本处于不设防状态。从 1938 年 9 月 25 日轰炸清镇机场和贵阳易厂坝机场起，至 1944 年，日军累计轰炸贵州的贵阳、晴隆等 14 个县市 33 次。破坏最严重的轰炸是 1939 年 2 月 4 日，日军 18 架飞机对贵阳进行大肆轰炸，分为三路：一路轰炸中山东路、大十字、中山西路一带；一路轰炸富水北路、正新街等地；一路轰炸中山南路南段、中段及华光巷等地。日机共投下 129 枚燃烧弹和炸弹，当时留存的《空袭损失统计表（二）》显示："贵阳炸毁或烧毁街巷 42 条，房屋 1326 栋；财产损失在 3880 万元以上。"[1]

据《云南防空实录》资料显示，从 1938 年至 1944 年 12 月，日机空袭云南共 281 天，508 批次，出动飞机 3599 架次。全省 20 多个市县的主要城镇曾遭到空袭，投弹 7588 枚，损毁房舍 29904 间。轰炸期间，昆明市区东至拓东运动场、交三桥，西至西站、小西门外，北至北校场，南至云南纺织厂，大街小巷都被炸得千疮百孔甚至化为灰烬，仅在 1941 年 4 月 8 日的大轰炸中，就损毁房屋 4461 间。12 月 18 日，10 架日机又轰炸昆明交三桥、麻园、席子营、北沙河埂、吹箫巷和环城东路一带，投弹 23 枚，制造了"交三桥惨案"[2]。1942 年 5 月 4 日至 5 日，日军还出动 54 架轰炸机对滇西重镇保山进行狂轰滥炸。（图 2-23）

遭受轰炸是战时城市的普遍经历，第二次世界大战中，英、法、德等欧洲国家的城市也遭受了大轰炸，城市建筑、基础设施被毁严重。在西南地区的大轰炸具有

1　周勇 . 西南抗战史 [M]. 重庆 :, 重庆出版社 ,2013:170.

2　同上 .

a．轰炸后的贵阳中华南路（来源：《贵州100年·世纪回眸》）

d．轰炸后的昆明正义路（来源：昆明市人民防空办公室）

图 2-23 贵州和云南在轰炸中的建筑损毁

持续时间长、伤亡惨重等特点，各大城市在 20 世纪 30 年代末虽已有少量钢筋混凝土结构建筑，但大部分房屋仍是砖（石）木结构，以及穿斗式木结构，沿江或靠崖壁还有大量的竹木吊脚楼，抵御轰炸带来的冲击和由轰炸引起的火灾的能力非常弱。1938 年 2 月，重庆市警察局就曾奉防空司令部的命令，下令对建筑进行加固："重庆市房屋栉比，其间修筑坚固者虽多，而建筑不牢，年久失修者亦有，如遇空袭发生，一经剧烈震动，恐有倒塌之虞。防空司令部饬即晓谕市民遵照，修筑坚固，免滋遗患。"[1]

日军大轰炸还造成西南地区对外交通受阻。抗战前西南对外贸易的主要通道，一是沿长江顺江而下至上海出海，二是沿滇越铁路经越南海防出海可抵香港及世界各地。1938 年开始，长江中下游地区被日军占领，长江水路航运被切断。1940 年，法国政府屈服于日本压力，中断滇越铁路运输，并与日本缔结条约，准许日军登陆越南，假道滇越铁路进犯云南，国民政府下令接管滇越铁路滇段，并拆毁河口至碧色寨段 177 公里铁轨，炸毁桥梁，铁路运输彻底中断。1937 年 12 月，开始抢筑滇缅公路，起于昆明，止于缅甸腊戌，全长 1146 公里，云南段动用民工 20 万人，于 1938 年 8 月建成通车，成为对外的主要物资运输通道，滇缅公路三年共运输物资 45.2 万吨。1942 年，日军占领缅甸，攻入腾冲，滇缅公路中断，只能依靠中印驼峰航线运输战略物资，"驼峰"航线在两年多的时间里，平均每天有 100 多架"驼峰"飞机在滇西上空飞越穿梭。此外，还有一条依靠传统马帮由印度、尼泊尔，经西藏至西南地区的陆路运输线，但运量很小。（图 2-24）

---

1 国民公报 [N].1938 年 2 月 25 日：第 3 版．

a．修筑中的滇缅公路（来源：《美国国家档案馆馆藏中国抗战历史影像全集·卷十九 滇缅公路 I》）

b．修筑滇缅公路所用碎石机（来源：《美国国家档案馆馆藏中国抗战历史影像全集·卷十九 滇缅公路 I》）

c．运输中的滇缅公路（来源：《美国国家档案馆馆藏中国抗战历史影像全集·卷十九 滇缅公路 I》）

d．飞越驼峰航线的飞机（来源：《美国国家档案馆馆藏中国抗战历史影像全集·卷十四 物资装备 I》）

图 2-24 抗战时期的滇缅公路和驼峰航线

日军对西南交通的封锁，以及大轰炸对西南城市工商业的破坏，导致战时城市管理的重心转为防空，建材等物资严重匮乏，且先要满足军工业需求，这对近代西南城市建设、建筑业发展等带来不利影响。在城市规划中，重点疏散市中心区域，努力开发郊区；在建筑业中，防空建筑从无到有迅速发展，大量建造临时住宅与校舍，开发和实施平民住宅计划，受战争影响，各地还流行一种战时的简洁样式。

### （3）抗战期间工业的发展

西南近代工业一直落后于沿海沿江地区，工业基础较为薄弱。至 1937 年年底为止，全国共有工厂 3935 家，川、滇、黔、桂 4 省仅有工厂 163 家，占总数的 4.14%[1]。

1 李紫翔．抗战以来四川之工业 [J]. 四川经济季刊，第 3 卷第 5 期．

而家庭手工业和工厂手工业是主要的生产方式，稍具规模的称得上机械工业的“民营厂家，在四川仅有电力厂 1、水泥厂 1、面粉厂 5、纸厂 1、机器厂 2”。[1] 贵州在抗战前“只有简陋之手工业，对于现代化之工业从未之见”。[2] 云南则“停滞于手工业时代，除省会昆明，一部分家庭手工业已开始走向工厂手工业而外，其他各县，一般工业甚至尚未与农业分家”。[3]

抗战前，西南地区除了官办机械工业外，其他工业厂房多采用砖木结构，沿用传统建造技术，以穿斗式木构架作为结构支撑，竹编墙、木板壁、夯土墙等构成围护体，部分厂房还对穿斗式木构架进行改造，扩大室内空间，增加采光。如重庆丝纺厂（1909 年）保留至今的一批厂房均为单层，锯齿形多跨式结构，两端山墙为砖砌，内部梁架为传统穿斗式与西式三角形桁架相结合，锯齿形屋顶开有侧天窗，采光通风较好[4]。（图 2-25）

全面抗战伊始，国民政府经济部就开始考虑将沿海沿江工业内迁。川滇两省原料丰富、劳动力充足，四川有长江及其支流水运的便利，云南有滇越铁路可直通越南出海，因而成为大部分抗战内迁工业的落脚点。政府采取了一系列措施鼓励工业的内迁，1938 年底，公布了《非常时期工矿业奖助暂行条例》，促进了工矿企业内迁的积极性，1937 年 8 月至 1941 年 12 月，由官方协助内迁的民营工矿企业共 448 家，物资设备 7 万吨[5]。在工业内迁的带动下，西南地区的工业快速发展起来，在 1939 年年底的统计中，西南地区的工矿企业数量已达 759 家，据 1942 年经济部统计处的数据，川、滇、黔、桂 4 省的工厂数已增加到 2155 家，较战前增加了 12 倍。西南地区的工业产值也成倍增长。

抗战前，我国的民族工业中轻工业占比大，但在战时后方建立的主要是基础重工业。机器工业占的比重很大，加上化学工业中的部分重工业，西南重工业总体占比逐渐提升。（表 2-9）

1 周勇 . 西南抗战史 [M]. 重庆 : 重庆出版社 ,2013:334.

2 何辑五 . 十年来贵州经济建设 [M]. 南京 : 南京印书馆 ,1946:55.

3 张肖梅 . 云南经济 [M]. 中国国民经济研究所 ,1942.

4 欧阳桦 . 重庆近代城市建筑 [M]. 重庆 : 重庆大学出版社 ,2010:306.

5 陆仰渊 , 方庆秋 . 民国社会经济史 [M]. 北京 : 中国经济出版社 ,1991:581-598.

a. 重庆丝纺厂五车间外观（来源：《重庆近代城市建筑》）

b. 重庆丝纺厂五车间内部结构（来源：《重庆近代城市建筑》）

图 2-25　重庆丝纺厂木结构老厂房

表 2-9 西南地区工业发展情形（1939 年年底数据）[1]

| 区域 | 机器 | 冶炼 | 电器 | 化学 | 纺织 | 其他 | 总计 |
|---|---|---|---|---|---|---|---|
| 重庆区 | 159 | 17 | 23 | 120 | 62 | 48 | 429 |
| 川中区 | 16 | 23 | 3 | 100 | 31 | 14 | 187 |
| 广元区 | 2 | 3 | 0 | 1 | 1 | 0 | 7 |
| 川东区 | 8 | 20 | 0 | 4 | 4 | 2 | 38 |
| 昆明区 | 11 | 6 | 7 | 25 | 18 | 13 | 80 |
| 贵阳区 | 6 | 1 | 0 | 7 | 1 | 3 | 18 |
| 合计 | 202 | 70 | 33 | 257 | 117 | 80 | 759 |

来源：《经济部报告》（1940 年）

重庆在西南近代工业发展中的地位尤为重要，一是因其是抗战时期的首都，资源集中，二是因其地处长江与嘉陵江交汇口，水运便捷，陆路交通也发达，为西南各省交通之枢纽，生产运销均极便利。抗战时期，后方工业一半以上集中于四川，而四川工业又主要集中在重庆。1945 年，重庆有各行业工厂 1158 家，约占全西南的 1/5，重庆的工厂生产额占西南各省生产总额约 1/3，1948 年，重庆的工厂数量进一步占到全川工厂总数的 1/3。成都的工业地位虽远不及重庆，但仍是四川的第二

1　节选自国民党政府 1940 年经济部《报告》.

大工业中心城市。此外，乐山、万县为川西与川东的大城市，水陆交通便捷，周边工业原料丰富，工厂分布也较多。

① 军事工业的发展

西南各省第二次世界大战前的兵工企业多系清末或民国初年开办的旧厂，设备陈旧，技术落后，如成都兵工厂、重庆铜元局等。抗战开始后，除东北地区以外的主要兵工厂悉数内迁，集中到西南大后方。迁往四川的兵工厂有第 1，2，3，10，11，20，21，23，25，27，30，40，50 等兵工厂，四川原有兵工厂及战时新建的兵工厂有第 24，26，28 兵工厂；迁往贵州的兵工厂有第 41，42，43，44 兵工厂，以及第 53 兵工厂贵阳分厂；迁往云南的兵工厂有第 22，51，52，53 兵工厂，还有第 21 兵工厂昆明分厂，第 23 兵工厂昆明分厂。

从数量上来看，迁往重庆的兵工厂最多，类型涉及枪炮弹药，甚至飞机组装等。由于西南水泥、钢材工业起步晚，这些军事工业建筑既有钢筋混凝土结构，也有钢结构，还有木结构。第 10 兵工厂原为南京炮兵技术研究处，曾筹建株洲兵工厂，1938 年 6 月奉令迁渝，选址在江北忠恕沱，1939 年建成厂房、住宅、射击场、公路等，建筑多为砖木混合结构，单层瓦房，结构简洁，装饰较少。第 21 兵工厂前身为南京金陵兵工厂和汉阳兵工厂，1937 年迁至重庆江北陈家馆，该厂共有重迫击炮厂、炮弹厂、重枪厂、轻机枪厂、步枪厂、制弹厂等 16 个分厂炮，以及学校、医院、农场等，现存 2 幢车间均为砖木结构，墙体和柱子为砖砌，西式桁架，悬山顶，小青瓦屋面，立面装饰简洁。（图 2-26）

a．第 21 兵工厂厂房（来源：罗哲胜摄影）

b．第 21 兵工厂厂房内部结构（来源：罗哲胜摄影）

图 2-26 重庆第 21 兵工厂车间

战时工业对于整个战争进程至关重要，在日军大轰炸的背景下，一些重要的兵工厂、大型机器厂等均采取了相应的防空袭措施，如利用天然岩洞或开凿防空洞作为生产车间，保证战时兵器的生产与供应。战时山洞兵工厂有以下 2 类：

第一类是利用大型天然山洞修建兵工厂，常常选择卡斯特地貌区天然形成的巨大溶洞。1939 年由江西迁渝的第二飞机制造厂，位于重庆南川区海孔洞内，由兴业建筑事务所及基泰工程司设计，魏记营造厂施工[1]。海孔洞是一个天然溶洞，位置隐蔽，洞内高 18 ～ 35 米，宽 18 米，纵深 210 米，飞机厂在洞内设有机工、钳工、白铁、机身、机翼、电镀等车间，辟有可供装配 20 架飞机的空间，在洞外建有铸锻、油缝、修配、木工、修理等车间，全部用松枝覆盖，还有远离厂区的生活设施。贵州大定县羊场坝的第 1 航空发动机制造厂，也是利用天然的溶洞群，1939 年建成钢筋混凝土结构的 7 层厂房，另有发电车间、仓库、办公楼、影剧场、商店、医院、学校、住宅、电站及水塔等，多为 3—4 层砖木结构建筑。

第二类是为防空袭新开凿的山洞工厂。重庆鹅公岩的第 1 兵工厂于 1939 从汉阳兵工厂迁渝，沿江开凿山洞，修建厂房，在从傅家沟到龙凤溪长江沿岸一带共开凿了 107 个岩洞，其中 2/3 做了衬砌，作为生产车间，一部分生产洞是独立的洞体，另一部分有支洞相通[2]。第 21 兵工厂也曾在铜罐驿建有分厂，也是人工开凿的山洞，洞门与洞内通道呈“S”形。沙坪坝双碑村的第 25 兵工厂，前身为上海江南制造局（1875 年）龙华分局，1938 年，由上海迁渝，初期委托川康营造厂、利源建筑公司挖建山洞厂房 9 座，另有 9 处防空洞用于战时人员的疏散，1942 年，大东营造厂建成公共防空洞 23 个[3]。江北区郭家沱的第 50 兵工厂，1937 年，从广东清远县�江内迁，生产车间设置在人工开凿的山洞隧道中，1943 年完工，山洞中的车间有 22 个洞口，洞内用隧道互通，地面上有约两尺高的排水渠纵横交错，洞壁为钢筋混凝土墙体，是抗战期间国内修建的最大洞穴建筑。贵阳花溪区大寨后山的国民党防空学校军工修理厂也是一个山洞工厂；昆明西山区海口冲山村的第 51 兵工厂（1939 年），厂房设置在了山洞中，由 4 个山洞组成，山洞间有通道连接。（图 2-27）

1　重庆市城乡建设管理委员会，重庆市建筑管理局．重庆建筑志 [M]. 重庆：重庆大学出版社，1997:141.

2　重庆市城乡建设管理委员会，重庆市建筑管理局．重庆建筑志 [M]. 重庆：重庆大学出版社，1997:140.

3　同上．

a．重庆第 50 兵工厂山洞车间（来源：罗哲胜摄影）

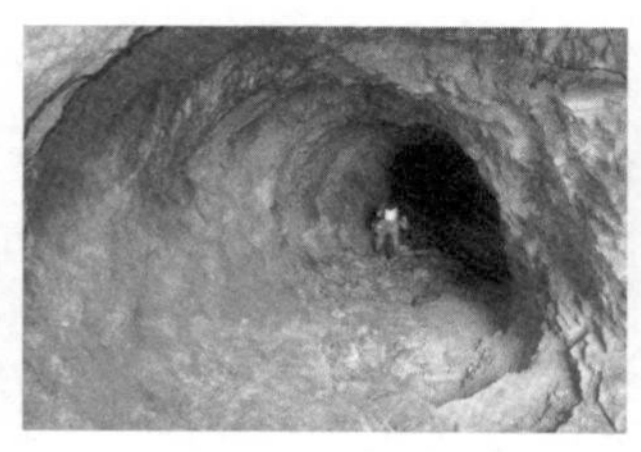

b．贵阳防空军工修理厂山洞车间（摄影：戴犁摄影）

c. 昆明第 51 兵工厂山洞车间（来源马洪云摄影）

图 2-27　抗战时期西南兵工厂的山洞车间

② 能源工业的发展

大量内迁工业和人口导致用电需求急剧增加，抗战期间大小电站纷纷建立。西南地区水系发达，落差大，也比较适合发展水电。到 1940 年，已建成的发电厂有：龙溪河长寿分厂，设有煤气发电机 200 千瓦，水力发电机 900 千瓦；五通桥的岷江电厂新添柴油发电机 200 千瓦；宜宾电厂新添煤气发电机 200 千瓦，柴油发电机 340 千瓦；自流井电厂有汽轮发电机 500 千瓦；泸州电厂装有 2000 千瓦发电机；贵阳电厂新增发电机 520 千瓦。民国后期的发电厂建筑多为现代主义风格，部分使用钢筋混凝土结构，水电站的拦水坝、引水渠等大型的水利工程仍采用条石砌筑。

由于大型工厂内迁昆明较多，工业居民用电吃紧。1938 年，改组后的耀龙电力公司在螳螂川的源头上建造了抽水机房，由德国工程师监造，属于石龙坝水电站的配套工程，主体建筑由人工打磨的青石砌筑而成，门、窗具有典型的西式风格，建筑下面有 5 条用于排洪、抽水发电的石质水道。1938 年 5 月，国民政府资源委员会又创办了昆湖电厂，1939 年 2 月投产发电，厂房为砖木结构，现代主义风格，装有 4000 千瓦的发电设备。

为满足个旧锡矿的用电需求，1937 年，云南矿业公司在开远城南泸江河的南桥边选址建设水电厂，由德国西门子洋行工程师李必显（音译）勘测设计，拦河坝建在泸江河中游云山峡，沿河在山腰陡壁上开挖 5.7 公里长的引水沟至厂房发电，1940 年 8 月，已完成工程量的 82%，后因滇越铁路运输中断，水泥等无法运入，且又遭到日本飞机的轰炸，厂房、设备均有不同程度损毁，被迫将已安装完毕的发电设备拆卸疏散掩埋，工程停顿。1942 年 3 月工程复工，电厂安装 2 套德国伏伊特（J.M.VOITH）公司 1937 年制造的立轴混流式水轮机和德国西门子苏克特（Siemens-Schuckert Germany）公司华伊士工厂制造的SSW 标准立式三相交流发电机，单机容量为 896 千瓦。1943 年 8 月开始供电，为个旧锡业和开远工业的发展发挥了重要作用。（图 2-28）

a．昆明耀龙电力公司抽水机房（来源：马洪云摄影）

b．昆明昆湖电厂厂房（来源：马洪云摄影）

c．开远南桥水电厂（来源：自摄）

图 2-28　抗战期间云南建设的电厂

抗战期间，重庆的电力紧缺。大溪沟电厂于1938年扩建，委托上海迁渝的基泰工程司设计，大部分建筑是钢筋混凝土结构。1942年6月，万县建成瀼渡电厂，是张光斗留美归国后设计的第一座水电站，为三峡地区最早的水电厂，由厂房、拦河坝、引水渠道、引水竖井等组成，厂房为石砌与钢筋混凝土混合结构，现代主义风格，引水渠道长1500米，其中有180米长的高架渠一段，拦水坝长130米，坝高5.5米，全部为条石砌筑[1]。江津白沙镇在驴子溪高洞瀑布下面建成了高洞电站，1944年由夏仲实等人倡议入股筹建，吴震寰任工程师，1946年建成，电站机房坐落在悬岩边沿，落差20米，圆洞直径4米。该电站为坝后式，从机房到井的顶部螺旋式逐渐上升，共7层[2]。

抗战期间，贵州也建设了新电厂。1938年贵阳电厂建立，1939年开始用汽轮机发电，建有专用厂房和烟囱。桐梓的小西湖天门河水电厂是贵州的第一座水电站，1942年1号机组正式投产发电。电厂建有圬工重力溢洪坝，引水系统由两段明渠和两段隧洞组成。厂房分两层，上层为发电机室，下层为水轮机室，均置于地下溶洞中。两台水轮发电机为美国勒菲尔公司1941年的产品，发电机为美国奇文公司1942年的产品。（图2-29）

③ 钢铁、机械制造工业的发展

在钢铁工业方面，抗战前西南地区只能生产土铁，建筑与设备均达不到钢铁冶炼的要求。1938年3月，国民政府成立钢铁厂迁建委员会（以下简称钢迁会），“拆卸汉阳及武汉附近其他各钢铁厂的机器设备，以备迁川建厂”。[3]后来在此基础上建成了大渡口钢铁厂（重庆钢铁厂前身），位于长江岸边，场地开阔，有天然优良的码头，全厂共分设制造所7处。其他沿海沿江钢铁厂内迁后，以重庆为中心，组建了一批大型钢铁厂，如渝鑫钢铁厂、綦江电化冶炼厂、资蜀钢铁厂、中国制钢公司、中国兴业公司、资渝钢铁厂、威远铁厂等较大的钢铁厂，厂数由抗战前的2家发展到1942年的44家之多。

1 李波.重庆抗战遗址遗迹图文集[M].重庆：重庆大学出版社,2011:285.

2 李波.重庆抗战遗址遗迹图文集[M].重庆：重庆大学出版社,2011:324.

3 国民党政府经济部与军政部兵工署1946年发布《钢铁厂迁建委员会统计手册》.

a. 万县瀼渡电厂厂房（来源：《重庆市优秀近现代建筑》）

b. 江津高洞电站全景（来源：余萍摄影）

c. 桐梓天门洞水电厂厂房（来源："遵义晚报"微信公众号）

d. 桐梓天门洞水电厂发电机（来源："遵义晚报"微信公众号）

图 2-29　抗战期间重庆和贵州新建的电厂

洋务运动时期建造的汉阳铁厂，建筑多为大跨度砖木结构厂房，山墙带有西式装饰，立面为拱形门窗。内迁重庆后的大渡口钢铁厂的建筑简洁，不带装饰，大型厂房采用钢筋混凝土柱梁，部分用砖柱，还有大量临时性的棚厂。1940 年 9 月，大渡口钢铁厂遭到空袭，死伤百余人，之后为了躲避空袭，对重要的建筑和设备进行伪装，"厂内各制造所之重要建筑物，如 100 吨炉、20 吨炉及交流电、铸钢厂、条钢厂、火砖厂等，厂房与烟囱等均有大规模之伪装，以免显露目标"。[1] 对 100 吨高炉采用加盖遮雨布和假屋顶的方式，因重庆属于山地城市，从空中看，像是一座天然小山坡，对烟囱的伪装是使其看上去更像是中国传统的古塔和树木。（图 2-30）

1　杨继曾 . 钢铁厂迁建委员会概略 .1941 年 11 月 .

a．汉阳铁厂（来源：Rolling Thomas Chamberlin 摄影）

b．大渡口钢铁厂百吨高炉（来源：重庆钢铁集团公司档案馆）

c．大渡口钢铁厂的战时伪装（来源：重庆钢铁集团公司档案馆）

d．大渡口钢铁厂厂房（来源：《大后方的社会生活》）

图 2-30　汉阳铁厂与内迁的大渡口钢铁厂

抗战前西南机械制造业水平相对较低，设备落后，大多经营不善。抗战爆发后，内迁四川的机械厂 108 家，复工的工厂有 92 家，内迁的恒顺、上海、新民、大川、震旦，加上民生等 7 家大型机器厂构成了战时机械工业的骨干。到 1939 年 6 月，重庆机器工厂数量已发展到 69 家，1942 年达到 436 家。

中央机器厂于 1936 年在湖南湘潭筹建，1938 年 4 月迁至昆明茨坝，在战时进行军工和民用产品生产，建筑为钢结构、钢筋混凝土结构与砖木结构混用，立面装饰简洁。中央电工器材第一厂（电线厂）是国民政府资源委员会创办的中央电工器材厂的分厂之一，迁到昆明马街后，1939 年 7 月建成投产，现存厂房为 1938 年建的一座大型单层厂房，锯齿状屋顶，大型装配式钢筋混凝土排架结构，长约 80 米，宽 60 米。（图 2-31）

a．昆明中央机器厂车间内（来源：云南人民出版社微信公众号）

b．昆明中央电工器材厂厂房（来源：马洪云摄影）

图 2-31　抗战时期内迁昆明的机器厂

④　纺织工业的发展

战前四川的棉纺织工厂数量虽多，但使用机械设备生产的占比却少，尚处于手工纺织向机械纺织过渡的阶段。1930 年，卢作孚引进电动织布机，在重庆建立民康纱厂，仅限于织布而不纺纱。抗战内迁的纺织厂及其先进设备促进了西南地区纺织工业的快速发展，四川的纺织业发展最快，又以重庆地区的纺织厂最多，几乎全是内迁工厂。

新式纺织工业建筑，屋面多为连续的锯齿形。豫丰和记纱厂从郑州先迁往武汉，1938 年迁渝，在合川东津沱建立豫丰和记纱厂合川支厂，1941 年投产；裕华纱厂 1938 年从湖北武汉迁至南岸。白沙新运纺织厂位于江津白沙镇麻柳湾社区，是在国民政府倡导的新生活运动下为解决来川抗日家属的生活问题而筹建，1940 年秋投入生产，厂部为土木结构合院式建筑，夯土墙，悬山顶，两边对称布置，中间为狭长形的天井院，生产车间为连续的单坡屋面，盖小青瓦，采用当地传统穿斗式木结构。申新第四纺织厂建筑群是采用了当地传统民居的风格，平面为合院式布局，典型的穿斗式木结构，因陋就简。

⑤　机场的建设

抗战之前，国民政府重点建设的机场是南京、南昌、洛阳、汉口机场，以及上海虹桥、大校场等机场[1]。1937 年全面抗战爆发后，中日空军经过淞沪战场的争夺，

1　欧阳杰 . 中国近代机场建设史 [M]. 北京 : 航空工业出版社 ,2008:107

日军全面占优，南京、上海沦陷后，中国空军被迫转移到南昌、武汉一带，形成“广州 - 南昌 - 武汉”的防线。此后中苏航空联合志愿队与日本空军作战，日军仍占据绝对制空权。国民政府在西迁的同时，开始在西南建设大批适应战时需要的航空设施，广州、武汉失陷后，立即在西南构筑了以“重庆、成都和昆明”为中心的机场攻防体系。1942 年太平洋战争爆发后，中国空军与美国飞虎队开始联合作战，西南作为防御和反攻基地，到 1943 年开始占据绝对制空权。

西南的空中防线构筑，主要分三个方向：一是沿成都、重庆一线到陕西、甘肃的东北方向，二是沿衡阳、零陵、遂川到桂林、南宁的东南方向，三是沿云南昆明、腾冲的西南方向，在陕西至广西各省境内兴建了一系列军用机场，这样就构成了面向中国北部、中部和东南亚地区扇状分布的军用机场布局，从这些机场起飞可以打击东部及中部日军的军事设施，还可以护卫“驼峰航线”，打击日军在东南亚的目标。据不完全统计，四川曾有近代机场 49 座，重庆曾有近代机场 17 座，另有秘密机场近 30 座，云南曾有近代机场 60 座，贵州曾有近代机场 21 座[1]。抗战期间，西南地区的机场从功能上可以分为：一是对日备战或城市防空的机场；二是为美军进驻作战以及战略轰炸而建的机场；三是为满足“驼峰航线”运输需求而建的机场；四是为战机加油、弹药及维修服务的临时机场；五是服务于航空培训学校的机场；六是民航机场或者水上机场。（图 2-32）

## 5. 抗战胜利后的回迁

抗日战争胜利后，国民政府将首都从重庆迁回南京。1945 年 12 月，国民政府行政院开始做还都准备。1946 年 4 月 25 日，行政院在南京正式挂牌办公，各部委于 28 日也正式对外办公。4 月 30 日，国民政府颁布《还都令》。5 月 5 日，国民政府官员和各界代表 5000 余人在中山陵祭堂前隆重集会，举行盛大的还都典礼。此后，遗留在重庆的国民政府机构和办公人员也陆续回迁南京。

“抗战初始，重庆以地理上之优异成为中国战时首都，举凡军政文化，皆为全国先导及自由中国交通联运之枢纽。渝市人口于 7 年间增至百万，而宏规之现代化

---

1 欧阳杰 . 中国近代机场建设史 [M]. 北京 : 航空工业出版社 ,2008:514-546

a. 羊街机场（来源:《一座古城的图像记录:昆明旧照》）

b. 呈贡机场（来源：《一座古城的图像记录：昆明旧照》）

图 2-32 抗战时期的云南机场

都市，已具基础，中外知名人士，莫不惊叹渝市市政建设之进步，市况繁荣，尤能蒸蒸日上。顷以国府胜利还都，人物东下，此间顿形冷落。国府路前，车马人稀，山间道上人迹罕至，昔每夜曾踊跃欢乐之‘国际’‘扬子’舞场，今已舞淡歌微；义民还乡，日在千数，而流落街头之无依儿童，刻正为慈善夜游队所集收；南北温泉之餐厅旅栈，多闭门歇火；精神堡垒附近，入夜沉寂，失业工人伫立街头以睹市容为欢。景物已非，不胜今昔。”[1]

还都南京后，政治、经济、文化中心东移，导致西南地区经济快速衰退。许多内迁工厂为了避开交通运输的困难，寻找更为广阔的市场，纷纷迁返原地或另择地址复员，这就造成西南大批工厂歇业或改组。仅以四川为例，据经济部 1945 年 8 月至 1946 年 5 月统计：在 363 家发生变动的企业中，歇业的 344 家，改组的 1 家，迁厂的 3 家，增资的 5 家。约有 95% 的企业，在战后无法继续经营而倒闭，仅有 5% 的企业通过不同方式的增资、重建而得到发展。[2]

1 1946 年 5 月 6 日《国民公报》.

2 贾大全，主编 . 四川通史 卷七 民国 [M]. 成都 : 四川人民出版社 ,2010:404.

此外，国民政府在战后滥发纸币造成全面通货膨胀，四川工业遭受致命打击，由于原材料价格飞涨，工费、劳务亦随之上涨，加上解放战争带来经济动荡，销路锐减，使得西南地区的企业更加难以生存。抗战结束后美国商品倾销西南，所需钢铁、机械设备及工矿器材均从美国进口，民族工商业受损严重，1946 年 6 月至 7 月，重庆机器工业 90% 以上停顿，两大钢厂相继停产，电力工业受通货膨胀和政府限价政策影响，走到山穷水尽的地步。美国轻工业产品在 1946 年至 1947 年间也占据四川市场，西南地区大批轻工业工厂纷纷歇业或倒闭，造纸业、制糖业、制盐业奄奄一息。在航运业方面，民生公司在抗战后期扩充航运实力，向国外银行贷款订购船舰，航线从长江扩展到海洋，但由于战后通货膨胀、经济萧条、客货运量锐减，民生公司也濒临破产。

与此相应的，抗战结束后西南地区的建筑业也陷入停滞。主要城市在战时轰炸中破损严重，战争期间并未完全修复，在战后几年各地的建筑业以修复和修补被毁建筑为主。比如 1939 年聚兴诚银行大楼最北角被炸毁，从 1941 年的修理工程图纸看，只进行了简单的维修，在炸毁后残留部分基础上，加盖平屋顶，并未完全恢复建筑旧观，设计单位署名为“聚兴诚银行房地产管理委员会设计组”，施工单位为吉林营造厂[1]。1946 年，国民政府外交部全部迁出聚兴诚银行大楼后，银行才开始着手对被炸毁的部分及年久失修处进行修复，工程包括：修复被炸部分，二层采用钢梁替换已被蚁蛀的木梁，三四层修复门窗地板，屋顶修复晒坝，修复电梯，修复部分外墙等，设计单位为基泰工程司，施工单位为洪发利机器营造厂。[2]（图 2-33）

1 根据《聚兴诚银行总行被炸部分简单修理合同及说明书》记载“工程范围——本工程系指甲方林森路九十号总行被炸部分之部分修理工作，计包括：第一项 总行正北角被炸部分之地下层、第一层、第二层，新做鱼鳞板屋顶及各层过道之修复工作；第二项 正北角被炸部分之第三层、第四层走廊转弯处之地板、墙壁、栏杆及屋顶晒坝之边沿修补完整工作，并拆除补修部分附近之不规则及有危险之部分，均须修理清楚。”资料来源：重庆市档案馆．林森路总行被炸房屋修补工程卷 ,1941.

2 根据《重庆聚兴诚银行修整大厦工程做法说明书》记载“第一条 工程范围 本工程包括原有大厦全部修整及被炸部分恢复原状（拆除图样上注明应拆之墙壁及现有□□□工资在内），并连同油漆、粉刷、玻璃、五金等。”资料来源：重庆市档案馆．整修林森路行屋被炸部分工程卷 ,1946.

a. 聚兴诚银行 1941 年修补被炸部分示意图（来源：自绘）

b. 聚兴诚银行 1946 年整修被炸部分示意图（来源：自绘）

图 2-33　抗战期间与战后重庆聚兴诚银行大楼修复示意图

# 二、西南近代建筑发展历史分期

## 1. 关于历史分期的讨论

从全国范围来看，中国近代建筑史的区间一般仍以 1840 年至 1949 年为限，其中多以 1895 年或 1900 年前为萌芽期，1937 年以后为衰落期，中间部分又可分为发展期和鼎盛期。

西南近代建筑的发展历程具有特殊性，与全国的近代建筑发展在时间上不同步，具有较大的滞后性。对西南近代建筑的历史分期，主要以城市或省域为对象：重庆近代建筑发展划分的主要时间节点是 1840 年鸦片战争，1891 年重庆开埠，1929 年重庆建市，1937 年全面抗战爆发；成都近代建筑发展划分的主要时间节点是 1911 年辛亥革命，1935 年川军内战结束；贵州近代建筑发展划分的主要时间节点是 1898 年戊戌变法，1937 年全面抗战爆发；云南近代建筑发展划分的主要时间节点是 1889 蒙自开埠，1910 滇越铁路通车，1937 年全面抗战爆发，1949 年新中国成立。（表 2-10）

表 2-10　现有专著及论文中关于西南近代建筑历史的分期

| 作者 | 著作或论文 | 发表年代 | 地域范围 | 近代建筑历史分期 |
| --- | --- | --- | --- | --- |
| 杨秉德主编 | 中国近代城市与建筑 | 1993 年 | 重庆 | ① 1840—1891 年，开埠前；<br>② 1891—1929 年，开埠后至建市前；<br>③ 1929—1937 年，建市至抗战前夕；<br>④ 1937—1945 年，全面抗日战争期间；<br>⑤ 1945—1949 年，抗战胜利后 |
| 杨嵩林等主编 | 中国近代建筑总览重庆篇 | 1993 年 | 重庆 | ① 1840—1890 年，开埠前；<br>② 1891—1928 年，开埠后到建市时期；<br>③ 1929—1936 年，建市到全面抗战前夕；<br>④ 1937—1945 年，抗日战争时期；<br>⑤ 1946—1949 年，抗战后到新中国成立 |
| 李彩 | 重庆近代城市规划与建设的历史研究（1876—1949） | 2012 年 | 重庆 | ① 1876—1921 年，近代城市的形成与城市近代化的探索；<br>② 1921—1937 年，近代市制的建立与近代城市规划的展开；<br>③ 1937—1949 年，战时体制的规划建设与近代城市规划的进步 |
| 匡志林 | 重庆近代宅第建筑特色研究 | 2012 年 | 重庆 | ① 1890 年开埠前；<br>② 1891—1936 年全面抗战前夕；<br>③ 1937 年抗战爆发后 |
| 李宁 | 重庆近代砖木建筑营造技术与保护研究 | 2013 年 | 重庆 | ① 1840—1890 年，开埠之前；<br>② 1891—1929 年，开埠后至建市前时期；<br>③ 1929—1937 年，重庆建市至全面抗战前夕；<br>④ 1937—1949 年，抗日战争至解放 |
| 杨秉德主编 | 中国近代城市与建筑 | 1993 年 | 成都 | ① 1860—1912 年，辛亥革命前；<br>② 1913—1935 年，川军内战时期；<br>③ 1937—1949 年，全面抗战爆发后 |
| 庞启航 | 成都地区近代公馆建筑形态研究 | 2008 年 | 成都 | ① 1840—1920，萌芽期；<br>② 1920—1940，发展期；<br>③ 1941—1949，衰退期 |
| 马方进 | 近代成都城市空间转型研究（1840—1949） | 2009 年 | 成都 | ① 1840—1911 年，晚清城市空间结构转型萌芽；<br>② 1912—1949 年，民国时期城市空间结构的转型发展 |
| 何雨维 | 成都市近代居住建筑保护现状研究 | 2010 年 | 成都 | ①辛亥革命前；<br>②川军内战时；<br>③全面抗战爆发后 |

续表

| 作者 | 著作或论文 | 发表年代 | 地域范围 | 近代建筑历史分期 |
| --- | --- | --- | --- | --- |
| 方芳 | 巴蜀建筑史——近代 | 2010 年 | 四川 | ① 19 世纪中叶到 19 世纪末；<br>② 19 世纪末到抗日战争前；<br>③全面抗日战争爆发到新中国成立 |
| 蒋高宸等主编 | 中国近代建筑总览昆明篇 | 1993 年 | 昆明 | ① 1899 年以前，第一阶段；<br>② 1899—1928 年，第二阶段；<br>③ 1928—1949 年，第三阶段 |
| 李艳林 | 重构与变迁——近代云南城市发展研究（1856—1945 年） | 2008 年 | 云南 | ① 1856—1889 年，回族起义与云南城市兴衰；<br>② 1889—1910 年，西方势力入侵与云南区域城市的重构；<br>③ 1910—1937 年，铁路与昆明经济中心城市地位的确立；<br>④ 1937—1945，全面抗战与云南城市发展的新机遇 |
| 刘凤华 | 昆明近代公共建筑的类型与特征研究 | 2011 年 | 昆明 | ① 1899—1928 年，西风渐进；<br>② 1928—1945 年，开放发展；<br>③ 1945—1949 年，停滞中有发展 |
| 陈顺祥<br>周坚 | “西风”渐近影响下的贵州近代建筑 | 2014 年 | 贵州 | ① 16 世纪中叶至 1840 年；<br>② 1840—1898 年；<br>③ 1899—1937 年；<br>④ 1937—1949 年 |

来源：自制。

## 2. 对历史分期的新认识

根据上文，对西南近代建筑发展与转型影响较大的事件梳理如下：① 1840 年，鸦片战争爆发，传教开始合法化，教案及随之而来的清朝赔款，使得教会势力不断壮大，近代天主教建筑中出现并大量采用西式风格，19 世纪 70 年代，洋务运动影响到西南，开启官办工业浪潮，近代工业建筑萌芽；② 1889 年，蒙自开埠，1891 年，重庆开埠，西方势力由东及西沿长江进入重庆，由南及北沿红河进入云南，带来殖民地外廊式风格建筑，到 1910 年，滇越铁路建成通车，昆明开埠，带来法式洋房风格；③ 1911 年，辛亥革命爆发，西南三省政权更替，开启军阀割据和混战时代，新政权普遍采用新的建筑样式标榜新时代，在城市建设中也做了积极探索，但整体发展缓慢；④ 1933 年，川军内战结束，1935 年，贵州、四川政权相继被国民政府掌控，西南三省进入相对平稳的发展期，工业、金融业有所发展，摩登的新古典主义风格、装饰艺术派风格传入西南；⑤ 1937 年，抗日战争全面爆发，国民政府内迁重庆，1938 年，日军开始对西南大轰炸，直到 1942 年，中美空军占据优势，日军轰炸才有所停歇，城市在轰炸中被毁坏的同时，也在不断重建和扩展，因内迁带来的人口、政治、社会、经济、文化红利，带来短暂的繁荣期，提倡节俭的现代主义建筑流行一时；⑥ 1945 年，抗战胜利，1946 年，国民政府回迁南京，西南社会、经济、文化全面衰落，通货膨胀加剧，建筑业凋敝。

从西南近代建筑风格演变的视角，沿着风土建筑传承与外来样式本土化转变的轨迹，结合影响西南近代建筑转型的历史事件，本书尝试将西南近代建筑的发展分为 5 个大的历史时期，其中繁荣期又可分为 3 个时段（表 2-11）。

### （1）西南近代建筑的萌芽期（1840 前—1888 年）

17 世纪中叶以来，经历了禁教风波，天主教开始在西南断断续续地传播。1840 年鸦片战争后，传教才开始合法化。西南地处内陆，在开埠之前，对外交通不便，社会、经济发展缓慢，建筑风格受外来文化的影响并不大，真正发生转型是在 19 世纪 90 年代西南城市开埠之后，所以将开埠作为建筑发展的分界点。

早期教堂建筑采用传统民居样式，19 世纪中叶开始将西式修院平面融入中式合院式建筑中，产生新的本土修院平面布局类型，开启中西方建筑文化的交融。19 世纪下半叶全国爆发大规模教案，西南地区也有大量教堂被捣毁，清政府迫于外国殖民势力的干预，向教会支付了巨额赔款，反过来促进了西南地区新一轮教堂建设的高潮，新教堂建筑质量更好，样式更丰富，已完成向西式教堂巴西利卡三廊式空间格局的转变，大量采用西式立面或中西合璧式立面。

到重庆开埠前，天主教与基督教在西南三省的传播范围均已较广，所建教堂遍及省会和州县，很多乡村也有教堂，形成了数量庞大的教会建筑群，这是西南近代建筑转型的肇始。萌芽期的建筑转型仅限于教堂及修院本身，对周边居住建筑的风格影响较小。这一时期比较有代表性的教堂，如宝兴邓池沟天主教堂、贵阳圣若瑟堂等。

表 2-11　西南近代建筑发展的历史分期及特点

<table>
<tr><th colspan="2">发展分期</th><th>重要年份</th><th>该年政治史大事件</th><th>近代社会、思想大事件</th><th>近代建筑主要风格</th><th>近代建造技术</th></tr>
<tr><td colspan="2" rowspan="6">萌芽期<br>（1840 前—1888 年）<br>教会传播与洋务运动</td><td>1696 年</td><td>川滇黔代牧区设立</td><td rowspan="6">天主教本土化、基督教本色化运动；洋务派师夷长技以制夷、中学为体西学为用</td><td rowspan="6">传统民居风格、本土修院、砖石牌楼式简化巴洛克、简化罗马风、简化哥特式、木构牌楼式</td><td rowspan="6">传统砖木结构、穿斗式木结构</td></tr>
<tr><td>1706 年</td><td>康熙禁教</td></tr>
<tr><td>1815 年</td><td>嘉庆禁教</td></tr>
<tr><td>1840 年</td><td>鸦片战争</td></tr>
<tr><td>1851 年</td><td>太平天国运动</td></tr>
<tr><td>1860 年</td><td>洋务运动开始</td></tr>
<tr><td colspan="2" rowspan="5">转变期<br>（1889-1910 年）<br>开埠通商</td><td>1889 年</td><td>蒙自开埠</td><td rowspan="5">戊戌变法、君主立宪运动、民族主义思想</td><td rowspan="5">外廊式风格、法式洋房风格、新古典主义、中国民族形式</td><td rowspan="5">砖木结构改良、券柱式结构</td></tr>
<tr><td>1891 年</td><td>重庆开埠</td></tr>
<tr><td>1895 年</td><td>甲午战争战败</td></tr>
<tr><td>1898 年</td><td>戊戌维新</td></tr>
<tr><td>1910 年</td><td>滇越铁路通车</td></tr>
<tr><td colspan="2" rowspan="4">发展期<br>（1911—1933 年）<br>军阀统治与战争</td><td>1911 年</td><td>辛亥革命</td><td rowspan="4">三民主义、地方自治、新文化运动</td><td rowspan="4">本土外廊式 / 本土化洋房风格、西式大门、新古典主义、中国民族形式</td><td rowspan="4">钢筋混凝土结构出现</td></tr>
<tr><td>1919 年</td><td>五四运动</td></tr>
<tr><td>1927 年</td><td>北伐成功</td></tr>
<tr><td>1929 年</td><td>重庆设市</td></tr>
<tr><td rowspan="6">繁荣期<br>（1933—1946年）<br>工商业发展与抗日战争</td><td rowspan="2">繁荣期 I<br>（1933—1937 年）</td><td>1933 年</td><td>军阀混战结束</td><td rowspan="6">民族主义、全面抗战、全民抗战、新生活运动</td><td rowspan="6">临时建筑、新古典主义、装饰艺术派、现代主义风格、中国固有式、简洁样式</td><td rowspan="6">钢结构等新材料新技术运用</td></tr>
<tr><td>1937 年</td><td>抗战全面爆发</td></tr>
<tr><td rowspan="2">停滞期<br>（1938—1941 年）</td><td>1938 年</td><td>日军大轰炸</td></tr>
<tr><td>1941 年</td><td>太平洋战争爆发</td></tr>
<tr><td rowspan="2">繁荣期 II<br>（1941—1946 年）</td><td>1942 年</td><td>日军轰炸减弱</td></tr>
<tr><td>1945 年</td><td>抗战胜利</td></tr>
<tr><td colspan="2" rowspan="2">衰退期<br>（1946—1949 年）<br>国民政府回迁</td><td>1946 年</td><td>国民政府回迁</td><td rowspan="2">新民主主义</td><td rowspan="2">建筑修复、陪都十年建设计划</td><td rowspan="2"></td></tr>
<tr><td>1949 年</td><td>西南全面解放</td></tr>
</table>

来源：自制。

随着洋务运动在全国的兴起，洋务派官员在西南地区也初步建立了官商合营的工业，主要集中在军工业和重工业，如四川机器局、云南机器局、个旧锡务公司、贵州清溪铁厂等，厂房多是大跨结构的新式工业建筑，涉及日用品的轻工业则处于由传统手工业向近代机械工业过渡的阶段，并仍以手工生产为主，建筑也多为传统样式。

### （2）西南近代建筑的转变期（1889-1910 年）

相较于沿海沿江城市，西南地区的城市开埠较晚，1889 年，蒙自、蛮耗开埠，1891 年，重庆开埠，1895 年，河口、思茅开埠，1910 年，昆明成为自开商埠。重庆自开埠伊始便出现大量殖民地外廊式领事馆、洋行、别墅，其建筑样式是经由长江中下游的开埠城市传入的，以券柱式外廊为主要特征，比如法国领事馆、法国水师兵营等。外廊式风格很快影响到上层士绅，在乡间庄园中出现了西式洋房，如江津马家洋房等，在重庆和贵州，外廊式风格一直流行到民国末年。川江航路虽然自 1898 年就有现代汽船通航，但受几次沉船事件的影响和与当地传统势力的抗争，使得这一时期现代汽船始终未能占据川江航运的主导地位，外来大宗货物运到重庆仍然不便。开埠时期的外廊式建筑多采用本土建筑材料与技术，由本土匠帮完成建造。

云南开埠口岸蛮耗、蒙自、河口、思茅等地均出现了受外来影响的建筑风格，但数量和规模均很有限。法国人侵占越南后，虽然开辟了红河航线直通越南海防出海，但自蛮耗以北仍要靠传统马帮驼运转驳，到昆明费时费力，云南与外界的交通依然不便。1910 年，滇越铁路建成，才真正将云南与世界联系在一起。滇越铁路沿线采用了源自法国本土的红瓦黄墙的火车站房，分为了五个等级的车站，采用标准图集，这些法式洋房风格的站房奠定了云南近代建筑的主要风格特征。

晚清王朝为操练新军，在各省设立了新式军校，西南地区以云南讲武堂最有名，四川、贵州也各有讲武学校。此外，各地还设立了劝业场，晚清的新式功能建筑中，开始流行在中式建筑入口增加西式大门或装饰，以标榜新政。同一时期，基督教会在西南建医院，兴办新式中学，最早在学校、医院建筑中引入西方新古典主义风格，在此基础上发展出中国民族建筑形式，代表性建筑包括：成都四圣祠仁济医院、重庆求精高等学堂、仁爱堂医院等。

### （3）西南近代建筑的发展期（1911-1933 年）

1911 年，辛亥革命爆发，西南三省相继独立，成立新政权，但随即陷入了长达 20 余年的军阀混战，三省内部统治者不断更换，三省之间为争夺控制权而爆发的战争从未间断。直到 1933 年刘湘统一四川，刘文辉统治西康，1935 年国民政府控制贵州，军阀战争才完全平息。军阀统治时期，计划中的川滇铁路、川汉铁路、滇黔铁路等均未建成，三省内部以及对外的交通仍然阻碍重重，加上政局不稳，战乱频繁，西南地区的经济发展缓慢，远远落后于沿海沿江地区。仅重庆和昆明政局相对稳定，开始建设成为初具规模的近代工商业城市。

在军阀统治下，西南地区开启了近代城市建设，1927 年，昆明设市，1929 年，重庆设市，相继建设了自来水厂、火力发电厂等基础设施，并修筑道路、开辟新市区。民族工业也有一定发展，集中在火柴、电灯、纺织、玻璃等技术含量较低的轻工业领域。本土金融业初具雏形，最有代表性的是重庆聚兴诚银行、云南富滇银行。文化、教育、卫生事业继续发展，代表性建筑有云南大学会泽楼、昆明甘美医院、成都华西协和大学早期建筑群、重庆大学图书馆与理学院、北碚西部科学院等。

这一时期，行政机关、新式学校建筑中继续采用西式风格的立面或大门，作为“新政权”的象征。军阀将领、士绅们的公馆也大多采用西洋风格，“洋房子”成为当时竞相模仿的时髦样式，同时也是身份地位的象征。川黔地区公馆以外廊式风格为主，如王伯群故居、陈凤藻庄园；云南地区则以法式洋房风格为主，如卢汉公馆等；川西地区的庄园式公馆将西式大门融入中式合院，形成一种独特的装饰风格，如成都大邑安仁的公馆群等。在一些地方军阀的大力支持下，西南一些城镇还出现了骑楼街，采用穿斗式木构架和拼贴的西式立面。

### （4）西南近代建筑的繁荣期（1933-1946 年）

1933 年，西南军阀内战停止后，沿江沿海的工商业资本加大了对内地的投资力度，并大力扩张市场，西南地区的民族工商业迎来了发展的黄金时期。从 1933 年至 1938 年日军大轰炸前，是西南近代建筑业发展的第一个“黄金五年”。这一时期，沿海建筑师事务所、洋行、营造厂纷纷到西南开业，设计、建造了一批新式的金融和商业建筑，比如重庆川康平民银行和交通银行是新古典主义风格，美丰银行为装饰艺术派风格，中国银行与中央银行为现代主义风格。

1937 年，全面抗战开始后，国民政府迁都重庆，将西南地区作为战时大后方，大量人员、物资、工矿企业、高等院校、文化团体内迁，集中在重庆、成都、昆明以及川江流域沿线城镇，还迁移和创办了大批军工企业。抗战内迁带动西南地区工商业的繁荣和经济、文化的大发展。

但从 1938 年开始，日军对以陪都重庆为中心的广大西南地区进行了长达 5 年的大轰炸，使主要城市的商业街区和工矿企业遭到了巨大的破坏，直到 1942 年中美空军占据空中优势后，日军的轰炸才逐步减少并停止。在对外交通方面，因日军的封锁，滇越铁路被迫中断，云南抢筑了滇缅公路、中印公路，在遭日军破坏后，又开辟了驼峰航线，一直保持与海外的运输通道，但物资仍然极度匮乏，尤其工矿、机械等制造业和需要进口原料的化工产业，时常面临困境。这一时期是西南近代建筑发展的停滞期，主要建造的是临时性住宅、临时校舍、平民住宅，以及采用传统技术修筑了大量军事和工业设施。

1942 年，日军大轰炸停止后，西南地区的经济再度活跃起来，抗战内迁的优势开始体现，金融业繁荣，工商业发达，一直持续到 1946 年国民政府回迁为止，西南近代建筑业发展迎来第二个“黄金五年”。因民族主义情绪高涨，建造了一批“中国固有式”建筑，代表性的有医疗、教育建筑，如四川大学图书馆、华西协合大学医院，公共建筑有重庆国民政府办公楼、昆明抗战胜利纪念堂。

内迁西南的建筑师带来国际流行的现代主义建筑思潮，加上战时物资紧缺，提倡节约，西南地区成为现代主义派建筑师的大本营，现代主义风格流行，代表性作品是昆明南屏电影院、重庆农民银行等。在居住建筑方面，战时军政要员的公馆和驻渝外交使节官邸等，大多采用一种简化装饰的样式，如重庆黄山别墅建筑群、歌乐山林园、南温泉公馆群等。在陪都的建设中，重庆开始了房地产开发，重要房地产开发项目，如嘉陵新村等。在城市规划方面，制订了“陪都十年建设计划草案”，但未能实施完成。

### （5）西南近代建筑的衰退期（1946-1949 年）

1945 年，抗战胜利后，国民政府于 1946 年正式回迁南京，大量行政机关、工矿企业、金融机构、高等院校纷纷迁回原籍。加上滥发纸币造成的通货膨胀，解放战争影响了市场销路，战后美国商品大量倾销，在多重因素的影响下，西南地区工商业面临崩溃。西南近代建筑业也进入衰退期，新的建设活动基本停滞，更多的是修补在战争中受损的建筑，比如 1946 年对重庆聚兴诚银行被炸毁部分进行修复等。

# 第三章　萌芽期：本土建筑风格的传承与演变

西南近代建筑的萌芽期是从 1840 年至 1888 年，在此之前的禁教时期，受外来文化影响的建筑主要是天主教堂，包括在西南三省交界的偏远山区建立的寨堡式教堂，以及在城镇中利用教徒捐赠的中式宅院改作的教堂，均是沿用地域风土建筑样式。

鸦片战争前后，西南天主教建筑中才出现新的融合中西方建筑文化的教堂和修院。由于巴黎外方传教会的本土化政策，在西南各教区内建立了本土修院制度，西式修院平面与中式合院民居布局结合，出现了一种新的本土修院平面类型。19 世纪下半叶，中式砖石牌楼式大门又用作教堂的正立面，将中式木构楼阁作为教堂钟楼，模仿西方哥特式建堂的本土样式。

在教堂的平面布局和结构类型选择上，早期天主教堂采用中式民居的穿斗式木构架，按照中式建筑的布局，横向作入口，后来逐渐演变成按照西式教堂的巴西利卡的三廊式布局，入口改为纵向，祭坛在最后端，从山面进入，山墙成为重点装饰的主立面。这一变化对此后西南近代天主教建筑风格影响较大。

在萌芽期，受洋务运动影响，西南各省在洋务派官员主导下建立了几家以军工为主的新式工厂，也采用了一定的新材料、新结构、新样式。但保留至今的开埠前的早期建筑极少，大多是开埠后陆续建造的。因此，本章重点讨论萌芽期的天主教建筑形式的变化，洋务运动的工业建筑在第 2 章已有所论述。

# 一、采用本土建筑风格的早期天主教堂

## 1. 寨堡式布局的早期天主教堂

18 世纪初的禁教风波之前，西南地区已有天主教传播的文献记录，但最早的天主教堂已无文献和实物可考。至 1840 年传教解禁之前，因地下传教原因，西南天主教会在建筑样式上不得不采用本土民居型式。

为躲避官府的追剿，天主教会在川滇黔三省交界的山区曾建造过一些寨堡式教堂，其形制借鉴了西南山区为防御匪患而修建的寨堡式民居，隐蔽性和防御性是其考虑的重要因素，一是在教案发生时可抵御一定的冲击，二是防匪患等。这种类型的天主教堂有：盐津龙台天主教堂（19 世纪 30 年代）、水富成凤山天主教堂、彝良大湾子天主教堂，均位于川滇黔三省交界的昭通境内的山区，平面接近方形，四面建有厚 1.5 ～ 2 米的围墙，角上建有防御性的角楼，经堂位于平面的正中，宿舍、马厩、粮仓、磨坊等环绕布置，部分教堂内还设有女学堂，用围墙将其隔成单独的空间[1]。（图 3-1）

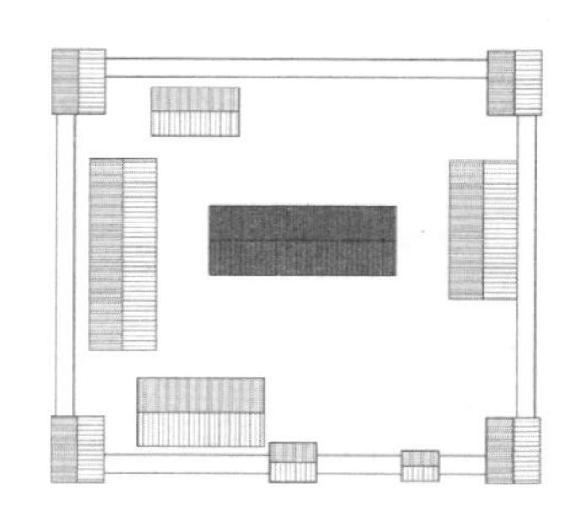

a. 盐津龙台天主教堂（来源：根据《云南基督教堂及其建筑文化探析》图纸改绘）

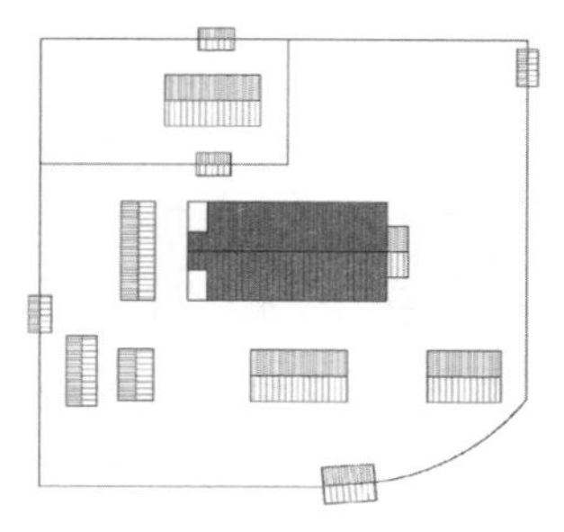

b. 水富成凤山天主教堂（来源：根据《云南基督教堂及其建筑文化探析》图纸改绘）

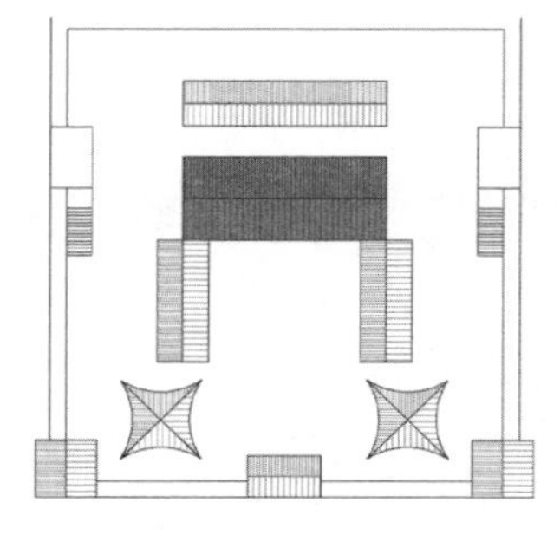

c. 彝良大湾子天主教堂（来源：根据《云南基督教堂及其建筑文化探析》图纸改绘）

图 3-1 寨堡式天主教堂平面布局图

1 张炯 . 云南基督教堂及其建筑文化探析 [D]. 昆明 : 昆明理工大学 ,2009:39-41.

## 2. 本土民居风格的早期天主教堂

除了上述山区寨堡式教堂外，禁教时期天主教堂的来源还有以下 3 类：一是利用传教经费购置现成房产，多为中式民居宅院，加以改造后作为教堂。二是由教友提供或捐赠的现成民宅，与中国古代“舍宅为寺”相似，如 1702 年安岳流河浦一教徒献地一幅同大院一座，供传教士作为住所，1775 年间重庆绸缎商李姓教徒将城内来龙巷公馆捐赠教会作为经堂[1]。三是在教友捐赠或教会购置的土地上新建简易教堂，如 1723 年江津骆姓等教徒捐款在本地修建经堂及传教士住所[2]，1757 年中国籍神父李安德利用成都北郊凤凰山教徒刘马尔谷捐赠的地产，修建一简易草房，作为修院，并起名为“圣诞神修院”[3]。

这种中式民居风格的教堂通常为合院式布局，两进或多进院落，将位于中轴线上的厅堂作为经堂，入口位于明间，祭坛设在经堂后端，这样形成的经堂空间小，从外部也看不出西式教堂特征。在禁教令解除后，仍有不少教堂采用这种形式。巴南的水鸭凼天主堂为穿斗式木构架，共有两进院落，上厅为经堂，下厅为神父住所；天主教公信堂原为段姓举人住宅，穿斗式木构架，1900 年被天主教会购得，前部改作教堂、经书学堂和神父住房，后部改为孤老院[4]。（图 3-2）

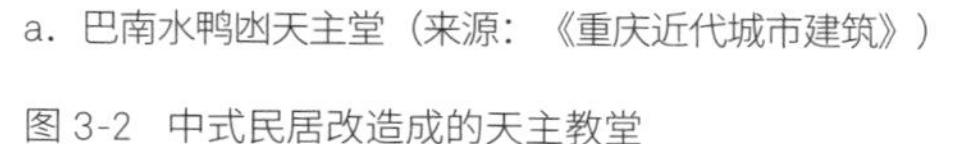

a. 巴南水鸭凼天主堂（来源：《重庆近代城市建筑》）

b. 巴南天主教公信堂（来源：《重庆近代城市建筑》）

图 3-2　中式民居改造成的天主教堂

1　四川省地方志编纂委员会 . 四川省志 • 宗教志 [M]. 成都 : 四川人民出版社 ,1998:352.

2　同上 .

3　韦羽 .18 世纪天主教在四川的传播 [M]. 广州 : 广东人民出版社 ,2014:88.

4　欧阳桦 . 重庆近代城市建筑 [M]. 重庆 : 重庆大学出版社 ,2010:62.

采用中式民居风格的天主教堂中，规模最大也最具代表性的是泸州天主教真原堂。1865 年，泸州的天主教会开始置买房屋供传教士居住，1874 年，泸州教友集资筹建真原堂，至 1877 年落成。该教堂为典型的中式合院，共三进院落，第一进为门厅带戏楼，第二进为过厅，第三进正厅的明间与次间合为经堂。建筑采用西南传统穿斗式木构架，经堂共三开间，沿进深纵向布置，祭坛位于最后端，为向外凸出的半六角形空间。经堂内吊平顶，明间吊顶高于次间吊顶，形成三廊式巴西利卡空间。为了进一步加大经堂室内的进深，前檐还加设了卷棚顶檐廊。泸州真原堂的大门采用典型的中式砖石牌楼式立面，与传统建筑外观相仿，整体属于典型中式合院风格。（图 3-3）

## 二、融入西式特征的天主教堂与修院

### 1. 西式庭院式布局的本土修院

受巴黎外方传教会的本土化政策影响，除了上述中式合院的教堂外，另一典型形制是西南早期的西式庭院式布局的本土修院。欧洲中世纪的修院通常位于教堂一侧，以敞廊围合的方形庭院是其主要特征，教堂本身的高度和体量要远远大于修院，

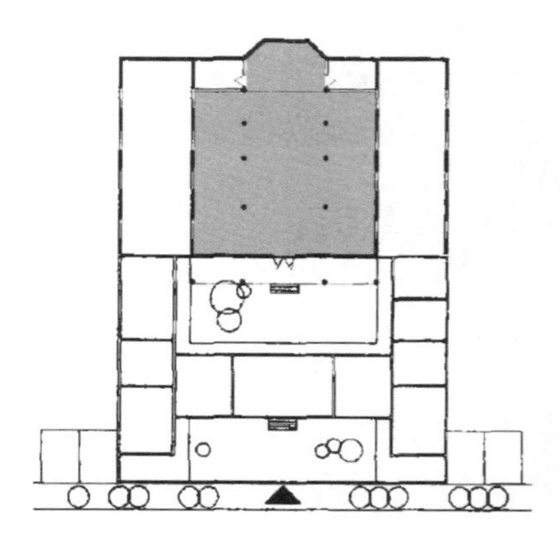

a. 泸州真原堂平面图（来源：《宜宾教区近代天主教堂建筑研究》）

b. 泸州真原堂入口牌楼（来源：自摄）

c. 泸州真原堂内院（来源：自摄）

图 3-3 泸州天主教真原堂

比如科隆传道士教堂等（图 3-4a）。19 世纪中叶，在西南建立的典型的庭院式本土修院，从平面上看似中式四合院，采用本土的建筑材料、结构，外观和内院也是中式风格，但实际上是非对称布局，经堂位于一侧，体量比其余三面的建筑略大，在整组建筑群中居于主位，三面围合可视作西式修院。

最典型的是雅安宝兴邓池沟天主教堂（1839 年），曾经是穆坪修院所在地，位置偏远，为法国传教士所建。从平面上看似沿中轴对称的中式四合院，但仔细分析其平面逻辑实则更符合西式庭院式修院，一侧厢房作经堂，体量最大，居于主位，向后凸出一个六边形空间作为祭坛，其余三面围合成修院。（图 3-4b）峨眉山龙池天主教堂（1850 年）比邓池沟天主教堂的建造时间约晚 10 年，整体风格近似，平面为合院，一侧厢房作为经堂。

与传统中式民居院落的中轴对称布局相比，这种按西式庭院布局的本土修院，采用非对称的平面布局，也引起了立面与空间上的变化。邓池沟天主教堂的正立面整体为中式外观，但同样并非严格的中轴对称，居中开一扇大门，一侧经堂开三扇大门，上方还挂有“圣母领报堂”匾额，凸显了经堂入口的重要性。背立面的礼拜

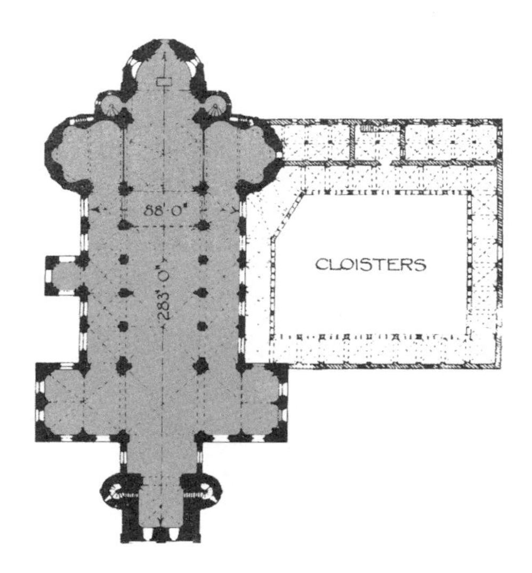

a. 科隆传道士教堂平面图（来源：*Sir Banister Fletcher's -A History of Architecture(Twentieth Edition)*）

b. 宝兴邓池沟天主教堂平面图（来源：根据《宝兴邓池沟天主教堂震后维修保护设计方案》图纸改绘）

图 3-4　宝兴邓池沟天主教堂与西式修院的平面比较

堂一侧因布置有祭坛而向后凸出一个六边形空间。从剖面上看，邓池沟天主教堂整体为穿斗式木构架，檐口双层出挑，第一层用坐墩，第二层用吊墩，经堂为单层，正房和厢房均为两层，但经堂进深大，屋脊比正房和厢房的二层屋脊略高，凸显其主体地位。经堂室内四排柱落地，通过吊顶形成“中殿高、侧廊低”的三廊式空间，吊顶仿哥特式教堂的四分肋骨拱，但不作承重构件，而是用木骨泥板条吊顶的做法，入口上方还嵌有玫瑰花窗作装饰。从该建筑的梁架结构、门窗装修、屋脊花饰上，既能看到西式教堂的装饰元素，也能看到对传统风土民居样式的传承与改进。(图 3-5)

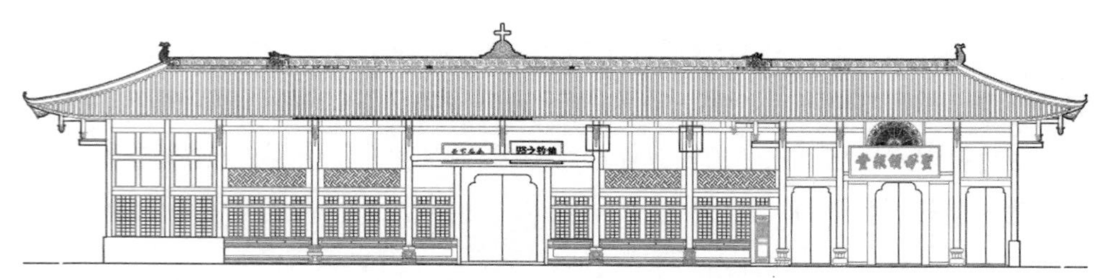

a. 邓池沟天主教堂立面图（来源：根据《宝兴邓池沟天主教堂震后维修保护设计方案》图纸改绘）

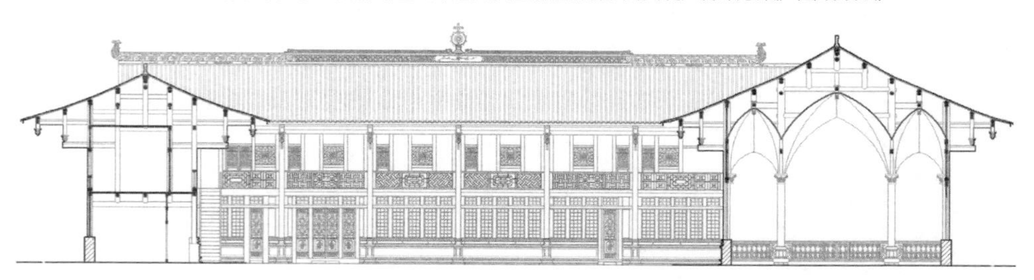

b. 邓池沟天主教堂剖面图（来源：根据《宝兴邓池沟天主教堂震后维修保护设计方案》图纸改绘）

c. 邓池沟天主教堂外观（来源“成都映象（IMPRESSION）”微信公众号）

d. 邓池沟天主教堂室内（来源：宝兴县人民政府网站）

图 3-5　宝兴邓池沟天主教堂

## 2. 砖石牌楼式立面的天主教堂

### （1）砖石牌楼式立面的天主教堂

受本土化政策影响的早期天主教堂立面的典型特征是将中式牌楼元素融入天主教堂立面中。平面按照西式教堂的纵深布局，入口位于短边，祭坛在最后端，进入室内即为面对祭坛的狭长高敞的三廊式空间。短边的立面成为重点装饰的入口正立面，多采用拼贴式手法，将中西方典型的立面构图和装饰元素用在主立面上。最早出现的是川黔地区按照传统砖石牌楼构图的天主教堂立面，但与“象征着儒家的伦理道德”[1]的纪念性牌楼似无关联，而是采自四川、贵州一带寺观、会馆、民居大院中常见的砖石牌楼式大门，是典型的地域风土建筑样式。

川黔地区传统的砖石牌楼多位于古建筑群入口山门或朝门处，有单独以牌楼嵌在院墙中作大门的，也有与木构建筑组合成门厅或戏楼的。而中国古代牌坊则是独立的纪念性建筑，多位于重要的道路节点或村口处。牌楼式大门与传统牌坊在立面构图和屋顶形式上有相似之处，通常都为“三间四柱三顶”的形制，如贵阳城郊有一组砖石牌坊，沿着道路一字排列。而不同之处在于砖石牌坊分为两种：一种是柱顶出头的冲天柱式，另一种柱顶不出头，上承屋顶，类似于马头墙中间高两侧低。而砖石牌楼式大门均为马头墙式，可以有“三间四柱”“五间六柱”，甚至“七间八柱”，作为建筑群的入口立面的一部分，墙上开门窗洞。如贵阳青岩万寿宫山门为三间四柱牌楼式，后方与门厅相连。

贵阳六冲关圣母教堂（1867 年）体量不大，后几经破坏和重建，教堂立面越来越简化。从影像资料看，早期教堂前后立面均采用砖石牌楼样式，除三间四柱式构图和瓦屋面与飞檐翘脚的中式元素外，西式元素则包括层间装饰线脚，入口上方玫瑰花窗，略带透视的哥特式尖券形门窗洞，后侧凸出的祭坛，屋顶上方的十字架等。天主教堂几乎将所有装饰集中在入口立面（对应传统建筑的山墙面），照片中还可以隐约看出主立面上布满了人物、纹饰等装饰图案。（图 3-6）

---

1　赖德霖，伍江，徐苏斌 . 中国近代建筑史 第三卷 民族国家——中国城市建筑的现代化与历史遗产 [M]. 北京：中国建筑工业出版社 ,2016:87.

a.贵阳郊外的牌坊（来源《贵州100年·世纪回眸》）

b.贵阳青岩万寿宫山门（来源：《贵州省志·建筑志》）

c.早期贵阳六冲关教堂（来源：“天主教艺术”微信公众号）

图 3-6 天主教堂与牌楼式大门建筑的比较

川黔地区早期砖石牌楼式天主教堂，虽然采用了中式立面构图和装饰元素，看上去与西式教堂外观差异甚大，但这些本土教堂仍是极力模仿西式教堂的空间构成逻辑。贵阳北天主教堂（又叫圣若瑟堂，1876 年）是前人已经研究较多的教堂建筑，主体为矩形平面，巴西利卡三廊式布局，三角屋架，中殿高、侧廊低；后殿（祭坛）为向外凸出的半六角形空间，上方为中式六边形楼阁，共五层，模仿哥特式教堂祭坛上方的尖塔；正立面采用“八柱七顶”的砖石牌楼式构图，四柱落地，共有三个圆形玫瑰花窗，其余门窗均为尖券形，顶部有十字架。（图 3-7）若将其与巴黎圣母院比较，贵阳北天主教堂以中式砖石牌楼代表哥特式教堂主立面，以木构阁楼代表哥特教堂尖塔，两者的外观虽然全无相似之处，但建构的逻辑相似，这也是梁思成提出的“建筑可译论”的典型实例[1]。

贵阳南天主教堂的形制与北天主教堂几乎一致，正立面为“四柱三顶”式砖石牌楼，后方有三层高的中式楼阁式尖塔。西南早期天主教堂曾热衷于建造楼阁式尖塔，但因其费时费力，且出现过结构隐患，后期的教堂逐渐取消了这一模仿哥特式教堂的典型特征。

1 赖德霖，伍江，徐苏斌．中国近代建筑史 第三卷 民族国家——中国城市建筑的现代化与历史遗产 [M]. 北京：中国建筑工业出版社，2016:83.

a. 贵阳北天主堂正立面图（来源：《贵阳北天主堂建筑考察及其历史研究》）

b. 贵阳北天主堂背立面图（来源：《贵阳北天主堂建筑考察及其历史研究》）

c. 贵阳北天主堂（来源：自摄）

图 3-7　贵阳北天主堂

（2）天主教堂采用牌楼式立面的原因

这种采用西式教堂平面布局和三廊式空间，结合本土建筑立面构图与细部装饰的天主教堂形式，是在特定的时代背景和地域范围产生的，在当时的中国南北方均广泛出现，东亚的日本、韩国也有类似的形制。影响这种风格形成的主要原因包括：

① 剧烈的华洋冲突让传教士仍倾向采用中式风格消弭文化差异。

到 19 世纪下半叶，虽然传教合法化，但随着西方列强的入侵，中国与西方国家之间的矛盾升级，西南地区教案数量与规模反而大幅增加，对教堂建筑的毁坏和对西方传教士的攻击事件更加频发。受巴黎外方传教会本土化政策影响，在华洋冲突时沿用中式立面并创新，仍带有希望借此消弭中西方文化差异的目的。

② 西南地区缺乏建造西式建筑经验的工匠，缺乏必要的技术储备。

19 世纪下半叶，在沿海和沿江的大都市，近代营造业因大规模城市建设而诞生，最初由洋行垄断，本土工匠在洋行学徒，掌握西式建筑结构和建造技术后，迅速崛起并取代洋行，建立一大批本土营造厂，垄断营造业。因此，有一定的西式建筑技术储备和荀造经验，可以建造较为标准的西式风格的大教堂。但在西南内陆的城市和乡间，仍必须依靠本土匠作传统来建造教堂。早期来华的外籍传教士中真正的建筑师数量非常少，巴黎外方传教会全部 1209 名入华传教士中，有记录的建筑师的不足 10 人。大部分传教士对西方教堂的结构原理和技术细节并不熟悉，只能依靠中国工匠的经验和智慧，以及掌握的建造技术和装饰纹样，尽可能地营造出西式教堂的空间与立面。曾在上海的英国传教士戴罗描述了当时的窘境："为筹建新堂，须亲自规划。我等来华，非为营造事业也，因情势不得不然，遂凭记忆之力，草绘图样，鸠工仿造。"[1] 上海尚且如此，何况于地处西南边陲的城市和乡村。

③ 传教士逐渐熟悉了西南本土的建筑样式，可能主动运用到教堂中。

传教士在西南的城乡之间传教的同时，也逐渐加深了对中国传统建筑文化的了解和认知。从几幅老照片中可以看出，外籍传教士带着中国修生在贵阳四处考察传统建筑，既有城郊的牌坊建筑群，又有三元宫这样的寺观。若将贵阳南天主教堂与三元宫进行比较，可以发现远观两者的建筑意向非常近似，教堂的正立面与三元宫的砖石牌楼式山门相仿，教堂的三廊式空间可以看作是将三元宫的中式殿堂旋转90°，并与山门作一连接，教堂后部的楼阁式尖塔也与三元宫的楼阁如出一辙。这都间接说明传教士可能有意识的吸收并借鉴了地域风土建筑样式，但这一猜想仍需靠西方关于中国传教的文献来佐证。（图 3-8）

## 3. 天主教堂空间和立面的变化

### （1）教堂入口由正面转到山面的过程

中国传统建筑的平面格局和室内空间，与西式教堂要求的平面格局和室内空间是完全不同的。"中国古典建筑是一种接近 3 ： 2 纵横比例的矩形平面形式，主入

a. 传教士在贵阳三元宫前（来源：《贵州省志・建筑志》）

b. 贵阳南天主堂（来源：《贵州 100 年・世纪回眸》）

图 3-8　贵阳南天主堂与三元宫的比较

1　上海建筑施工志编委会，编写办公室．东方巴黎——近代上海建筑史话 [M]. 上海：上海文化出版社，1991.

口在建筑平面的横边正中，开门即是建筑的主要活动空间，单体建筑的功能类型只是随着家具陈设的不同而变化，是一种不变应万变的建筑形态，其环境气氛需通过院落组群的空间变化来形成。而西方建筑从古希腊起就有了单体功能类型之分，教堂建筑就是根据宗教仪式所发展来的特有形态，都是纵横比例相差很大的长方形平面，以狭端为正立面，用两排或四排柱子纵向分室内空间。中间部分窄而高，有利于酝酿一种宗教的神秘情绪，最后才是空间的高潮基督祭坛，建筑的环境气氛是以建筑单体的内部空间变化来形成的。”

西南近代天主教堂平面和空间的变化，能完全印证从中国古典建筑向西方教堂建筑的演变过程。这个过程又是依靠本土工匠和外来传教士共同实现的，即尽力采用中式木构架来营造西式教堂空间，大致分为 3 个阶段：

① 保持传统建筑由正面进入，经堂沿进深方向纵向布置。

该类型的天主教堂从平面和外观上看与中式传统民居几乎没有区别。矩形平面，三开间至五开间，穿斗式木构架，明间或中间三间作经堂，室内空间格局也与中式厅堂一致，经堂沿着进深方向纵向布置，祭坛位于明间后端。规模较小的教堂，经堂为单开间，室内布置简单，如巫山笃坪天主教堂（1894 年）和镇远周大街天主教堂（1898 年）；规模稍大的教堂，则将明间与次间连通作经堂，通过调整明间与次间的吊顶高度来营造巴西利卡三廊式空间，如泸州天主教真原堂（1877 年）。（图 3-9）

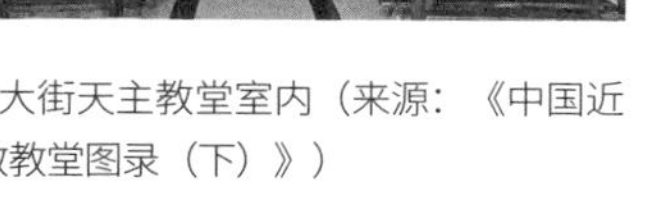

a．镇远周大街天主教堂室内（来源：《中国近代基督宗教教堂图录（下）》）

b．泸州天主教真原堂室内（来源：《中国近代基督宗教教堂图录（下）》）

图 3-9　沿纵向布置的天主教堂室内

② 保持传统建筑由正面进入，经堂沿开间方向横向布置

该类型天主教堂从外观上看与中式传统建筑也没有太大区别，但室内空间的利用方式则已有显著不同。为进一步扩大平面，将传统建筑厅堂的明间、次间或稍间连通作经堂，沿开间方向横向布置，祭坛位于一侧，形成纵深较大的室内空间。室内四排柱落地，抬梁式与穿斗式混合木构架，后期有用砖柱和三角形桁架的；双坡屋顶之下的前后金柱间跨度大，空间高，金柱与檐柱间空间低矮，自然的与西式三廊式空间吻合。如潼南双江天主教堂（1908 年）、别口天主教堂（清）、铜仁流水天主教堂（20 世纪初）等，外观均为中式民居，经堂沿开间方向展开，流水天主教堂还使用了西式木桁架。（图 3-10）

③ 仿照西方建筑由山面进入，经堂沿纵深方向布置。

该类型天主教堂平面同样为矩形，无论是传统穿斗与抬梁混合的木构架，还是西式桁架，均已完全仿照西式“中殿高、侧廊低”的三廊式空间布局。入口位于短边，即传统建筑的山面，经堂沿纵深布置，半六角形、半八角形或圆弧形的祭坛位于另一端，间数由三间至九间不等，可以随需要增减，不再拘泥于中式建筑的“开间”，形成入口正对祭坛的大纵深空间，强化了室内空间的纵深感和进入教堂的仪式感，由此完成了从中式民居向西式教堂平面的转变。这种转变至迟在 19 世纪中叶已发生，如马桑坝天主教堂（1855 年）为中式歇山顶，但主入口位于山面，室内沿开间方向纵深布置经堂。（图 3-11）

a．潼南双江天主教堂室内（来源：《中国近代基督宗教教堂图录（下）》）

b．铜仁流水天主教堂室内（来源：《中国近代基督宗教教堂图录（下）》）

c．马桑坝天主教堂室内（来源：《中国近代基督宗教教堂图录（下）》）

图 3-10　沿横向布置的天主教堂室内

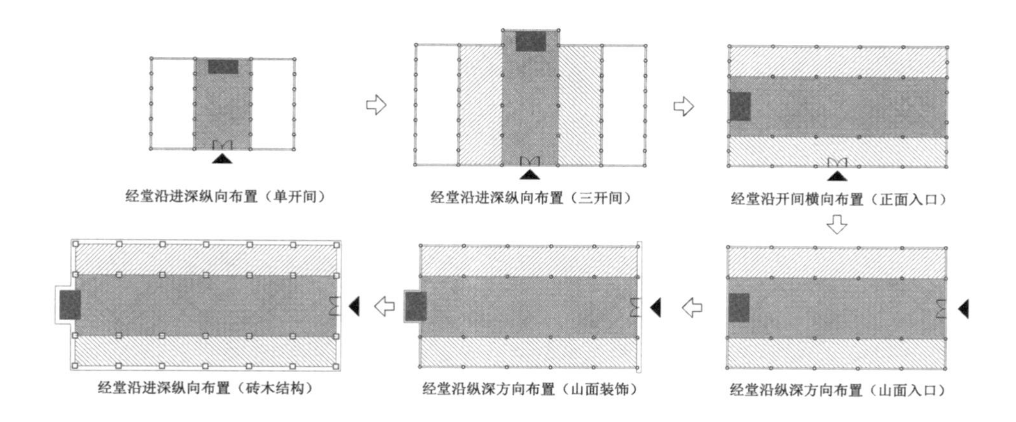


图 3-11 天主教堂入口由正面向山面的转变过程（来源：自绘）

(2) 教堂入口改变带来的空间和立面变化

西南近代天主教堂入口从正面转向山面，看似是一个很小的变化，实际上解决了中式木结构与西式教堂仪式空间之间的矛盾，对后世的教堂影响很大，主要体现在：

① 室内空间得以扩大，纵向的仪式空间更符合西式教堂的要求。

经堂沿进深方向比沿开间方向布置的教堂空间利用效率要低得多。中式建筑的进深往往小于面阔，早期经堂沿进深方向布置，室内空间的长度受到梁架结构的限制，若做吊顶要与檐檩或金檩齐平，空间高度也受限制；后期经堂沿开间方向布置后，可以通过增加开间数扩展经堂空间纵深，且可以充分利用抬梁式屋架中间高前后低的特点，形成更契合西式教堂的三廊式空间，并可以建造规模更大的教堂。从重点装饰的入口步入教堂，经过面对祭坛的狭长高敞的空间，再加上室内的圆券或尖券吊顶等，逐渐烘托出西式教堂的空间氛围和仪式感。

② 使山面成为重点装饰的主立面，各种不同风格的立面开始出现。

中式传统建筑的横向长边是正立面，也是重点装饰的主立面，主要体现在屋顶脊饰、檐下斗栱、花格门窗、额枋雕刻、油饰彩画等方面。山面并不是中式建筑装饰的重点，开窗少，以大面积墙面为主。天主教堂将入口改在短边的山面后，原来的长边变为侧立面，装饰的主立面变成山面，带来了立面构图和装饰重点的改变，也间接导致中式砖石牌楼和各类西式风格立面的出现。如彭州马桑坝天主教堂（1855

年）处于过渡时期，中式歇山顶，入口在山面，除了拱券形门窗外，装饰仍较简洁。19世纪下半叶，西南地区重建的天主教堂开始将中西方各种立面构图和装饰题材用在山面上，演变出中式砖石牌楼式立面、木构牌楼式立面，西式巴洛克式山花墙、罗马风式三角形山花墙、哥特式钟楼等，形成了西南近代天主教堂丰富多彩的立面风格。（图3-12）

a. 南充西山本笃堂入口（来源:《中国近代基督宗教教堂图录（下）》）

b. 彭州马桑坝天主教堂入口（来源：《中国近代基督宗教教堂图录（下）》）

c. 小金达维桥天主教堂入口（来源:《中国近代基督宗教教堂图录（下）》）

图3-12 天主教堂入口由正面转向山面带来的立面变化

# 第四章　转变期：外来样式的植入与中西融合

西南近代建筑的转变期是从1889年至1910年。1889年蒙自、蛮耗开埠，1891年重庆开埠，1895年河口、思茅开埠，1910年昆明成为自开商埠，由此形成了以重庆为中心沿长江而下的对外商贸通道，以及以昆明、蒙自为中心沿红河到越南出海的商贸通道，1910年滇越铁路通车后，红河水路被滇越铁路替代。

开埠后，外来建筑样式开始传入。重庆的外国领事馆与洋行均为殖民地外廊式风格，采用本土的青砖灰瓦，更多地融入本土元素。滇南受法国和法属越南殖民地建筑的影响，在滇越铁路沿线站房采用了黄墙红瓦的法式洋房风格，奠定了云南近代建筑的主要特征。

19世纪下半叶，西南各省爆发大规模教案，民众摧毁教堂，在清政府支付高额赔款后，重建的教堂呈现出更为丰富的平面类型与立面风格。在本土修院平面的基础上，逐渐演变出新的本土教堂和修院平面布局类型；在立面风格上，既有中式牌楼式立面，也有本土化的巴洛克、罗马风、哥特式等风格的立面。教堂结构以本土的穿斗式木构架为主，兼有砖（石）木结构，室内空间大多为“中殿高、侧廊低、后殿凸出”的巴西利卡式，大量使用本土建筑材料、建造工艺与装饰题材。

基督教传入西南较晚，在城市中的教堂多采用西式简化的哥特复兴风格，医院建筑最早引入了西方新古典主义风格，强化立面构图。在乡间的小教堂则采用当地的风土民居样式，也包括少数民族地区的民居样式。

# 一、开埠时期传入的外来建筑样式

## 1. 随开埠传入的外廊式风格

### （1）开埠初期租用中式宅院作为领事馆

早在重庆开埠前，英国就指派亚历山大•贺西等为驻重庆领事，但由于未正式开埠，没有建立领事馆。1891 年，英国取得重庆开埠的条约权力，同年即建立正式的英国领事馆，以禄福礼为首任领事，起始馆址在方家什字麦家院，租用了当地民居，虽未找到影像照片，但应为中式宅院。1900 年后，英国领事馆移至领事巷，才开始建造西式风格的建筑。

1904 年，英国正式委任亚历山大•贺西为英国驻成都总领事，1905 年，法国也开始在成都设立总领事馆，重庆总领事馆降级为领事馆[1]。当最早的领事们抵达的时候，成都并非通商口岸，只能租用中式宅院进行办公。法国驻成都总领事安迪“1905 年在三圣街租了一处住所作为官邸并与房东同住。1909 年领事馆搬到了双凤街一所大的公馆。1914 年 1 月，领事馆终于迁入了安迪向往了十多年的一栋房子。这是上翔街（铁脚巷）22 号一所漂亮的公馆，位于老城区的中心地带。房东是四川一户富裕人家。房子由相对独立的三部分组成，有几个花园和一个很大的庭院。整座公馆被包裹在围墙中，坐落在一个宁静祥和的街区”。[2] 与之类似的是德国领事馆，位于城北西珠市街 42 号，在北门文殊坊附近，为典型的传统园林风格，里边的建筑、园林，以及水榭等亭台楼阁均是中式传统风格。（图 4-1）

由于晚清政府在军事及外交上的接连失利，此时进入中国的西方殖民者是以武力相胁迫从而打开内地门户的。与教会惯常采取的包容性的本土化策略不同，领事馆代表的是一种强势的文化植入，所以生活在西南各大城市的领事们并未试图融入本土生活。与传教士们一直努力适应本土化的生活方式，如穿马褂、留长须。形成鲜明对比的是，领事们保持了地道的西方生活方式，着衬衣、穿西服、吃西餐、喝洋酒，当时的娱乐活动还包括钢琴演奏、举办舞会、定期郊游等。（图 4-2）因此，

1　杜满希 . 法国与四川 : 百年回眸 [M]. 四川 : 成都时代出版社 ,2007:16.

2　杜满希 . 法国与四川 : 百年回眸 [M]. 四川 : 成都时代出版社 ,2007:40.

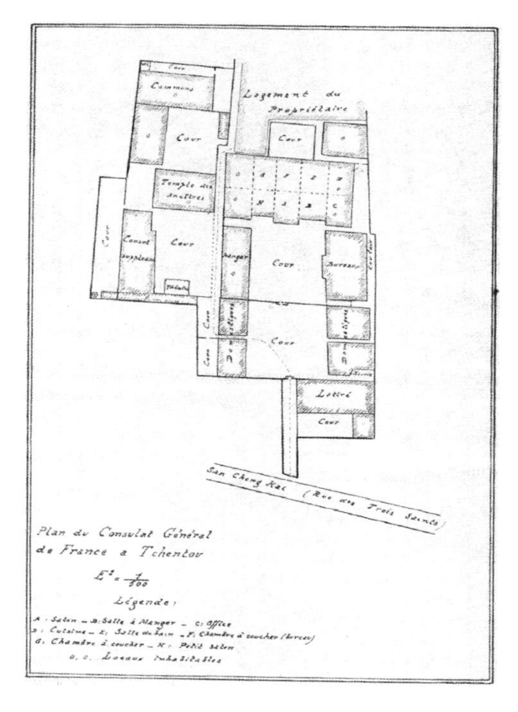


a. 成都三圣街法国总领事馆平面图（来源：《法国与四川：百年回眸》）

b. 成都双凤街法国总领事馆平面图（来源：《法国与四川：百年回眸》）

c. 成都德国领事馆建筑（来源：《巴蜀老照片：德国魏司夫妇的中国西南纪行》）

d. 成都德国领事馆花园（来源：《巴蜀老照片：德国魏司夫妇的中国西南纪行》）

图 4-1　20 世纪初成都的外国领事馆

a. 法国驻成都领事用餐（1907 年）（来源：《老四川老照片》）

b. 外国驻成都领事聚会（1908 年）（来源：《老四川老照片》）

c. 法国驻成都总领事与侨民郊游（来源：《法国与四川：百年回眸》）

图 4-2 西方国家驻成都领事们的日常生活

一旦条件许可时，新建的领事馆建筑便采用更能代表殖民者身份的西式风格，而这种西式风格在开埠初期的沿海沿江城市多是殖民地外廊式，西南地区也不例外。

### （2）开埠后新建的外廊式建筑

重庆开埠初期的领事馆建筑均为殖民地外廊式风格，多为砖木结构 2 层小楼，平面为规整的矩形，三面或四面为券柱式外廊，中式小青瓦屋面，不出檐，四坡顶，外墙抹白灰。英国于 1891 年在重庆设立领事馆，1900 年搬到领事巷后，开始建造新的英国领事馆，为砖木结构 2 层外廊式建筑；1896 年 3 月，法国领事馆设立，早期法国领事馆为砖木结构 2 层外廊式建筑；1898 年搬到南纪门，建造新的法国领事馆，为砖木结构 4 层外廊式建筑；1904 年，德国领事馆设立，新建砖木结构 2 层外廊式建筑。（图 2-9）

重庆开埠后还设立了海关，重庆海关的最高行政长官名义上是由清政府委派的海关监督，但实际上一切海关事务均由洋税务司独断。海关最初设在朝天门糖帮公所，1905 年迁到太平门邮局巷，早期的重庆海关也采用了外廊式风格，砖木结构 2 层。（图 4-3）“清朝末期，西方资本主义势力侵入重庆，各种教堂、教会医院、教会学校以及外商企业的工程建设，一般是外国人主持。”[1]

1 重庆市城乡建设管理委员会，重庆市建筑管理局．重庆建筑志 [M]. 重庆：重庆大学出版社，1997:23.

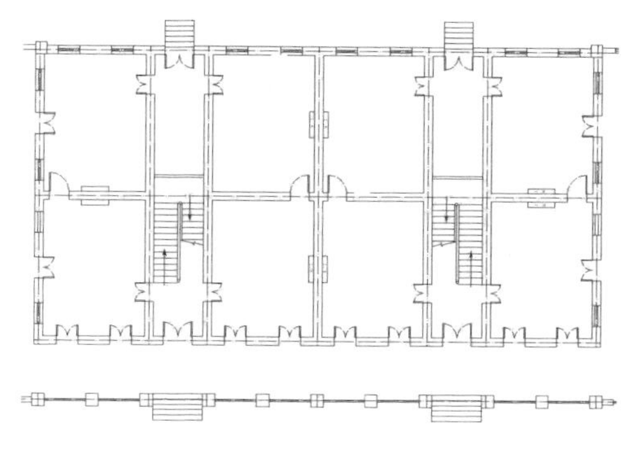

a．重庆法国领事馆平面图（来源：根据朱千红图纸改绘）

b．重庆法国领事馆立面图（来源：根据朱千红图纸改绘）

c．重庆法国领事馆（1898 年后）（来源：自摄）

d．清末民初的重庆海关（来源：《重庆建筑志》）

图 4-3　重庆开埠时期的外国领事馆与海关

重庆开埠，主要是西方国家企图打开以四川为主体的西南内陆市场，沿川江流域溯江而上，倾销商品并掠夺原材料。长江沿线城市的开埠过程大致是自下游逐步扩展至上游的，包括上海（1843 年）、镇江（1861 年）、芜湖（1876 年）、九江（1861 年）、汉口（1861 年）、宜昌（1876 年）、重庆（1891 年）[1]。这些沿江开埠城市早期的领事馆建筑风格基本一致，如上海英国领事馆（1873 年）、德国领事馆（1881 年）、美国领事馆（1893 年）、法国领事馆（1896 年），镇江英国领事馆（1890 年），芜湖英国领事馆（1877 年），宜昌英国领事馆（1892 年）等，均为殖民地外廊式建筑。重庆开埠早期的领事们多是从长江中下游开埠城市转派过来，若按开埠时间顺序排

1　张仲礼，熊月之，沈祖炜．长江沿江城市与中国近代化 [M]. 上海：上海人民出版社，2001:32-33.

a．上海英国领事馆（来源：《上海近代建筑史稿》）

b．上海德国领事馆（来源：《上海近代建筑史稿》）

c．上海法国领事馆（来源：《上海近代建筑史稿》）

d．镇江英国领事馆（来源：镇江市人民政府网站）

图 4-4 长江沿岸开埠城市的外廊式领事馆

列领事馆建筑风格的话，可以看出重庆的外廊式风格应是由长江中下游开埠城市传入的。（图 4-4）

开埠城市早期外廊式建筑的共同特征是“简单的方形平面，单层或二三层建筑，多数是商务、政务办公与居住综合体建筑，有着宽敞的一面、二面、三面或四面外廊，简单的西式四坡屋顶，在总体环境上的特征则是占地面积很大，建筑居中，周围是空地”。[1] 外廊式建筑的敞廊部分多作为日常生活起居或者下午茶等社交的半室外空间。

开埠初期，西方国家以武力闯入川江流域，在重庆还建造了一批军事设施和俱乐部，集中在渝中区望龙门和南岸区滨江一带。保留下来的有英国盐务管理所（1900 年）、法国水师兵营（1903 年）、英国海军俱乐部（1907 年）等。这些早期殖民

1 杨秉德 . 中国近代中西建筑文化交融史 [M]. 武汉 : 湖北教育出版社 ,2003:161-162.

建筑集居住、办公于一体，均为外廊式风格。其中，法国水师兵营地处南岸长江边，临江滩用石材垒砌高大的堡坎，主体建筑一层为券柱式外廊，二层为梁柱式外廊，一侧的入口大门为中式木构牌楼。（图 4-5）

与领事馆建筑一样，开埠初期的洋行建筑一般规模较小，集居住、办公于一体，随着规模的扩大，才分为办公楼、仓库货栈、职员住宅等。洋行的办公楼、大班住宅仍采用外廊式，如立德乐洋行成立于 1895 年，后来陆续兴建猪鬃加工厂房、仓库和码头，并在厂房侧边修建了办公楼与住宅。卜内门洋行办公楼、立德乐洋行别墅（1895 年）、安达森别墅（1898 年）、永兴洋行高管住宅等均为外廊式，英国航海家蒲兰田住宅也为外廊式。（图 4-6）

各大洋行的仓储建筑在功能上不再需要半室外的敞廊，因此通常不设外廊，多采用大跨度的砖木结构。如卜内门洋行货栈（1915 年）平面为不规则的弧形，不设外廊；白理洋行建筑群中，除办公楼外，其余均不设外廊；安达森洋行现存 5 栋仓库，也非外廊式，最大的仓库为土木结构，歇山顶，小青瓦屋面，梁架跨度大。（图 4-7）

重庆早期外廊式建筑与长江中下游开埠城市相比，相似之处在于：由于无法生产机制砖瓦，早期外廊式建筑屋面多用中国本土的小青瓦，而外廊多为西式的连续券柱式结构，尤以圆券居多，后期才出现三圆心券、三叶形券、平券、弧形券等。

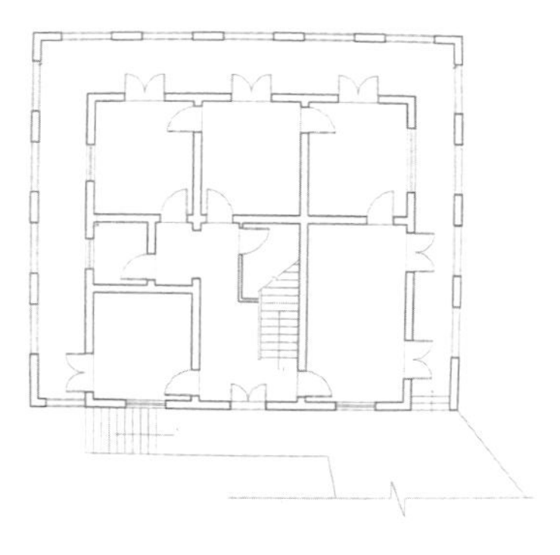

a. 法国水师兵营平面图（来源：根据张廷良图纸改绘）

b. 法国水师兵营（来源："重庆考古"微信公众号）

图 4-5 重庆法国水师兵营

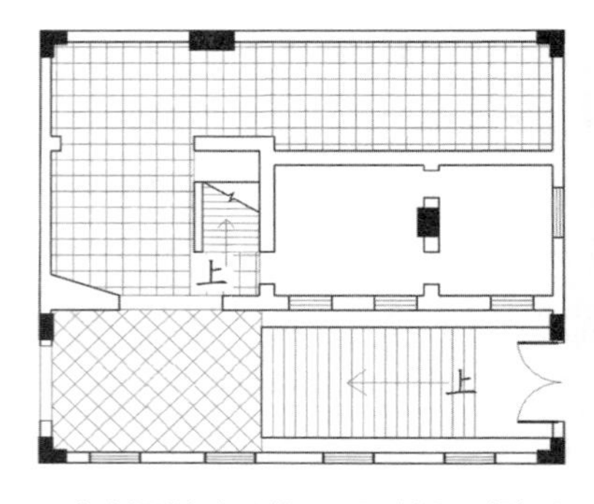


a．卜内门洋行办公楼平面图（来源：根据张廷良图纸改绘）

b．卜内门洋行办公楼（来源：陈洋摄影）

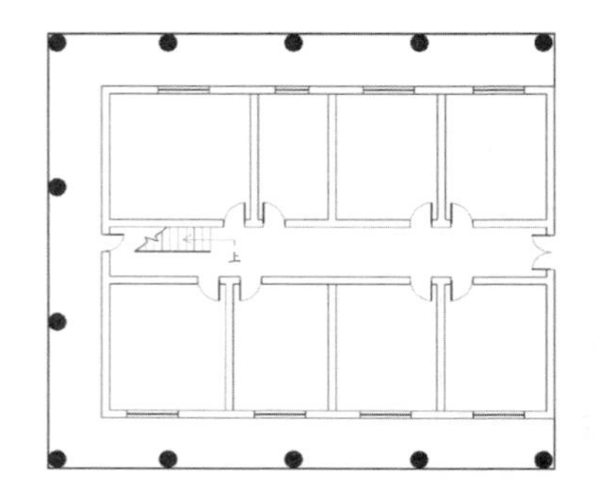

c．立德乐洋行别墅平面图（来源：根据张廷良图纸改绘）

d．立德乐洋行别墅（来源：陈洋摄影）

图 4-6　重庆开埠时期的外廊式洋行与住宅

a．安达森洋行与仓库（来源：《重庆近代城市建筑》）

b．安达森洋行仓库（来源：自摄）

图 4-7　重庆安达森洋行建筑群

而主要区别在于：同一时期建造的领事馆中，在长江中下游城市已经开始广泛使用清水红砖。而远在内陆的重庆直到 20 世纪 30 年代本土砖瓦厂才能生产机制红砖，外来建材运输只能经由长江三峡，但由于航道通航能力差，运输成本过高，导致红砖和机平瓦等在重庆近代建筑中出现晚，普及率不高，加上没有掌握近代建筑清水砖墙磨砖对缝的工艺，所以重庆早期外廊式建筑均用本土青砖或石材砌墙，外表有白灰抹面。

### （3）滇南开埠城市的外廊式建筑

河口 1897 年开关，法国开始在此设立管理机构，从现存几幢建筑来看，均为外廊式风格，但较重庆的外廊式建筑更简洁。河口海关（1897 年）和法国驻河口领事署（1897 年）均为法国人建造，梁柱式外廊建筑，不做拱券，建于同年的河口对讯督办公署是清末清政府在河口设置的管理边境地区的行政机关，建筑为单侧连续的券柱式外廊，拱券跨度大，矢高小，接近于三圆心券。（图 4-8）

河口属于边陲小城，与重庆开埠时期的外廊式建筑区别较大。河口的外廊式建筑多为一字形平面，以梁柱式外廊为主，样式简洁；而重庆的券柱式外廊建筑则是在南亚及东亚西方殖民者最常用的建筑样式。滇南开埠时期，外廊式建筑很少，并未形成固定的风格，对后世影响小。自滇越铁路通车之后，另一种直接传承自法国的洋房建筑逐渐占据主导，影响了云南近代建筑的主要特征。

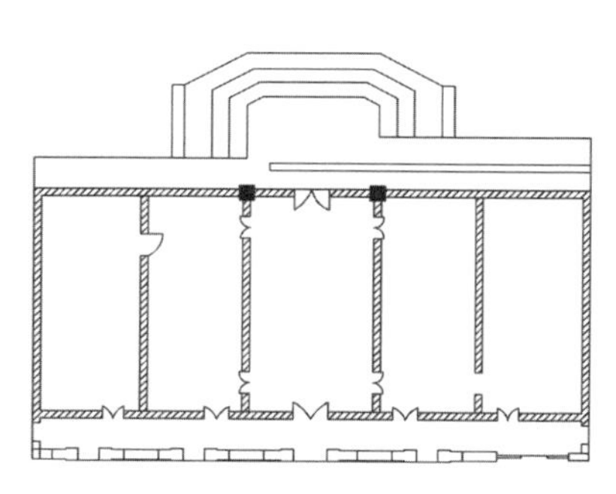

a．河口对讯督办公署平面图（来源：白磊绘制）b．河口对讯督办公署（来源：张高斌摄影）

图 4-8　河口开埠时期的外廊式建筑

## 2. 随铁路传入的法式洋房风格

### （1）滇越铁路标准化的法式风格站房

滇越铁路全长 854 公里，全部由法国人投资修筑。1901 年，开始修建越南境内的一段，1903 年，海防至老街段建成通车。1904 年，开始修建云南境内的延伸段，于 1910 年 4 月完工通车。滇越铁路云南段由法国人勘察、测量、设计，全线均由欧洲公司承包，并且雇佣大量的外国技术人员，其中法国设计人员为滇越铁路选择了法式风格的站房。在越南河内的滇越铁路公司总部大楼，同样也是标准的法式新古典主义风格建筑，中轴对称，横三段竖三段式立面构图，孟莎式屋顶。

滇越铁路沿线站房并未采用殖民地外廊式建筑风格，而是直接移植了 19 世纪末法国本土火车站站房建筑样式。这些站房共分五个等级车站，采用了标准化设计，同一等级的车站站房使用相同的标准化图纸。（图 4-9）

从现存滇越铁路沿线早期站房的建筑样式来看，基本是按照当时的设计图纸来建造的，整体特征为砖木结构 2 层小楼，红色机平瓦屋面，黄色砂灰外墙，隅角采用石材砌筑，门窗框也用石材包镶。其中，特等站河口站和碧色寨站占地大，有装卸站，设海关分关及洋行、警察局等，发展成为具有一定规模的城镇；一等站昆明站规模较大，由主楼、站台、附厅、平房等组成；二等站开远站的站房建筑样式与图纸基本一致，中间为三间两层小楼，左右带单层附房；三等站腊哈地站、芷村的站房建筑样式与设计图纸也基本一致，中间为单间两层小楼，左右为单层附房；四等站戈姑站、黑龙潭站、落水洞站、热水塘站、西扯邑站等的站房建筑样式与标准图纸一致，同为单间二层小楼外加一侧附房的组合。（图 4-10）

### （2）滇越铁路对云南近代建筑转型的影响

① 带动铁路沿线城镇的发展与转型

滇越铁路对其沿线城镇的影响因车站等级的不同而表现出较大的差异性。“特等站的设置对周边城镇化进程具有显著影响，由于特等站碧色寨的设置，使得个旧、蒙自在通车后 20 年间城镇化发展迅速。一等站云南府，二等站开远以及腊哈地、禄丰村、宜良等 6 个三等站的设置，也不同程度地影响着昆明、开远以及屏边、弥勒、宜良等地的城镇化进程，但因有关区域各具特色而影响程度较为相当。铁路沿线诸

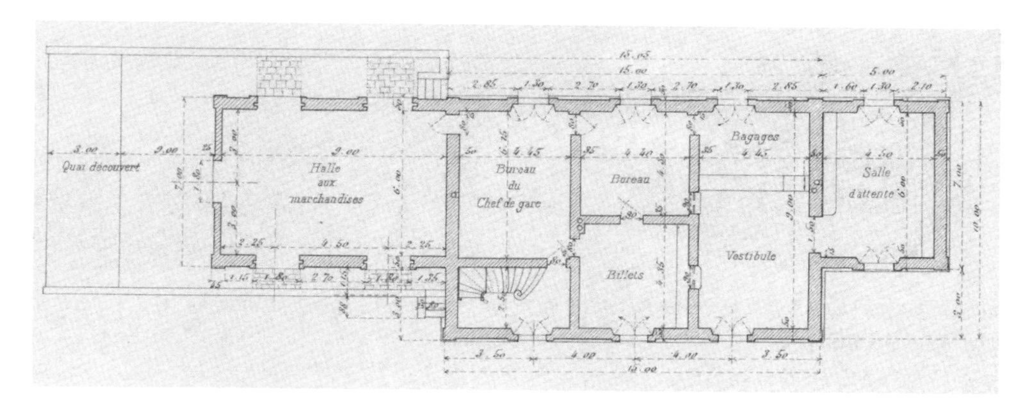


a. 滇越铁路标准二等站房平面图（来源：*Le Chemin de Fer du Yunnan*）

b. 滇越铁路标准二等站房立面图（来源：*Le Chemin de Fer du Yunnan*）

c. 滇越铁路标准三等站房立面图（来源：*Le Chemin de Fer du Yunnan*）

d. 滇越铁路标准四等站房立面图（来源：*Le Chemin de Fer du Yunnan*）

e．滇越铁路标准四等站站房（来源：《滇越铁路（云南段）近代站房建筑保育研究》）

f．19 世纪末的法国南部火车站房（来源：《滇越铁路百年史（1910-2010）——记云南窄轨铁路》）

图 4-9　滇越铁路标准站房与法国南部火车站房的比较

a．滇越铁路碧色寨站站房（来源：自摄）

b．滇越铁路芷村站站房（来源：包震德摄影）

c．滇越铁路西扯邑站站房（来源：陆钢摄影）

d．滇越铁路戈姑站站房（来源：白成明摄影）

e．滇越铁路黑龙潭站站房（来源：白成明摄影）

f．滇越铁路热水塘站站房（来源：陆钢摄影）

图 4-10　滇越铁路云南段沿线现存典型站房

多小站的设置对呈贡、澄江、华宁、建水、马关等地城镇化的影响相对较小。”[1]碧色寨原为偏僻的乡村，特等站的设置使其快速发展成为具有异域风情的小镇，周边建筑群包括站房、货栈、警察局、洋行、水火油公司等，建筑单体规模较小，建筑风格既有中式传统院落，也有受滇越铁路站房影响的法式洋房风格建筑。

开远原名阿迷，明洪武置阿迷州，是滇南一座小城，开远站是滇越铁路二等站，也是最重要的车站之一。早期火车采用蒸汽机车，因滇越铁路沿途山高坡陡，转弯半径小，无信号管理，车速较慢，且只能白天开行，海防和昆明之间一共需要3天行程，第一天从海防到老街，夜宿老街，第二天从老街到开远，夜宿开远，第三天抵达昆明，反之亦然。1909年5月，开远站已正式通车，此后又在开远建成了火车调度、维修的基地，站前的彩云路东侧排列着车站、站长室、机车库、转盘车等营运管理功能的建筑；西侧排列着法籍管理人员住宿的二层小楼，最著名的是巴都署，以及供休闲娱乐的俱乐部和接待往来达官贵人的洋酒店。1916年，火车站北侧建立了法国医院，包括院长办公室、门诊部、住院部等。滇越铁路通车给开远带来了新的发展，城区面积扩大，开远近代建筑群均采用与火车站相似的黄墙红瓦、隅角包石的法式风格，室内铺彩色花地砖，设有壁炉，大部分建筑材料是从越南进口的。（图4-11）

② 促进新材料与新技术在云南的传播

滇越铁路在修筑过程中大量使用进口的新建筑材料，如钢筋和水泥等，逐渐掌握这些现代材料的特性和建造工艺，对云南近代建筑产生了较为深远的影响。在腊哈地至河口的70余公里地段内，隧道、挡土墙、涵渠等工程都使用了越南海防制造的水泥，由于运输困难，主要依靠马帮运输，虽然曾特制了薄钢板的圆筒罐来装运，但腊哈地至昆明的路段，隧道和挡土墙的砌筑只能局部使用进口水泥。全线施工共消耗水泥9000吨，仅为工程所需的13%。[2]由于水泥的运输跟不上用量需求，还创造性地采用本地“烧红土”（fuileau）来作为水泥的替代材料。工程所需石灰的制作则由公司组织专业技术队伍寻找合适的石灰石，经分析合格后开采，在工地附近用木柴或煤炭烧制，其他筑路所需要的材料，如石料、木料、砂等均取自当地[3]。

1　张林艳，何云玲，刘晓芳．滇越铁路车站等级设置与周边城镇化关系的探讨[J]．云南地理环境研究，2010:40-45.

2　王耕捷．滇越铁路百年史（1910-2010）——记云南窄轨铁路[M]．昆明：云南美术出版社，2010.

3　同上．

a．滇越铁路开远站机车库（来源：曹定安摄影）

b．滇越铁路开远巴都署（来源：曹定安摄影）

c．滇越铁路开远法国医院（来源：曹定安摄影）

d．滇越铁路开远法国医院室内地砖（来源：曹定安摄影）

图 4-11 滇越铁路开远站近代建筑群

滇越铁路通车之后，西洋的日常用具、建筑样式开始进入云南，相比于传统民居在采光、通风、水卫设施上的落后，西洋建筑式样新颖、华丽时尚、舒适卫生，虽然价格昂贵，但仍成为中上阶层追逐模仿的对象。1912 年《滇南公报》评论道："自西式修筑法传播至滇，公署学校竞仿。最新之式，房多而不觉其窄，住者莫不称便。近新修铺房亦略师其意。"[1]

③ 奠定了云南近代建筑的主要特征

滇越铁路沿线站房建筑的典型特征包括：红色机平瓦屋面，黄色砂灰外墙；隅角采用石材砌筑，门窗框采用石材包镶，既作增加结构整体性的构造，同时也是一种典型的装饰。这种法式洋房风格完全照搬了法国本土的建筑样式与建造技术，体

1 滇南公报 [N].1912.6.4.

现的是西方殖民文化的传播。黄墙红瓦的建筑形象通过铁路的修筑与运营深入人心，成为一种时髦的样式。后期的公馆、办公楼、花园别墅等建筑，无论平面布局和外观怎么变化，大多延续了“黄墙红瓦、隅角和门窗框石砌”两大典型特征，与重庆开埠时期普遍采用小青瓦、白灰外墙明显不同，这成为云南近代建筑区别于西南其他各省近代建筑最典型的特征。近代云南的机制瓦主要靠从越南进口，价格较高，在民居等普通建筑中，多沿用云南传统的素筒瓦。

## 二、中西融合的天主教本土教堂与修院

### 1. 中西融合的天主教堂平面布局

#### （1）西式庭院式布局的本土修院

19 世纪下半叶，西南地区爆发了大规模的教案，大量教堂被捣毁，在获得清政府的巨额赔款后，这些教堂大多得到了重建，比之前规模和体量更大，平面更接近西式教堂的布局，立面运用的西式装饰元素更多，风格也更加多元化，但仍能明显看到本土地域建筑的影响。

19 世纪末 20 世纪初，川黔地区重建和新建了一批本土教堂和修院，平面不再采用中式合院布局，而是直接承袭了西式庭院式修院的平面布局。最典型的是成都教区的主教座堂——平安桥天主教堂，目前保存下来的建筑群包括大教堂、大修院、主教公署等，均为成都教案后利用赔款重建的，1897 年动工，1904 年建成。平安桥大教堂和大修院为两组独立且风格迥异的建筑群，大教堂平面为典型的“拉丁十字”，砖石木混合结构，立面风格为罗马风；大修院平面为四面围合的宽阔庭院，有一道敞廊将其分为左右两部分，以中式穿斗式木构架为主，内外侧均有宽阔的檐廊，也融合了西式建筑的一些构造做法，如底层地坪架空，勒脚带通风孔，木柱基座较高，用砖砌筑西式柱脚，外表抹灰，带有叠涩线脚。

欧洲哥特式教堂的修院多位于教堂的一侧，与教堂相连，比如英国切斯特大教堂，一侧修院为敞廊式庭院布局，在内院中轴线后端建有小经堂，供修士或修女们内部使用。成都平安桥天主教堂与英国切斯特大教堂的外观差异甚大，但仔细分析其平面布局则有异曲同工之处。二者的相似处在于：都可以分为教堂和修院两部分，

并列设置，教堂均为“拉丁十字”平面，而修院则是围合式庭院布局，带有连续的敞廊，在修院中轴线的尽端设有小经堂。两者的差异在于：英国切斯特大教堂，从体量上看，教堂本体占据主体地位，修院处于从属地位，而平安桥天主教堂从平面上看修院的体量明显大于教堂，从立面风格看教堂又较修院具有显示度更高的西式外观特征，修院与教堂处于同等重要地位。（图 4-12）

从 19 世纪 90 年代开始，这种仿照西方修院庭院式平面布局，外观带有中式特征的本土修院逐渐成为西南地区的主流样式。其主要特征是：带有围廊的庭院式布局，中间有开阔的内庭院，在中轴线尽端布置有小经堂。彭州领报修院（1895 年）平面布局与平安桥大修院接近，内外均为带敞廊的庭院式布局，中轴线尽端为哥特式立面的小经堂，四周围合的建筑为砖木结构 2 层楼房，楼上为修生的宿舍，楼下为教室、餐厅等。平安桥教堂作为成都教区的主教座堂，在修院旁建有体量较大的大教堂，而彭州领报修院则是建于城市近郊的修院，教徒少，不设大教堂，只有修院和小经堂，小经堂兼有对外教堂的功能。（图 4-13）

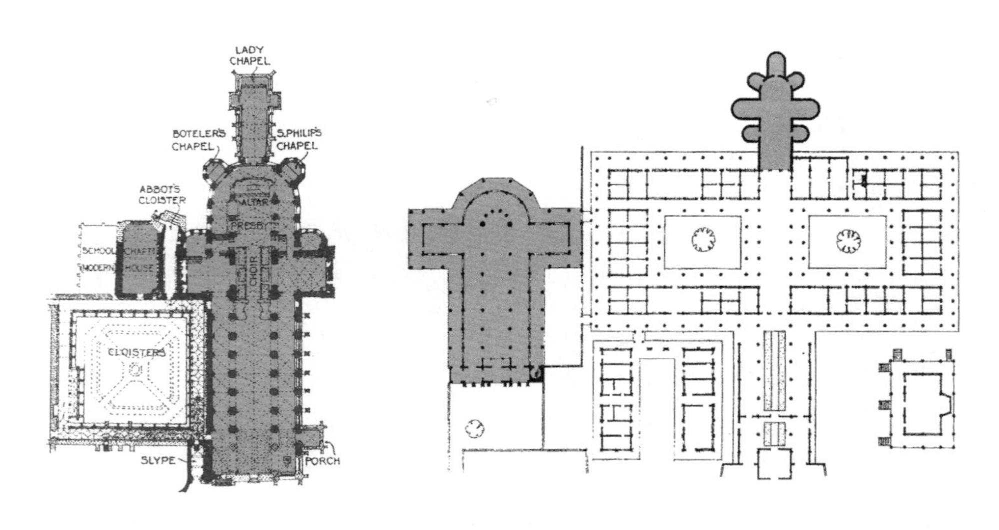


a．英国切斯特大教堂平面图（来源：*Sir Banister Fletcher's A History of Architecture (Twentieth edition)*）

b．成都平安桥天主教堂平面图（来源：《中国近代中西建筑文化交融史》）

图 4-12　成都平安桥天主教堂与西式修院的平面比较

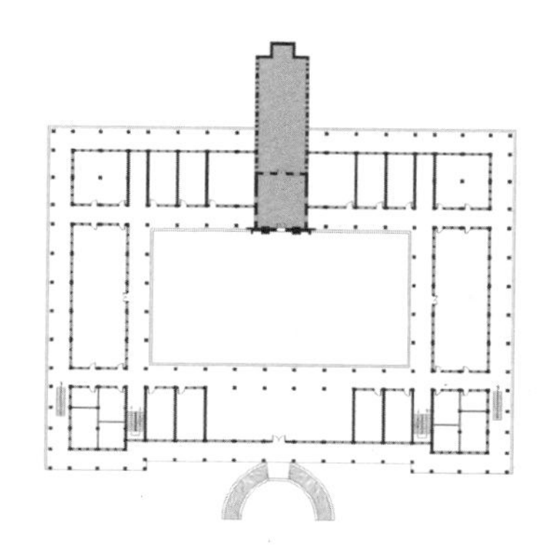

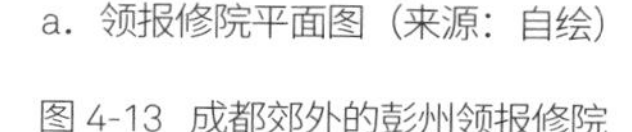

a．领报修院平面图（来源：自绘）　　b．领报修院老照片（来源：《法国与四川：百年回眸》）

图 4-13　成都郊外的彭州领报修院

宜宾玄义玫瑰教堂（1895 年）也具有相似的平面布局，中间为开阔的内庭院，从外观看更像是防御性较好的中式民居大院，四周围合的两层楼房为传统穿斗式木构架，朝内院带有敞廊，外墙为青砖空斗墙，正面两侧还有猫拱背山墙，一角有石砌的防御性碉楼，内院中轴线尽端为小经堂，典型的中式牌楼式立面，采用川渝地区寺院或大宅院屋脊、山门上常用的碎瓷片拼花作为立面装饰，内容既有中式传统吉祥图案，也有教会徽章等西式图案。（图 4-14）贵阳六冲关修院（1855 年）中的教堂与修院分开，单独设在山腰，早期修院平面布局已不可考，1916 年重建的修院也采用庭院式布局，内院中轴线尽端有小经堂。

在此之后，西南各地修院以这种庭院式平面布局为原型，结合所处环境的山势地形，从四面围合式庭院又演变出一面开敞的半围合式庭院等布局形式。重庆慈母山修院（1911 年）是天主教重庆教区修院所在地，建在半山腰高大的堡坎之上，半围合的庭院式布局，小经堂仍处于中轴线后端，正面开敞，景观视野较好。贵阳天主圣心女修院（1940 年）也采用半围合的庭院式布局，只是小经堂不在中轴线位置上，而是略偏东。（图 4-15）

#### （2）西式庭院式布局本土教堂和修院的变化

19 世纪末西南地区形成的西式庭院式本土修院，对后来的天主教堂和修院的平面布局产生了较大的影响。在庭院式本土修院平面布局基础上，再次与中式合院式

a．玄义玫瑰教堂外观（来源：自摄）

b．玄义玫瑰教堂内院（来源：自摄）

图 4-14　宜宾郊外的玄义玫瑰教堂

a．重庆慈母山修院（来源：《重庆近代城市建筑》）

b．贵阳圣心女修院（来源：陈顺祥摄影）

图 4-15　重庆慈母山修院与贵阳圣心女修院

民居相融合，产生了一些新的围合式教堂和修院平面布局类型：

① 中轴线上的经堂前移，将庭院一分为二，强化教堂的入口立面。

在本土修院的围合或半围合式庭院布局的基础上，将原本位于中轴线尽端的经堂位置前移，将庭院一分为二，经堂居中，体量最大，经堂的入口山面变为整座教堂外立面的视觉中心，成为重点装饰的主立面。这种平面布局在乡间教堂中较为常见，一般位置较偏，规模不大。最典型的是金堂舒家湾天主教堂，位于成都近郊的金堂，坐落在半山腰，背山面江，创始于 1772 年，1902 年被捣毁后重建。院落的中心是体量最大的经堂，将庭院分为左右两部分，中轴对称，经堂正立面是整座建筑立面构图的中心，风格为简化罗马风，带有色彩艳丽的精美装饰，外立面和院墙均为当地传统的石板壁墙。整组建筑的主体结构为穿斗式木构架，经堂中跨采用六架穿梁式结构，其余房屋为中式外观，内院为木板壁墙，正面入口处原有门楼、钟楼，已毁坏。舒家湾天主教堂也可以看作是邓池沟天主教堂平面的延续，将偏于一侧的内庭院变为了左右对称的两侧内庭院布局。（图 4-16）

金堂高板天主教堂（1902 年）与舒家湾天主教堂格局相似，经堂居中，主立面为中式民居风格，经堂采用中式砖石牌楼式立面，两侧厢房的山面为四川传统民居中的猫拱背样式。此外，峨眉山市拆楼天主教堂（1850 年）也属于此种平面布局，但后期加建改建较多，格局已不完整，特征不明显；铜梁永嘉天主教堂（1910 年）同样采用庭院式，经堂居中，内院一分为二，一侧因有池塘而未形成完整的矩形庭院，经堂立面为典型的巴洛克风格，一侧出歇山顶的抱厦。（图 4-17）

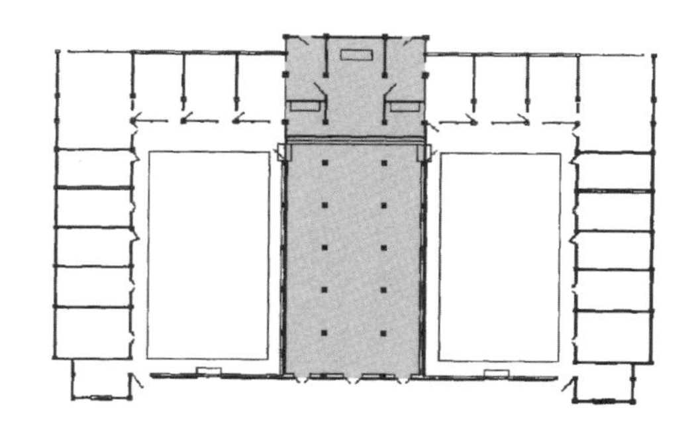

a. 舒家湾天主教堂平面图（来源：《近代川西天主教教堂建筑》）

b. 舒家湾天主教堂（来源：自摄）

图 4-16　金堂舒家湾天主教堂

a. 金堂高板天主教堂（来源：《中国近代基督宗教教堂图录（下）》）

b. 铜梁永嘉天主教堂（来源：自摄）

图 4-17　金堂高板天主教堂与铜梁永嘉天主教堂

② 以经堂为中心，前后或单侧以中式院落围合。

这种受本土修院影响，与中式民居相结合的教堂类型，是以经堂为平面布局的中心，前面有中式院落围合。若以彭州领报修院为标准平面的话，可以看作是将经堂体量和比重加大，而相应的围合的庭院比重缩小，则形成了这种新的平面类型。经堂主立面多采用西式或中西合璧风格，围合的院落多为中式木构建筑。

经堂前面有院落围合又分为两种：一种是院落与经堂相连，如安顺天主教堂（1867年）、巫山庙宇漕天主教堂（1903年）、铜梁巴川天主教堂（1907年），经堂居于中心位置，体量最大，前方有院落围成内庭院。另一种是院落与经堂不直接相连，如迪庆茨中天主教堂（1914年），前面有一正两厢的三合院。彭州领报修院与巫山庙宇漕天主教堂等也是同构的关系，只不过前者内庭院更大，后者庭院小，容易被忽视而已。（图4-18）

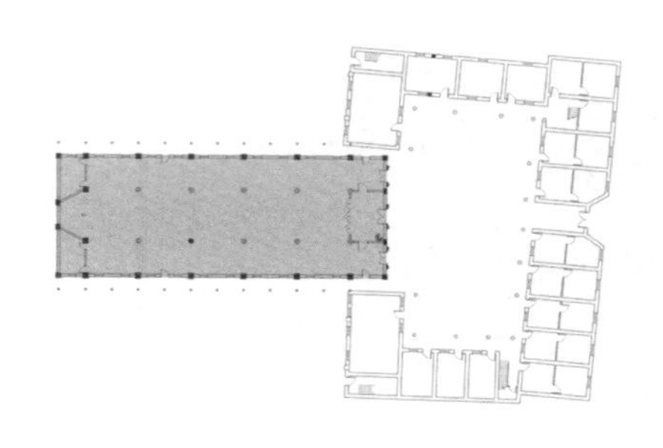

a．巫山庙宇漕天主教堂平面图（来源：自绘）

b．巫山庙宇漕天主教堂（来源：自摄）

c．铜梁巴川天主教堂（来源：《中国近代基督宗教教堂图录（下）》）

d．迪庆茨中天主教堂（来源："云南民族宗教"微信公众号）

图4-18　前侧有院落围合的天主教堂

此外，也有在经堂后面或前后均用院落围合的天主教堂。如邛崃吴圣堂（1890年）和崇州天主教堂（1896年），经堂主立面分别为巴洛克和砖石牌楼式风格，占据整个院落的中心位置，前有门房，后有后堂，形成前后庭院，四周建筑均为中式穿斗式木结构。与本土修院沿开间方向横向展开的矩形内院不同，这种教堂平面为纵向的矩形院落，与传统民居沿进深方向多进院落相比，经堂居于正厅位置，有人认为这是传统民居“前堂后寝”的格局[1]，实则不然。若将其看作本土修院布局的一种变化形式，更能说明其本土化的演变过程。成都张家巷天主教堂现存经堂仅后面有中式三合院围合，但前面及周边的历史建筑格局已不可考。（图4-19）

（3）外廊式神父楼与经堂分列的教堂

在上述庭院式教堂或修院中，传教士日常起居生活是在院落的正房或厢房内。20世纪初，本土天主教堂中开始流行经堂与神父楼分列的布局形式，仍以经堂为中心，但开始出现独栋的神父楼，通常位于经堂一侧，地位提升，多为外廊式建筑，整个建筑群的平面布局更加自由灵活。

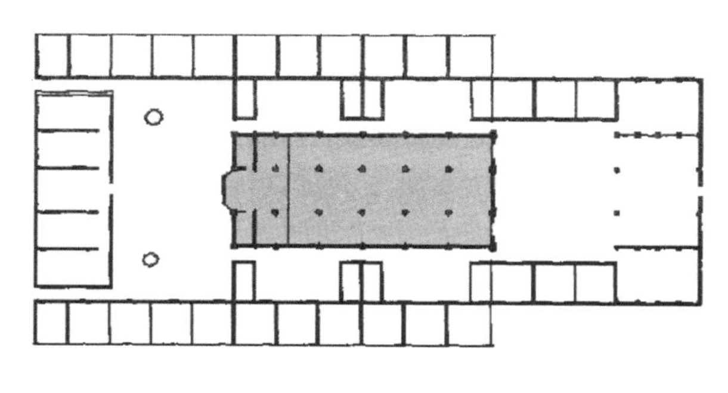

a．邛崃吴圣堂平面图（来源：《近代川西天主教教堂建筑》）

b．邛崃吴圣堂（来源：四川新闻网）

图4-19　前后有院落围合的天主教堂

1　曹伦 . 近代川西天主教教堂建筑 [D]. 成都 : 西南交通大学 ,2003:23-24.

马桑坝天主教堂（1855 年）中，经堂为歇山顶中式殿堂，还有一栋砖木结构两层的神父楼，平面为三开间，四面有梁柱式外廊，歇山顶，小青瓦屋面，圆券形门窗。1891 年重庆开埠后，受领事馆建筑券柱式外廊的影响，天主教堂中出现独栋的券柱式外廊的神父楼，因此，神父楼就有了梁柱式与券柱式两种形制。如绵阳秀水天主教堂（1913 年）和柏林天主教堂（1913 年），独栋的神父楼居中，梁柱式外廊，砖木结构两层，四坡屋顶，小青瓦屋面，一侧为经堂，另一侧为辅助用房，大致围合成三合院。（图 4-20）又如大足石马天主教堂（1900 年）、璧山天主教露德堂（1903 年）、合川合隆天主教堂（1904 年）和荣昌河包天主教堂（1905 年），也都是经堂与神父楼并列的布局形式，神父楼为券柱式外廊，砖木结构两层，歇山屋顶，小青瓦屋面。永川书院巷天主教堂（1904 年）较为特殊，将经堂、神父楼、钟楼并置在一起，形成统一的券柱式外廊立面，从外观上看上去更像一幢建筑。重庆渝中区中英联络处，原为法国天主教真元堂（1910 年）内的建筑，典型的两面券柱式外廊，砖木结构 3 层，四坡顶，小青瓦屋面，开老虎窗，与法国领事馆风格接近，抗战中被炸后修复。（图 4-21）

（4）天主教建筑平面的本土化演变过程

根据上文对不同时期和不同类型教堂平面布局的分析，西南近代天主教建筑平面布局的变化大致可以分为 3 个阶段：

① 从禁教时期的中式合院，演变成按西式庭院式修院布局的本土修院。

采用中式合院的天主教堂一般为两进或三进院落，如泸州天主教真原堂、巫山笃坪天主教堂、镇远周大街天主教堂、潼南别口天主教堂等，晚期的南充西山本笃堂仍

a. 马桑坝天主教堂神父楼立面图（来源《近代川西天主教教堂建筑》）

b. 绵阳秀水天主教堂神父楼（来源：《中国近代基督宗教教堂图录（下）》）

c. 绵阳柏林天主教堂神父楼（来源：自摄）

图 4-20 梁柱式外廊的神父楼

a. 璧山露德堂神父楼（来源：“璧山旅游”微信公众号）

b. 合川合隆天主教堂神父楼（来源：自摄）

c. 永川书院巷天主教堂神父楼（右侧）（来源：《中国近代基督宗教教堂图录（下）》）

d. 重庆“中英联络处”（来源：自摄）

图 4-21　券柱式外廊的神父楼

采用这种布局。这种类型的教堂体量一般较小，由当地工匠按传统木作体系建造。19世纪中叶，在中式合院平面的基础上，按西方修院的平面布局，形成了以一侧厢房作为经堂，带有大庭院的本土修院平面布局形式，如宝兴邓池沟天主教堂（修院）、峨眉山龙池天主教堂，外观看接近中式宅院，平面布局逻辑已是西式。（图 4-22）

② 清末教案后重建的西式庭院式修院，以及由此演变出的中西融合风格。

19 世纪下半叶，西南各省教案发生后重建的教堂和修院，立面风格更加多元化。典型的平面布局是模仿西式庭院式修院，中间的大庭院，或为四合院，或为三合院，小经堂居中，位于中轴线后端，典型的是成都平安桥天主教堂、彭州领报修院、宜宾玄义玫瑰教堂、重庆慈母山修院、贵阳六冲关修院、贵阳圣心女修院等。

由此演化出的几种与本土宅院融合的平面类型，在乡间小教堂中运用广泛。典型的包括：金堂舒家湾天主教堂、金堂高板天主教堂、铜梁永嘉天主教堂，为经堂居中，左

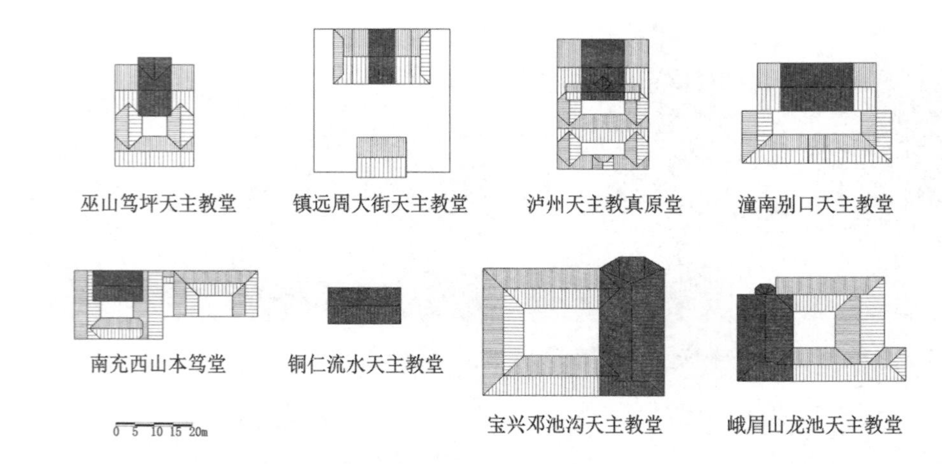


图 4-22 中式合院式天主教堂和修院平面图（来源：自绘）

右两侧带庭院类型；巫山庙宇漕天主教堂、铜梁巴川天主教堂、迪庆茨中天主教堂，为经堂前有中式合院半围合类型；邛崃吴圣堂、崇州天主教堂，为前后带有中式合院类型。经堂居中，四周或前或后由合院围合，是这一类型修院与教堂的共同特征。（图 4-23）

③ 开埠以后流行的神父楼与经堂分列的平面布局。

将经堂与神父楼并列布置，神父楼一般为独栋的两层小楼，中式歇山顶或四坡顶，小青瓦屋面，多采用外廊式风格，既有传承自本土的梁柱式外廊，也有开埠时传入的券柱式外廊。典型的有绵阳秀水天主教堂、璧山露德堂、大足石马天主教堂、荣昌河包天主教堂、鲁都克天主教堂、永川书院巷天主教堂等，其神父楼均为独栋的外廊式建筑。（图 4-24）

通过将上述天主教堂的平面进一步简化成如下图示，可以更清晰地看出演变的过程：一是禁教时期，天主教堂按中式四合院平面布局，中轴对称，将正厅明间作为经堂空间；传教合法化前后，本土修院按西式修院布局，一侧厢房作为形制最高的经堂，形成左右不对称的平面格局，外观为中式。二是清末教案后，城市中的主教座堂模仿西式教堂与修院并置布局；位于乡间的本土修院，仅保留庭院式修院布局，在轴线尽端居中布置经堂，形成中轴对称的本土修院，由此衍生出多种中西融合的平面组合类型。三是开埠后，又出现了将教堂与神父楼分列的形式，神父楼独立成栋，为梁柱式或券柱式外廊，建筑间自由组合，不再形成合院。（图 4-25）

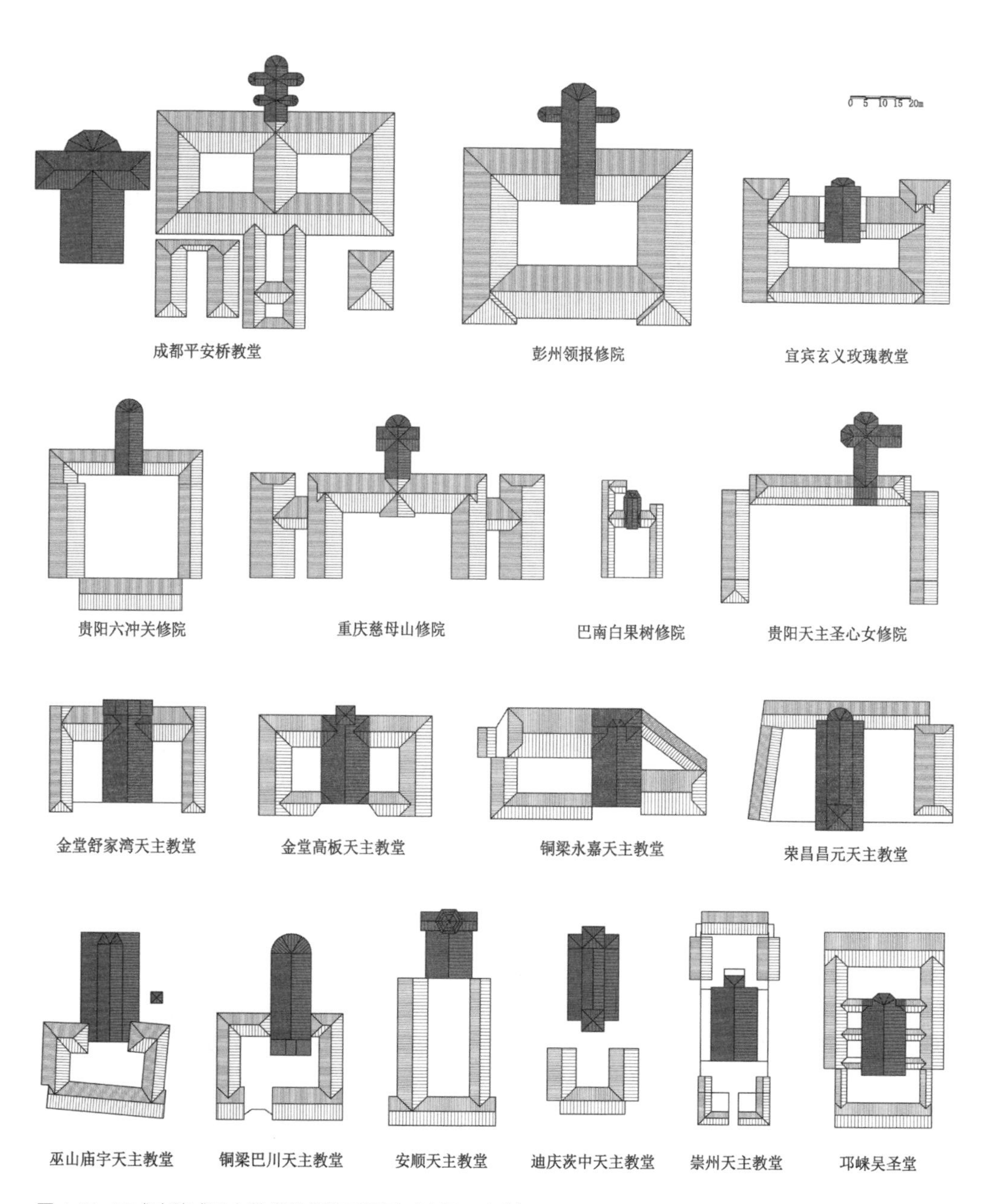


图 4-23　西式庭院式天主教堂和修院平面图（来源：自绘）

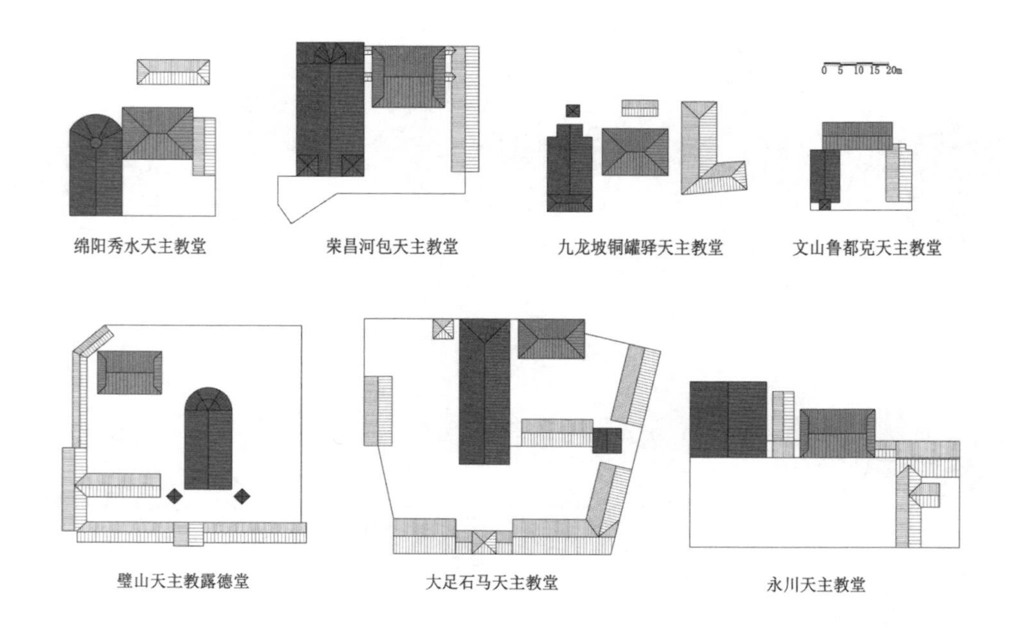


图 4-24　神父楼与经堂分列的天主教堂平面图（来源：自绘）

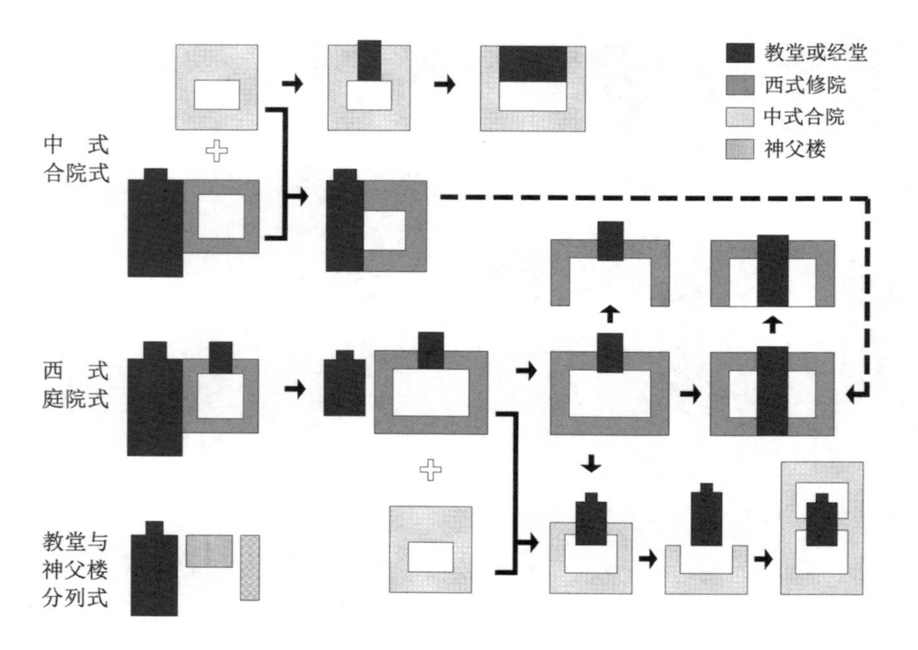


图 4-25　西南近代天主教堂与修院平面的本土化演变过程（来源：自绘）

## 2. 中西融合的天主教堂立面风格

### （1）中式砖石牌楼式天主教堂

19 世纪中叶，天主教堂入口逐渐由正立面改为山墙面，使得短边的山墙面成为重点装饰的主立面，继而出现中式砖石牌楼构图的立面风格，多是模仿四川、贵州一带传统寺观、会馆等建筑群中的砖石牌楼式大门，是典型的地域风土建筑样式。传统砖石牌楼多位于古建筑群的入口，有单独作大门，也有与木构建筑结合形成门厅的。从立面构图看，根据竖向壁柱的多少又分为“三间四柱”“五间六柱”、甚至“七间八柱”，柱顶不出头，上承屋顶，类似于马头墙式的层层跌落。典型的如贵州镇远青龙洞万寿宫山门、黄平飞云崖山门、贵阳三元宫三门、天后宫山门、青岩万寿宫山门、四川崇州元通镇广东会馆山门等。（图 4-26）

a. 镇远青龙洞万寿宫山门（来源：《贵州省志 • 建筑志》）

b. 黄平飞云崖山门（来源：《贵州省志 • 建筑志》）

c. 贵阳天后宫（来源：《贵阳老照片》）

d. 崇州元通镇广东会馆山门（来源：“崇州元通古镇”微信公众号）

图 4-26　地域风土建筑中的中式砖石牌楼式大门

中式牌楼式立面的早期天主教堂，最典型的贵阳六冲关圣母教堂（1867 年）、贵阳北天主教堂（1876 年）和南天主教堂。19 世纪下半叶，这一牌楼式立面风格在教案后重建的教堂中得到更广泛的运用，以四川、贵州两地最为常见，最简单的样式是正立面照搬中式牌楼式大门，不同之处在于教堂的门洞和窗洞多为圆券形。比如金堂高板天主教堂（1902 年）、永川周家湾天主教堂（1910 年）的正立面，与崇州元通镇广东会馆山门相似，均为三间四柱式，拱券形门窗洞，将传统牌楼中间原本书写“万寿宫”或“会馆”的匾额改为“天主堂”，并在牌楼顶部增加十字架。宜宾玄义玫瑰教堂（1895 年）中，经堂立面为“三间四柱五顶” 样式，璧山露德堂（1903 年）立面为“五间六柱五顶”样式，与黄平飞云崖山门相似。在砖石牌楼立面上，也有圆形玫瑰花窗、尖券门窗等西式教堂特征的装饰，比如崇州天主教堂（1896 年）、铜仁石阡天主教堂（1901 年）、黄平旧州天主教堂（1901 年）、遵义天主教堂等。（图 4-27）

a. 永川周家湾天主教堂（来源：永川博物馆）

b. 璧山露德堂（来源：“璧山旅游”微信公众号）

c. 崇州天主教堂（来源：《中国近代基督宗教教堂图录（下）》）

d. 铜仁石阡天主教堂（来源：《中国近代基督宗教教堂图录（下）》）

e. 黄平旧州天主教堂（来源：《中国近代基督宗教教堂图录（下）》）

图 4-27　中式砖石牌楼式天主教堂

（2）中式木构牌楼式天主教堂

云南近代天主教堂的平面布局与四川、贵州的天主教堂基本一致，矩形平面，入口位于山墙面，巴西利卡三廊式空间。由于明清以来云南的传统建筑与四川、贵州分属不同的匠作系统，材料工艺与风格样式并不一致，这也影响到近代天主教堂立面风格的选择。

云南传统建筑中较少采用砖石牌楼，在寺观、书院、民居中最常见的是木构牌楼式大门。比如会泽江西会馆为六柱五间的木构牌楼样式，歇山屋顶，檐下有斗栱支撑，带有飞檐翘角，中间三间为内凹的八字朝门；石屏玉屏书院二门为三间四柱的木构牌楼样式，共有三个歇山屋顶，屋角起翘很高；建水古城中大量清代民居也采用了类似的入口大门样式。这种木构牌楼样式在四川地区的移民会馆建筑中也能见到，如自贡西秦会馆等。（图 4-28）

将中式木构牌楼用于天主教堂立面，最典型的实例是大理天主教堂（1930 年）。建筑模仿中式九开间重檐歇山顶殿堂，入口位于山面，矩形平面，室内形成“中殿高、侧廊低”的三廊式空间格局，祭坛设在室内，不向外凸出。山门入口立面造型复杂，重檐歇山面与四柱三间中式木构牌楼组合，牌楼屋面打破歇山屋檐，顶部还有带钟楼形象的攒尖顶楼阁，形成富有层次的四重屋顶，带有许多向上的飞檐翘角。（图 4-29）

云南景谷县永平镇有一座迁糯佛寺（1778 年），大殿为殿身三间带周围廊，三重檐歇山顶，主入口位于山墙面，底层屋面被打破，一、二层间加做一层屋面。而山门采用了类似的手法，三重檐歇山顶，底层和二层屋面中间连续性被打破，底层屋面中部略微升高，形成富有变化丰富的屋顶形态。从设计手法和外观形态来看，大理天主教堂与景谷迁糯佛寺有异曲同工之处。（图 4-30）

a．会泽江西会馆山门（来源：自摄）

b．石屏玉屏书院二门（来源：自摄）

c．建水民居大门（来源：自摄）

图 4-28　地域风土建筑中的中式木构牌楼式大门

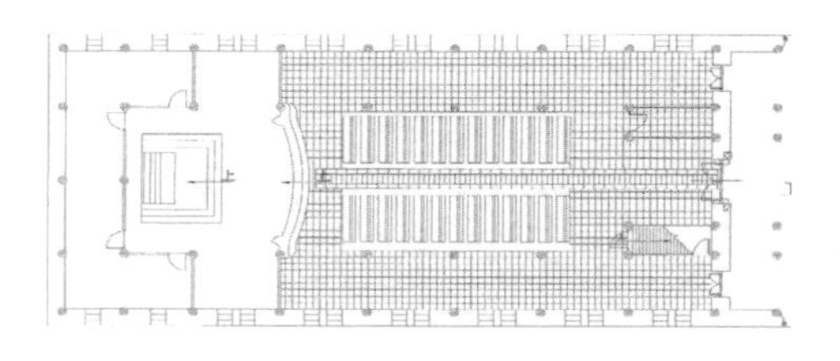

a. 大理天主教堂平面图（来源：《云南传统建筑测绘》）

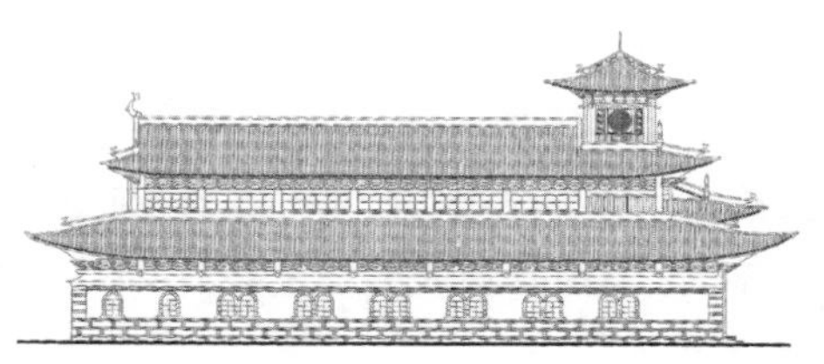

b. 大理天主教堂侧立面图（来源：《云南基督教堂及其建筑文化探析》）

c. 大理天主教堂正立面图（来源：《云南传统建筑测绘》）

d. 大理天主教堂（来源：自摄）

图 4-29 大理天主教堂

a. 景谷迁糯佛寺大殿（来源：云南省文物考古研究所）

b. 景谷迁糯佛寺山门（来源：云南省文物考古研究所）

图 4-30 景谷迁糯佛寺

在滇西、滇西北与川西南接壤地区的一些乡村小教堂，规模较小，也采用了类似的手法。民国后期，云南德宏州原本计划设立天主教维西教区，这一地区的乡间教堂平面不大，主立面带有木构牌楼的特征，中间向上升起，形成小楼阁，或作为教堂的钟楼。比如小维西天主教堂（1875 年）与攀枝花平江天主教堂（1885 年）正立面相似，为两层中式殿堂风格，顶部有阁楼；怒江白汉洛天主教堂（1905 年左右）为单层，短边为入口位置，正立面中间升起小阁楼，贡山县几座天主教堂与之类似，包括财当教堂、捧当教堂、迪麻洛教堂、普拉教堂、施永功教堂等，都是规模较小的乡间教堂。（图 4-31）

### （3）简化巴洛克风格的天主教堂

“15 世纪，由阿尔伯蒂设计了佛罗伦萨新圣玛利亚教堂西立面，顺应原有的中殿高、侧廊低的中世纪教堂结构，但运用古典建筑，即古希腊和罗马的建筑语汇，将立面的上部设计为带有三角形山花的神庙形式，将下层按凯旋门构图设计为以古典柱式和柱上楣构为框架的墙身，而在上下部之间顺应屋顶的坡度设计了带有漩卷装饰的侧翼山墙。”[1] 之后设计的罗马耶稣会教堂作为天主教耶稣会的母堂，立面也是采用这种风格。早期耶稣会传教士在澳门建立的圣保罗大教堂（1637 年）为同样的风格，由日本工匠协助建造。上海董家渡天主教堂（1847 年）是传入中国的早期巴洛克风格建筑的代表。（图 4-32）

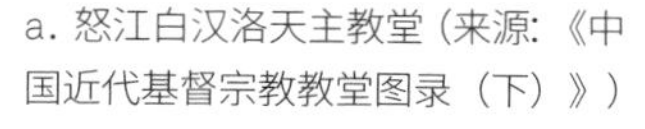

a. 怒江白汉洛天主教堂（来源：《中国近代基督宗教教堂图录（下）》）

b. 贡山县迪麻洛教堂（来源：自摄）

c. 贡山县施永功教堂（来源：自摄）

图 4-31　中式木构牌楼式乡村小教堂

1　赖德霖，伍江，徐苏斌 . 中国近代建筑史 第三卷 民族国家——中国城市建筑的现代化与历史遗产 [M]. 北京：中国建筑工业出版社 ,2016:83-85.

a．罗马耶稣会教堂（来源：自摄）

b．澳门圣保罗大教堂（来源：自摄）

c．上海董家渡天主教堂（来源：自摄）

图 4-32　从欧洲传入中国的巴洛克风格教堂

“巴洛克建筑风格从总体上说是一种表现运动和力量的结合，要求多样性而不是统一性。”[1] 在传入中国后，在大量简化西式装饰符号的同时，加入了中国本土的装饰元素，有学者将这种本土化的巴洛克风格称为“中华巴洛克”[2]。西南地区的巴洛克风格教堂有以下特点：一是延续了西南地区典型教堂的平面布局形式，巴西利卡三廊式空间，山墙面入口为主立面，后部为凸出的祭坛，钟楼较少见；二是立面仍可以看到中式牌楼的影响，三间四柱、五间六柱等构图方式得以保留，并富于变化；三是将西方的巴洛克风格进行了极大的简化，仅提取巴洛克风格最典型的几个符号用在了立面上。

西南近代简化巴洛克风格教堂正立面通常为三间四柱式，居中为圆形玫瑰花窗，其余为圆券或尖券形门窗。与砖石牌楼式教堂的区别在于：巴洛克风格教堂立面壁柱柱顶多出头，侧翼山墙做成巴洛克风格的莴卷形装饰。比如邛崃吴圣堂（1890 年）与铜梁永嘉天主教堂（1910 年）的主立面为三间四柱式，柱顶出头，中间有玫瑰窗，两侧有莴卷纹；遵义湄潭天主教堂（1898 年）与忠县天池天主教堂（1891 年）立面带有明显的巴洛克式莴卷纹；合川合隆天主教堂（1904 年）立面采用细小的壁柱划分为多个开间，柱顶不出头，顶部是连续的莴卷纹装饰；还有一种中式牌楼与巴洛克装饰结合的形式，如宜宾拱星街天主教堂（1900 年）正立面为三间四柱，顶部为民居的“猫弓背”式山花墙，崇州元通教堂（1897 年）正立面为五间六柱七顶，山花墙顶做成巴洛克曲线。（图 4-33）

1　郑时龄 . 上海近代建筑风格 [M]. 上海 : 上海教育出版社 ,1999:195.

2　李海清、汪晓茜 . 叠合与融通——近世中西合璧建筑艺术 [M]. 北京 : 中国建筑工业出版社 ,2015:158

### （4）简化罗马风的天主教堂

西南近代天主教堂中还曾流行一种简化的罗马风立面，即不再强化竖向的壁柱，典型特征是顶部带有三角形山花墙，不用萬卷形装饰。比如石马天主教堂（1900 年）、舒家湾天主教堂（1902 年）、永川书院巷天主教堂（1904 年），上段为希腊式三角形山花墙，下段为西式古典壁柱，中间有玫瑰花窗；安顺天主教堂（1867 年）、镇宁城关镇天主教堂（1880 年）、成都张家巷天主教堂（1901 年），山花墙是三角形构图，装饰简洁；绵阳柏林天主教堂（1913 年）山花墙为三角形构图，带有哥特式尖券形门窗；宜宾文星街天主教堂（1884 年）是三角形山花墙，但左右有两个略为凸起的塔楼；巫山庙宇漕天主教堂（1903 年）山花墙为三角形构图，中殿为两层通高，侧廊为一层。（图 4-34）

a．邛崃吴圣堂（来源：“牟礼镇”微信公众号）

b．铜梁永嘉天主教堂（来源：《中国近代基督宗教教堂图录（下）》）

c．遵义湄潭天主教堂（来源：《中国近代基督宗教教堂图录（下）》）

d．忠县天池天主教堂（来源：“忠县旅游”微信公众号）

e．合川合隆天主教堂（来源：《中国近代基督宗教教堂图录（下）》）

f．崇州元通天主教堂（来源：《中国近代基督宗教教堂图录（下）》）

图 4-33　简化巴洛克风格的天主教堂

a．大足石马天主教堂（来源：“大足文旅”微信公众号）

b．安顺天主教堂（来源：《中国近代基督宗教教堂图录（下）》）

c．镇宁城关镇天主教堂（来源：《中国近代基督宗教教堂图录（下）》）

d．成都张家巷天主教堂（来源：自摄）

e．绵阳柏林天主教堂（来源：“史志绵阳”微信公众号）

f．宜宾文星街天主教堂（来源：《中国近代基督宗教教堂图录（下）》）

图 4-34　简化罗马风的天主教堂

（5）简化哥特式风格的天主教堂

西南近代天主教堂中典型的哥特式风格建筑很少，老照片显示镇宁已拆除的一座天主教堂（1875 年）是典型的哥特式风格，正立面带有高耸的双塔；彭州领报修院（1895 年）在三角形山花墙的中部升起两个高耸的小塔楼，带有哥特式建筑风格意向；贡山重丁天主教堂（1921 年）为砖石砌筑，两侧凸出四坡顶的塔楼，中间为三角形山花墙，拱券形门窗；荣昌河包天主教真原堂（1905 年）立面是与之类似的双塔式构图，但塔楼低矮，门窗以圆券为主；南充天主教堂（1889 年）则将两侧塔楼做成了圆锥形穹顶。（图 4-35）

西南地区还曾流行一种中央尖塔的天主教堂形制。“普金在《尖顶的或基督教建筑的真实原则》一书中提出了一种理想化的基督教堂的构图，根据弗莱彻的解释，除

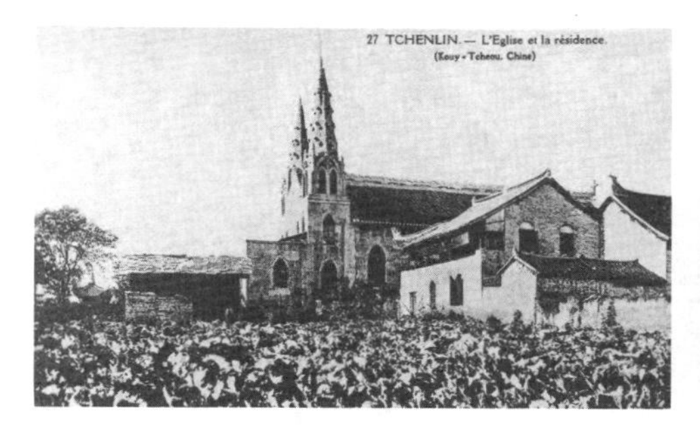


a．镇宁天主教堂（来源：《漂移的视线：两个法国人眼里的贵州》）

b．彭州领报修院（来源：自摄）

c．贡山重丁天主教堂（来源：《滇西北偏远地区多民族聚居地天主教堂比较研究》）

d．荣昌河包天主教堂（来源：《重庆市优秀近现代历史建筑》）

e．南充天主教堂（来源：《中国近代基督宗教教堂图录（下）》）

图 4-35　简化哥特式风格的天主教堂

大型者之外，这种教堂通常不用十字平面，主体部分仅有带侧廊的中殿和不带侧廊的细长圣坛，并在中殿的另一端竖起一个钟塔。”[1] 这种形式被称为英国教区教堂，在西南近代天主教堂中有不少采用这种立面构图。如重庆教区的主教堂若瑟堂（1893 年）、南川天主教堂（1904 年）、荣昌昌元天主教堂（1915 年）是最典型的实例，平面为矩形，巴西利卡三廊式空间，主立面中央为高耸的钟楼尖塔，后部为凸出的祭坛，门窗既有圆券形也有尖券形；南川甘家坝天主教堂（1936 年）、砚山鲁都克天主教堂（1909 年）体量较小，但同样是正立面居中向上凸起单座塔楼的形制。（图 4-36）

1　赖德霖，伍江，徐苏斌．中国近代建筑史 第三卷 民族国家——中国城市建筑的现代化与历史遗产 [M]. 北京：中国建筑工业出版社，2016:83-85.

a. 重庆若瑟堂（来源：自摄）

b. 南川天主教堂（来源：《中国近代基督宗教教堂图录（下）》）

c. 荣昌昌元天主教堂（来源：《中国近代基督宗教教堂图录（下）》）

d. 南川甘家坝天主教堂（来源：《中国近代基督宗教教堂图录（下）》）

e. 砚山鲁都克天主教堂（来源：《中国近代基督宗教教堂图录（下）》）

图 4-36 英国教区教堂风格的天主教堂

在此基础上，融入本土建筑语汇，经过“转译”后又形成了各种本土化样式。如迪庆茨中天主教堂（1914 年）平面为矩形，入口上方有塔楼，顶部再加一个中式四角攒尖顶亭子，室内布满传统彩画，融合天主教、汉族、藏族等多种文化；泸定磨西天主教堂（1922 年）、重庆江北天主教堂（1928 年）等，屋顶有中式亭阁，是英国教区教堂风格在西南地区的一种本土化演变。（图 4-37）

### （6）从中式到西式立面的演变过程

将西南近代天主教堂中运用较多的几种立面风格进行简化，可以发现其演变规律，大致可以分为几个时期：一是禁教时期，最早的天主教堂外观与中式民居一致，以横

a．迪庆茨中天主教堂（来源：自摄）

b．泸定磨西天主教堂（来源：“微甘孜”微信公众号）

c．重庆江北天主教堂（来源：《中国近代基督宗教教堂图录（下）》）

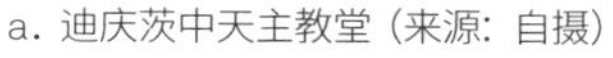

图 4-37　本土化英国教区教堂风格的天主教堂

向长边作为教堂主立面，相应地采用了中式立面风格；到 19 世纪中叶，教堂入口由横向长边转向纵向短边（即山墙面），出现了以歇山顶殿堂山墙面作为入口立面的形式。二是 19 世纪下半叶，出现了中式砖石牌楼风格立面，贵阳南、北天主教堂较早模仿砖石牌楼作为教堂主立面构图，这一样式逐渐成为西南近代最主要的天主教堂立面风格之一。在中式砖石牌楼构图的基础上，又增加了玫瑰花窗、圆券门、尖券门、十字架等西式教堂装饰元素，衍生出中西融合的风格。三是 20 世纪初，出现了简化的西式风格立面，受开埠及西方殖民势力介入等影响，在教案后重建的天主教堂，由中式牌楼立面构图中演变出简化的西式风格立面，包括巴洛克式、罗马风式、哥特式，还有英国教区教堂式等。四是云南地区带有地域特色的天主教堂，典型立面有两种：一是大理天主教堂采用的中式殿堂与木构牌楼结合的立面，二是维西教区常见的中式乡村小教堂的立面风格。（图 4-38）

## 3. 中西融合的天主教堂空间与装饰

### （1）巴西利卡式空间的本土化转译

西方的巴西利卡式教堂，采用“纵横比例相差很大的长方形平面，以狭端为正立面，用两排或四排柱子纵向分室内空间。中间部分窄而高，有利于酝酿一种宗教的神

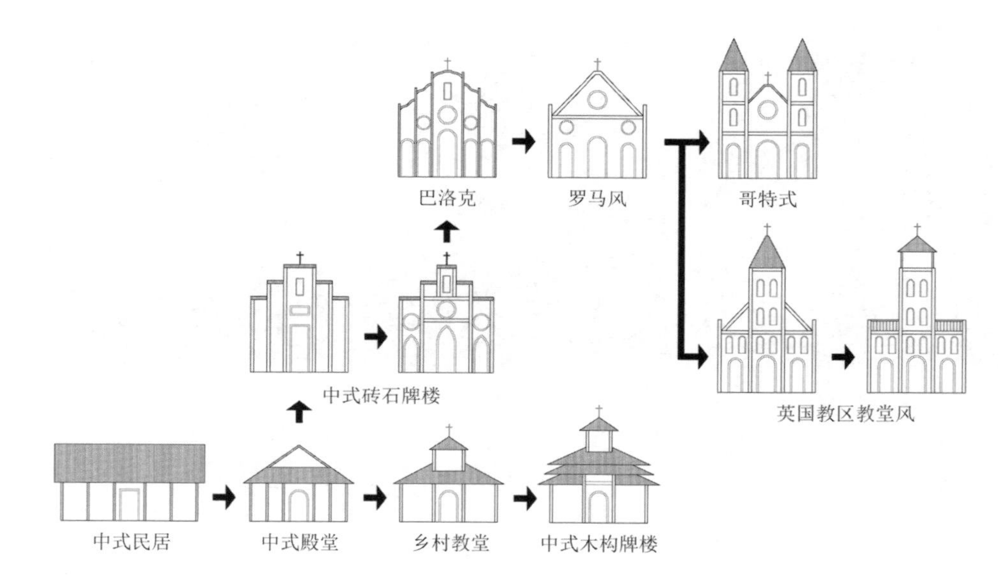


图 4-38 西南近代天主教堂立面风格演变示意图（来源：自绘）

秘情绪，最后才是空间的高潮基督祭坛”。[1] 这种巴西利卡式的空间氛围在哥特式教堂中得以延续，“中殿高、侧廊低、后殿向外凸出”的三廊式格局，是西方天主教堂最主要的空间意向。

在西南近代天主教堂中，“拉丁十字”和“希腊十字”平面布局的教堂非常少，最常见的是矩形平面，中式传统建筑“间架”式平面和木构架比较容易与巴西利卡式空间相契合。由早期中式建筑横向布局的教堂，发展到纵向布局的巴西利卡式教堂，可以沿用中式木构架，并不需要结构的创造。中式抬梁式或插梁式木构架，室内两排金柱间为四架或六架梁，跨度大，两侧金柱与檐柱间跨度小，自然形成中间高，两侧低的空间。早期教堂室内不做吊顶，后期增加平顶、拱形、尖券形或四分肋骨拱形吊顶后，室内空间氛围与西式教堂更接近。教堂入口由正立面转向山墙面后，室内空间不再受进深和开间的限制，祭坛设在最后端，可以根据需要增加间数来调节教堂纵深空间。如大理天主教堂、舒家湾天主教堂、邓池沟天主教堂、崇州天主教堂、巴川天主教堂、牟礼天主教

1　董黎 . 中国近代教会大学建筑史研究 [M]. 北京 : 科学出版社 ,2010:27.

堂、永嘉天主教堂等，均为抬梁与穿斗结合木构架营造出的巴西利卡式空间。20 世纪后，也有采用砖（石）木结构建造巴西利卡式教堂的，如石马天主教堂、茨中天主教堂、重庆若瑟堂、巴川天主教堂、南川天主教堂、永嘉天主教堂等。（图 4-39）

西南近代天主教堂室内模仿“中殿高、侧廊低、后殿凸出”巴西利卡式空间，但受限于中式木构架为主的结构体系，又带来诸多变化，主要有以下类型：

① 单跨或单间

在一些乡间小教堂尤其是修院小经堂中，通常采用单开间或单跨结构，半圆形的祭坛与室内空间融为一体，相应的室内可以做成平顶或拱顶。如重庆慈母山修院经堂室内为四分肋骨拱顶，宜宾玄义玫瑰教堂室内为拱券顶，成都平安桥大修院内的小经堂、贵阳六冲关修院经堂、镇远周大街天主教堂等室内为平顶。（图 4-40）

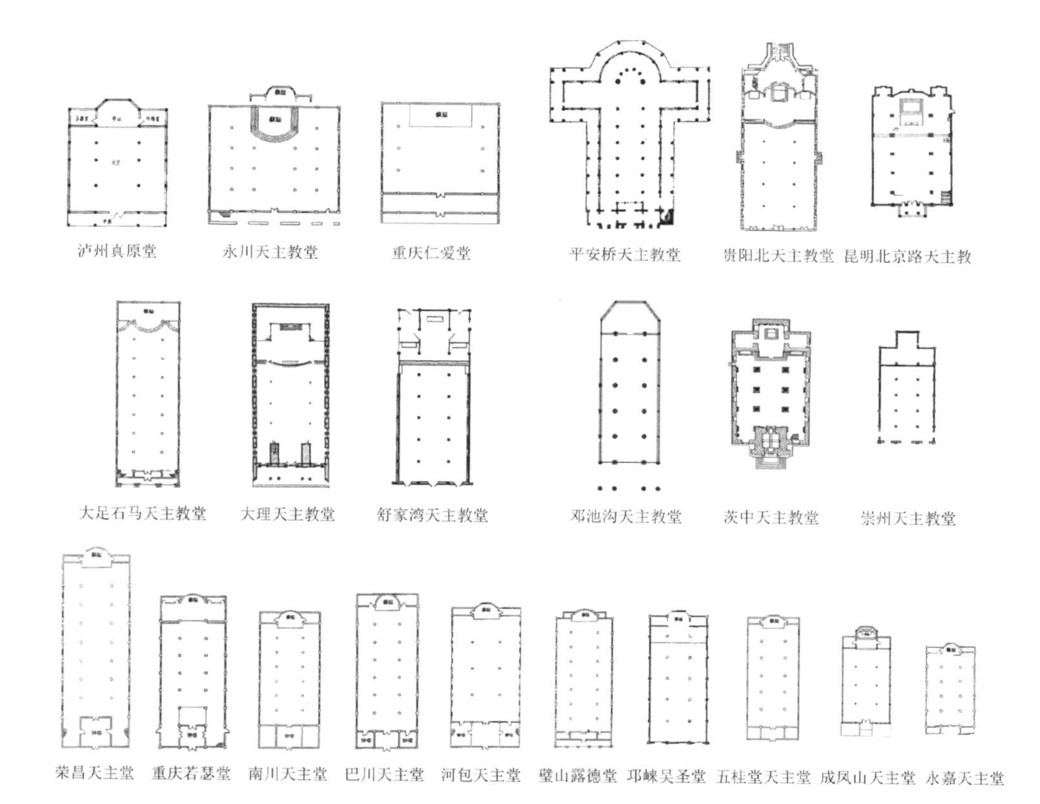


图 4-39　西南近代天主教堂平面形式（来源：整理绘制）

a．重庆慈母山修院经堂室内（来源：自摄）

b．成都平安桥大修院经堂室内（来源：自摄）

c．贵阳六冲关修院经堂室内（来源：《中国近代基督宗教教堂图录（下）》）

图 4-40　单跨或单间的天主教堂室内

② 三廊式屋架露明

这类天主教堂室内不做吊顶，木屋架直接露明，此种类型多用在一些中式教堂中，一般规模较小，祭坛设在室内。如潼南双江天主教堂、马桑坝天主教堂，室内均为穿斗与抬梁结合的传统木屋架，铜仁流水天主教堂室内为三角形桁架，所有木屋架外露，不做吊顶装饰。（图 3-10）

③ 三廊式吊平顶

这类天主教堂结构以砖木结构为主，屋架通过吊顶被整体隐蔽，虽然仍形成三廊式平面，但室内吊顶在同一个标高，失去了中殿高、侧廊低的典型特征，祭坛一般位于室内，或略向外凸出。室内柱子有时会装饰成西式古典柱头，如大足石马天主教堂、永川书院巷天主教堂、荣昌河包天主教堂、南川甘家坝天主教堂等建筑中出现的柱头。（图 4-41）

④ 巴西利卡三廊式吊平顶

这类天主教堂结构又分为木结构和砖（石）木结构。一种是采用木构架的三廊式教堂，中殿跨度大，空间高，侧廊空间低，通过吊顶形成不同标高的平顶，后殿（祭坛）一般向外凸出，如崇州天主教堂、崇州元通天主教堂、泸定和平天主教堂、永川周家湾天主教堂、弥勒滥泥箐天主教堂等即为此种形制。另一种是砖石发券砌筑的三

a．大足石马天主教堂室内（来源：《中国近代基督宗教教堂图录（下）》）

b．永川书院巷天主教堂室内（来源：《中国近代基督宗教教堂图录（下）》）

c．荣昌河包天主教堂室内（来源：《中国近代基督宗教教堂图录（下）》）

d．石阡天主教堂室内（来源：《中国近代基督宗教教堂图录（下）》）

图 4-41　吊平顶的三廊式天主教堂室内

廊式教堂，室内为中殿高、侧廊低、后殿凸出的平顶，如迪庆茨中天主教堂、重庆江北天主教堂，采用砖石砌筑具有承重功能的圆形拱券，支撑室内平屋顶，形成巴西利卡式的中殿高、侧廊低的三廊式空间。（图 4-42）

⑤ 巴西利卡三廊式吊拱顶

这类天主教堂室内空间为“中殿高、侧廊低、后殿凸出”，与西方巴西利卡式教堂接近，从数量上看也是西南近代天主教堂室内最常见的形式。其中，有采用中殿吊拱顶，侧廊吊平顶的，如绵阳秀水天主教堂、泸定天主教堂、铜梁永嘉天主教堂、西昌德昌天主教堂、峨眉山龙池天主教堂、达维桥天主教堂、磨西天主教堂、邛崃吴圣堂、柏林天主教堂等；也有中殿与侧廊都吊拱顶或弧形顶的，如安顺镇宁天主教堂、通州天主教堂、合隆天主教堂、璧山露德堂、宜宾拱星街天主教堂、峨眉山拆楼天主教堂、白汉洛天主教堂等。（图 4-43）

a. 泸定和平天主教堂室内（来源:《中国近代基督宗教教堂图录（下）》）

b. 崇州天主教堂室内（来源:《中国近代基督宗教教堂图录（下）》）

c. 弥勒滥泥箐天主教堂室内（来源:《中国近代基督宗教教堂图录（下）》）

d. 永川周家湾天主教堂室内（来源:永川文物保护管理所）

e. 迪庆茨中天主教堂室内（来源:《中国近代基督宗教教堂图录（下）》）

f. 重庆江北天主教堂室内（来源:《中国近代基督宗教教堂图录（下）》）

图 4-42　巴西利卡三廊式吊平顶的天主教堂室内

a. 泸定天主教堂室内（来源:《中国近代基督宗教教堂图录（下）》）

b. 西昌德昌天主教堂室内（来源:《中国近代基督宗教教堂图录（下）》）

c. 峨眉山龙池天主教堂室内（来源:《中国近代基督宗教教堂图录（下）》）

d. 通州天主教堂室内（来源:《中国近代基督宗教教堂图录（下）》）

e. 镇宁天主教堂室内（来源:《中国近代基督宗教教堂图录（下）》）

f. 成都平安桥天主教堂室内（来源:自摄）

g. 峨眉山拆楼天主教堂室内（来源：《中国近代基督宗教教堂图录（下）》）

h. 宜宾拱星街天主教堂室内（来源：《中国近代基督宗教教堂图录（下）》）

i. 白汉洛天主教堂室内（来源：《中国近代基督宗教教堂图录（下）》）

图 4-43　巴西利卡三廊式吊拱顶的天主教堂室内

⑥ 巴西利卡三廊式吊尖券顶

这类天主教堂室内空间也为“中殿高、侧廊低、后殿凸出”，采用带有哥特式装饰特征的尖券形吊顶或四分肋骨拱吊顶。西南近代天主教堂的外立面与室内装饰风格并不一致，往往是不同风格元素的混合使用。如宝兴邓池沟天主教堂外观为中式风格，穿斗式木构架，室内采用四分肋骨拱吊顶；贵阳北天主教堂外立面为中式砖石牌楼式，内部为尖券顶；遵义湄潭天主教堂外观为巴洛克风格，室内采用四分肋骨拱吊顶；巫山庙宇漕天主教堂、宜宾文星街天主教堂外观为简化的罗马风，室内采用四分肋骨拱吊顶；荣昌昌元天主教堂、南川天主教堂外观为英国教区教堂风格，室内采用四分肋骨拱顶。（图 4-44）

综上所述，西南近代天主教堂本土化的三廊式巴西利卡式空间是通过砖木结构梁架加上吊顶来实现的，归纳其三廊式空间类型有：三廊式屋架露明、三廊式吊平顶、巴西利卡三廊式吊平顶、巴西利卡三廊式吊拱顶、巴西利卡三廊式吊尖券顶等结构形式。（图 4-45）

（2）巴西利卡式空间的结构体系

西南近代天主教堂最典型的结构为穿斗与抬梁结合的中式木屋架，利用三角形坡屋面中跨与边跨梁枋的高差，再结合不同高度和弧度的吊顶，自然形成中殿高，侧廊低的空间，结构逻辑清晰，成功地将本土工匠的经验和智慧运用到西式教堂空间中。

a. 贵阳北天主教堂室内（来源：自摄）

b. 荣昌昌元天主教堂室内（来源：自摄）

c. 宜宾文星街天主教堂室内（来源：《中国近代基督宗教教堂图录（下）》）

d. 宝兴邓池沟天主教堂室内（来源：成都映象 IMPRESSION”微信公众号）

e. 巫山庙宇漕天主教堂室内（来源：自摄）

f. 遵义湄潭天主教堂室内（来源《中国近代基督宗教教堂图录（下）》）

图 4-44　巴西利卡三廊式吊尖券顶的天主教堂室内

如宝兴邓池沟天主教从室内看是西式四分肋骨拱木吊顶，上部梁架为四川地区典型的穿斗式木构架；金堂舒家湾天主教堂、高板天主教堂也采用中式穿斗式木构架。

但这样的结构体系最大的问题在于受限于中式木构架形成的较平缓的屋顶坡度，若做吊顶，须位于中殿抬梁或穿枋下方，由此形成的拱券、尖券或四分肋骨拱的高度低，矢高小。如果要进一步追求室内向飞升的效果，室内尖券的矢高要增大，传统木屋架则无法满足。贵阳北天主教堂采用了西式木桁架，屋架用两根斜向的大木梁，中殿和侧廊间有大量斜向和水平向联系构件，形成了室内较高耸的尖券形吊顶，但这一结构形式并未得到推广。

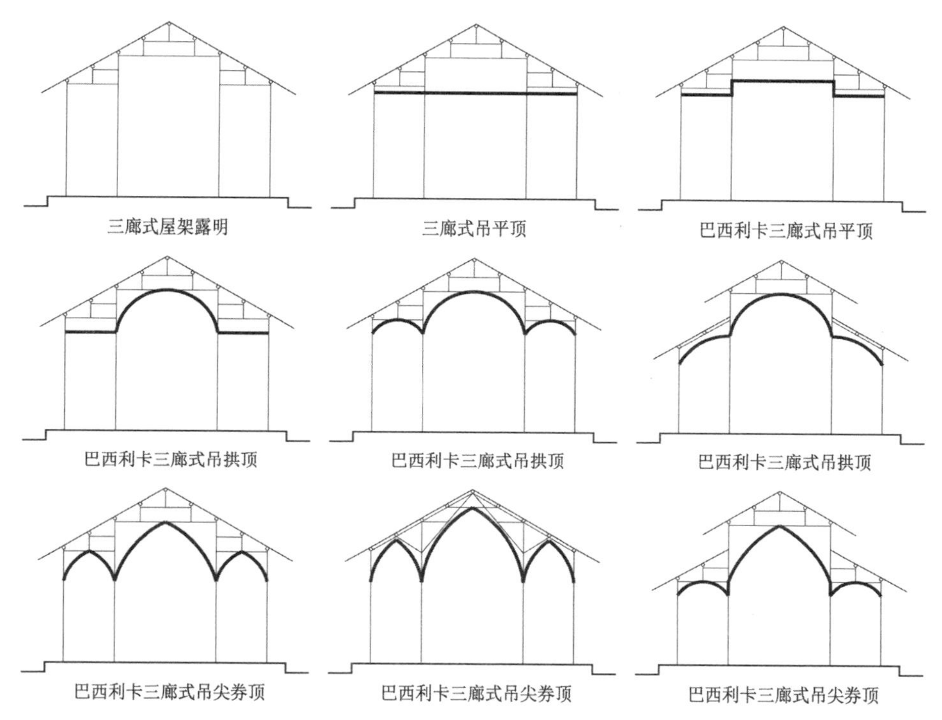


图 4-45　西南近代天主教堂三廊式空间类型（来源：自绘）

西南地区还有一类砖（石）木结构的天主教堂，通常将中殿加高到两层，向上凸起，形成中间通高的空间，这样留出足够的高度来做尖券或四分肋骨拱吊顶，侧廊高度低，形成高低对比，更接近哥特式教堂的室内空间氛围。如巫山庙宇漕天主教堂、荣昌昌元天主教堂、南川天主教堂等，均是这一结构形式的典型代表。（图 4-46）

西方哥特式教堂的拱券、尖券、十字拱和肋骨拱等既是结构受力构件，也是装饰构件。而西南近代天主教堂无论是平顶、拱顶、尖券顶，还是四分肋骨拱顶，均采用设置吊顶作法。比如金堂高板天主教堂为穿斗式木屋架，中殿的拱形吊顶仍在，侧廊的平吊顶已毁，只留痕迹；铜梁巴川天主教堂为巴西利卡式，中殿和侧廊吊拱形顶，屋顶为中式瓦屋面，在顶部夹层内，可以看见穿斗式梁架和冷摊瓦屋面，室内拱形吊顶为泥板条，悬吊于上方的梁枋上。（图 4-47）

以结构难度最大的四分肋骨拱顶为例，西方教堂中肋骨拱是重要的受力构件，后来发明了飞扶壁来支撑拱券的侧向推力。但中国工匠并不掌握肋骨拱的发券技术，更

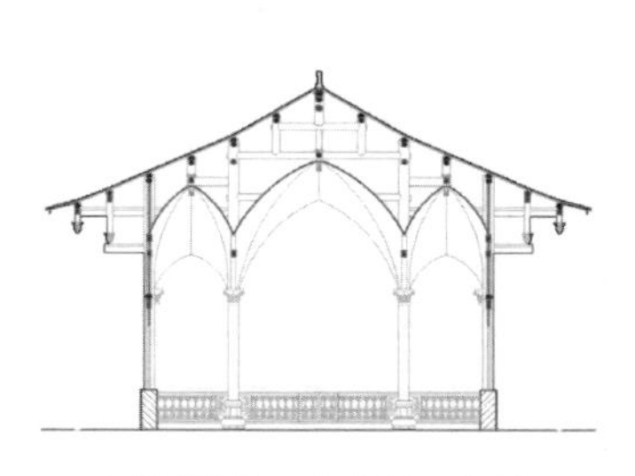

a．宝兴邓池沟天主教堂经堂剖面图（来源：自绘）

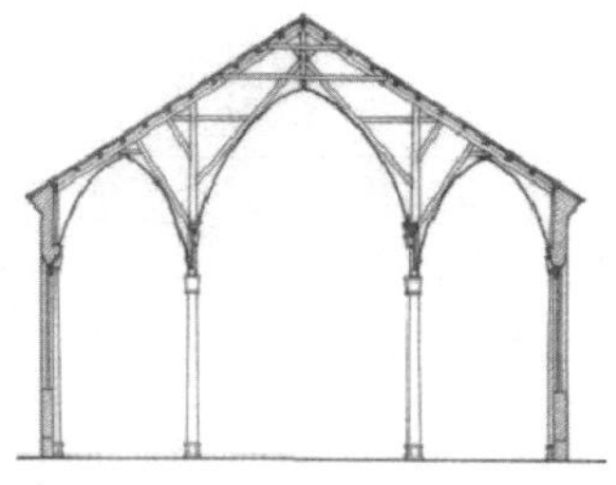

b．贵阳北天主教堂剖面图（来源：《贵阳北天主堂建筑考察及其历史研究》）

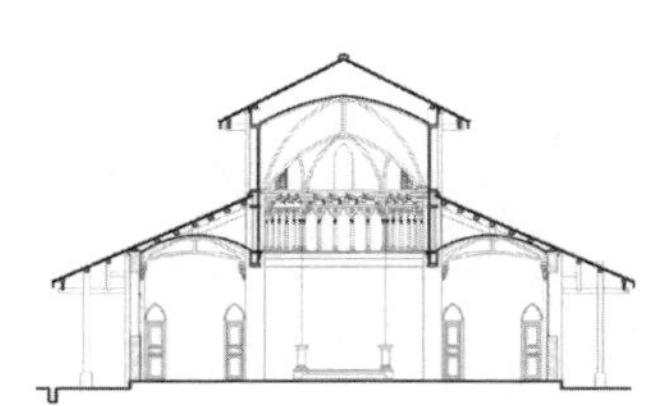

c．巫山庙宇漕天主教堂剖面图（来源：自绘）

图 4-46　西南近代天主教堂的屋架结构体系

a. 金堂高板天主教堂室内（来源：《中国近代基督宗教教堂图录（下）》）

b. 铜梁巴川天主教堂室内（来源：《中国近代基督宗教教堂图录（下）》）

c．铜梁巴川天主教堂屋架（来源：自摄）

图 4-47　西南近代天主教堂的吊顶做法

不懂得加大柱墩或建造飞扶壁来承受侧向推力，所以他们采用了木板条吊顶来完成传教士们要求的室内效果。“建于 1870 年的南京石鼓路天主堂以及 1906 年的上海徐家汇天主堂都如出一辙地使用木构造加粉刷的方法制作原本应该用砖（石）砌筑的四分尖券肋骨拱顶乃至于束柱。”[1] 宝兴邓池沟天主教堂和巫山庙宇漕天主教堂的肋骨是用弯曲的木龙骨制作，肋骨相交的中心点由屋架上垂下的吊杆悬挂，曲面则采用泥板条加抹灰制作，不承受任何屋顶的荷载。

1　李海清 . 中国建筑现代转型 [M]. 南京：东南大学出版社 ,2004.

### （3）天主教堂中的地域风土装饰特征

西南近代天主教堂除了结构沿用地域风土建筑穿斗式木构架，立面借鉴砖石牌楼、木构牌楼样式外，在装饰中也融合中西方各种元素，还融入了地域和民族建筑的特征。

砖石牌楼式天主教堂立面既有西式教堂的装饰元素，又有大量中式装饰元素。如贵阳北天主教堂立面顶部有十字架，中间有玫瑰花窗，底部有尖券门等西式教堂装饰，而石构门框、瓦屋顶、屋脊是中式风格，大量山水、花鸟、龙凤和人物彩塑，以及石雕也是以中式题材为主的。宜宾玄义玫瑰教堂的经堂立面采用川渝地区传统碎瓷片拼花工艺来做装饰，用青花碎瓷片拼合成边框及各种图案，其中有西式的锚与宝剑、螺旋柱式、教会拉丁字母等，也有中式传统的几何纹样、卷草纹，以及各式花卉、“瓶生三戟”、葡萄、蝙蝠等吉祥图样，此外还有一些传统建筑不常用的图案，比如螃蟹，可以看出传教士们在选用装饰题材时，并没有中国传统工匠的各种禁忌，东西方的各种题材、图案皆可使用，这在后来基督教会建造的华西协和大学建筑中更为突出。（图 4-48）

大理天主教堂采用中式殿堂式结构和形制，屋顶为重檐歇山，翼角向上飞升，起翘很高，檐口斗栱尺寸小，每层均出斜栱，是典型的云南古建筑的传统做法，檐下额枋、垫板、封檐板等带有中式题材的雕刻，梁枋等木构件施以云南当地的青绿两色彩画，门口的石雕亦为中式图案。此外，局部还有西式装饰题材，入口三扇大门采用西班牙风格的螺旋柱，支撑拱券形门头，门楣上有西式风格的灰塑。茨中天主教堂与白汉洛天主教堂位于藏区，装饰题材不仅体现了中西方建筑文化的融合，还结合藏式建筑特点，茨中天主教堂的塔楼顶部为中式攒尖顶亭子，是官式建筑做法，室内吊顶的图案和色彩则融合了汉、藏建筑的装饰特点，白汉洛天主教堂也是类似的风格。（图 4-49）

## 三、基督教建筑中的外来与本土风格

### 1. 西式风格的基督教堂与医院

基督教传入西南地区是在 19 世纪 70 年代，比天主教晚约两个世纪。西南近代基督教堂数量比天主教堂少，建筑风格也不似天主教堂那么丰富，但基督教堂和医院建筑中出现了一些新风格。基督教在西南地区传播，一是按李提摩太城镇路线，在成都、重庆等地等经济较发达地区，借助教育、医疗等事业，城市中的教堂和医院建筑多为

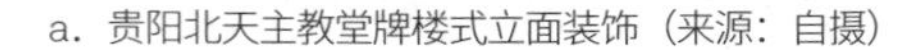

a. 贵阳北天主教堂牌楼式立面装饰（来源：自摄）

b. 宜宾玄义玫瑰教堂教堂牌楼式立面装饰（来源：自摄）

c. 宜宾玄义玫瑰教堂装饰一（来源：自摄）

d. 宜宾玄义玫瑰教堂装饰二（来源：自摄）

e. 宜宾玄义玫瑰教堂装饰三（来源：自摄）

图 4-48 川黔近代牌楼式天主教堂本土化的立面装饰

西式风格；二是按戴德生的乡村路线，深入西南乡间尤其是少数民族地区传教，乡间教堂建筑多为本土风格。

### （1）希腊十字平面的基督教堂

在西南近代城市中建造的基督教堂规模往往较大，多用“希腊十字”平面布局。这样的平面形式在近代中国的基督教堂和教会大学建筑中曾广泛采用，比如广文学堂礼堂、福建协和大学等。“这种建筑在外观上不表现功能的宗教性，而是强调造型的

a. 大理天主教堂中式屋顶和斗栱（来源：自摄）

b. 大理天主教堂中式斗栱（来源：自摄）

c. 大理天主教堂中西合璧式的大门（来源：自摄）

d. 茨中天主教堂汉藏融合式屋顶（来源：自摄）

e. 茨中天主教堂汉藏与西式融合的室内装饰（来源：自摄）

图 4-49　云南近代天主教堂本土化的立面和室内装饰

向心性和各个立面在视觉上的完整性和均衡性。”[1]

阆中有两座基督教堂，均为希腊十字平面。早期建造的三一堂为中心对称布局，采用与川东北传统民居相同的穿斗式木构架，小青瓦屋面，应是由当地工匠建造；基督教福音堂（1908 年）是西南近代规模最大的基督教堂之一，聘请澳大利亚工程师饶哲夫设计，希腊十字平面，砖木结构，室内为芬式木屋架，支撑起两层通高的大空间，青砖外墙，重檐屋顶，素筒瓦屋面。此外，云南景洪曼允教堂和教会医院（1917 年）平面也均为希腊十字，墙体用当地江边的鹅卵石砌成。（图 4-50）

1　赖德霖，伍江，徐苏斌．中国近代建筑史 第三卷 民族国家——中国城市建筑的现代化与历史遗产 [M]. 北京：中国建筑工业出版社，2016:92.

a. 阆中基督教三一堂（来源：《中国近代基督宗教教堂图录（下）》）

b. 阆中基督教福音堂（来源：《中国近代基督宗教教堂图录（下）》）

c. 阆中基督教福音堂（来源：自摄）

d. 景洪曼允教堂（来源：白凡摄影）

图 4-50　采用希腊十字平面的近代基督教堂

### （2）简化哥特复兴风格的基督教堂

基督教是英格兰和美洲英语地区的主要宗教，教堂多为哥特复兴式建筑风格，中国的基督教传教士多来自美国、英国和加拿大，所以教堂也带有哥特复兴风格特征。上海圣三一教堂、国际礼拜堂等均是典型的哥特复兴式风格，外立面有尖塔、尖券形窗等典型装饰，室内为大跨度的芬式木屋架，不像天主教堂强化三廊式空间。

西南近代城市中的大型基督教堂也带有哥特复兴风格特征，但已简化装饰，室内多采用大跨度的芬式木屋架，比如阆中基督教福音堂和成都基督教恩光堂。成都基督教恩光堂前身为四圣祠礼拜堂（1894 年），因成都教案被毁后重建，在义和团运动中再次被毁，现存教堂于 1920 年重建，室内为芬式木屋架，形成两层通高的大空间，外墙为青砖砌筑，与阆中基督教福音堂相似。该教堂由苏继贤（William G.Small）设计并督造，据记载，苏继贤曾手把手教当地匠人如何建造基督教堂的结构，当年人们称他为“苏木匠”，该教堂的建造过程也体现了中西方建筑技术的交流。（图 4-51）

### （3）新古典主义风格的基督教医院

对于“新古典主义建筑”，并没有一个权威的定义。不同的理论家会给出不同的解释。正因为如此，新古典主义不像古典主义那样封闭、僵化，而在走向现代的过程中形成一个开放的系统。然而，在建筑概念上，“古典”(CLASSIC)、“新古典主义”(NEO-CLASSICISM)、“古典主义”(CLASSICISM)、“古典复兴”(CLASSICAL REVIVAL)、“复古主义”往往又相互混淆，呈现出纷繁混乱、莫衷一是的状态[1]。

a．成都基督教恩光堂（来源：自摄）

b．成都基督教恩光堂室内（来源：自摄）

c．上海衡山国际礼拜堂（来源：“上海老底子”微信公众号）

d．上海衡山国际礼拜堂室内（来源：“上海老底子”微信公众号）

图 4-51　成都基督教恩光堂与上海衡山国际礼拜堂的比较

1　严何．古韵的现代表达——新古典主义建筑演变脉络初探 [D]. 上海：同济大学，2009:1.

从西方新古典主义的起源来看，这是一种向古希腊、罗马的艺术法则回归的人文主义运动。19 世纪开始新古典主义风格“在建筑中融入了历史风格，不仅是回到古希腊和古罗马，而是回到古代建筑发展的每一个成功的阶段，不管是早期基督教建筑、罗马风式、哥特式、文艺复兴式、巴洛克式还是洛可可式，都把历史看作是辉煌的思想源泉”。[1]

近代传入中国的新古典主义风格建筑，最早出现在沿海沿江的开埠城市，在洋行建筑和教会学校、医院中采用较多。新古典主义风格传入西南地区的时间较晚，大约在 19 世纪末，基督教会学校、医院建筑中才开始采用新古典主义风格。典型特征包括：一是平面为“工字形”或“王字形”，立面采用新古典主义的“横三段纵三段”或“横五段纵三段”式构图，在横向上利用平面的凹凸形成立面的起伏变化，在纵向上明确区分基座、墙身和屋顶三部分；二是以砖木结构为主，局部辅以钢筋混凝土结构、钢结构或铸铁结构，外墙采用砖墙承重，以清水墙居多；三是屋顶由纵横交错的几个坡顶组成，或为更复杂的孟莎式屋顶，中部入口和两翼顶部为山花墙，中部山花墙一般会作为装饰的重点，也有采用平顶阁楼的；四是立面上采用较为纯正的西方古典主义的科林斯、爱奥尼等柱式。

成都陕西街的存仁医院是较早由教会修建的西式建筑，砖木结构为假 3 层，以外廊作为主要特征，立面横向分为三段，中段凸出，一层增设入口门廊，左右两段为券柱式外廊，清水砖墙，檐口下和层间有红砖装饰线脚。屋顶采用十字相交的屋脊形式，后侧建有高耸的哥特式钟楼，屋面为素筒瓦，戗脊呈曲线，似有举折做法，屋顶开有老虎窗，有烟囱突出屋面。（图 4-52）

重庆仁爱堂（1900 年）位于七星岗山城巷，紧邻原英、法领事馆，是重庆教区唯一的天主教女修院和大型教会医院，仁爱堂建筑群包括仁爱堂医院、女修院、办公楼、钟楼等。仁爱堂医院为砖木结构，平面呈“T”字形，立面为古典主义构图，靠山城巷一侧中间入口处为经堂，有 4 根科林斯壁柱，室内也有较为标准的科林斯柱式，其余壁柱为爱奥尼式，从老照片上看，靠江一侧的立面采用了券柱式外廊，屋顶有女儿墙和宝瓶栏杆，内天沟排水。一侧独栋的办公楼则为典型的外廊式建筑，券柱式结构。（图 4-53）

---

1　郑时龄 . 上海近代建筑风格 [M]. 上海 : 上海教育出版社 ,1999:160-161.

a．陕西街存仁医院（来源：Rolling Thamas Chamberlin 摄影）

b．陕西街存仁医院钟楼（来源：华西校友会微博）

图 4-52　成都陕西街存仁医院

a．仁爱堂主楼沿江面（来源：“重庆老街”微信公众号）

b．仁爱堂手绘鸟瞰图（来源：《重庆近代城市建设》）

图 4-53　重庆仁爱堂

成都仁济医院是基督教在西南地区创办较早的近代医院之一。1892 年，加拿大英美会传教士从上海沿着长江、岷江而上，抵达成都，开始在四圣祠北街传教，1894 年，修建了四圣祠经堂。1892 年，启尔德（O.L. Kilborn）在四圣祠街创办仁济医院，限收男病人，又称四圣祠仁济男医院，1895 年，“成都教案”中仁济医院被毁，1907 年开工，扩建医院新大楼，1913 年落成，正式命名为四川红十字会福音医院，1914 年，更名为“仁济男医院”。新医院大楼为新古典主义风格，平面为“王字形”，立面为“横五段纵三段”式构图，中间与两侧屋顶有山花墙，开拱券形窗，顶部有复杂的线脚装饰，中间两段为券柱式外廊，墙体为青砖砌筑，红砖作装饰带。

1896年，启希贤（R.G. Kilborn）在男医院中开设妇孺病房，因为当时“男女授受不亲”的习俗，后在临近的新巷子筹建一所女子医院。1915年，惜字宫南街新建的女医院大楼落成，定名为仁济女医院。仁济女医院大楼与仁济男医院大楼在平面布局和立面构图上基本一致，两侧为三角形山花墙，中段加高1层，采用平屋顶阁楼，仿安妮女王风格。

将基督教建造的成都仁济男医院和仁济女医院大楼，与耶稣会建造的上海徐汇公学新大楼（1918年）和启明女中教学楼（1917年）相比，这些建筑的建造年代较为接近，虽分属不同教派，但均为新古典主义风格，与同一时期欧洲流行的建筑样式较为接近。这些建筑的相似之处在于：均为砖木结构，主体为二至三层，平面为“王字形”“横五段纵三段”式构图，左、中、右三段的屋顶做成山花墙，外立面以清水砖墙为主。这些建筑的区别之处在于：上海的教会学校属天主教耶稣会，是法国传教士主持，受法国文艺复兴建筑风格影响较大，而成都的基督教医院建筑是美国和加拿大传教士主持，受英国都铎式建筑风格影响更大。（图4-54）

a. 成都仁济男医院大楼（来源：“成都市第二人民医院”微信公众号）

b. 成都仁济女医院大楼（来源：“成都市第二人民医院”微信公众号）

c. 上海徐汇中学崇思楼（来源：1942学业成绩展览纪念册）

d. 上海第四中学启明楼（来源：1927年校刊）

图4-54 成都仁济医院大楼与上海教会学校大楼的比较

## 2. 本土风格的乡间基督教堂

### （1）中式民居风格的基督教堂

基督教在西南乡间的传播较为成功，乡间基督教堂功能不似天主教堂那么复杂，建筑样式也更为简洁，无论是选址还是建筑样式，都尽可能与周边环境融合，尽量采用当地民居的材料与样式。比如重庆巴南木洞福音堂是建于清末的四合院民居，后来被改为基督教堂；云南新平坝多基督教堂（1929 年）为两层楼的民居样式；大关凉风坳基督教堂为单层民居样式。临沧双江彝家基督教堂、宁蒗西布河新村基督教堂等乡村教堂为单层悬山顶，样式与当地民居相近，入口改在山墙面；思茅市墨江果园坡耶稣教堂（1939 年）为两层，入口也在山面，这是与当地民居最大的差异。大理基督教堂（1925 年）体量稍大，从外观上看是传统中式建筑，石木结构，入口在山墙面，上方有一个小阁楼。（图 4-55）

a．重庆木洞福音堂（来源：自摄）

b．临沧彝家基督教堂（来源：杨富明摄影）

c．宁蒗西布河新村基督教堂（来源：郭志海摄影）

d．大理基督教堂（来源：自摄）

图 4-55 西南乡村近代基督教堂的建筑风格

### （2）少数民族建筑风格的基督教堂

基督教在西南少数民族地区传教非常成功，苗族、傈僳族、景颇族、佤族、拉祜族、独龙族、彝族等民族中信众较多，涌现出了像贵州威宁石门坎这样在全球都具有影响力的传教示范区。在少数民族地区传教，需要更加努力地融入本土生活，其建筑多采用当地风格。最典型的是糯福教堂（1921 年），位于澜沧拉祜族自治县糯福村，为英籍传教士永伟里修建，曾在此用拉祜族、佤族语言和文字进行传教。糯福教堂为拉祜族干栏式木构围廊建筑，平面为双十字形相连，正中为经堂，两侧为教室，教堂下部为拉祜族干栏式柱脚，屋檐为拉祜族锯齿图样。（图 4-56）

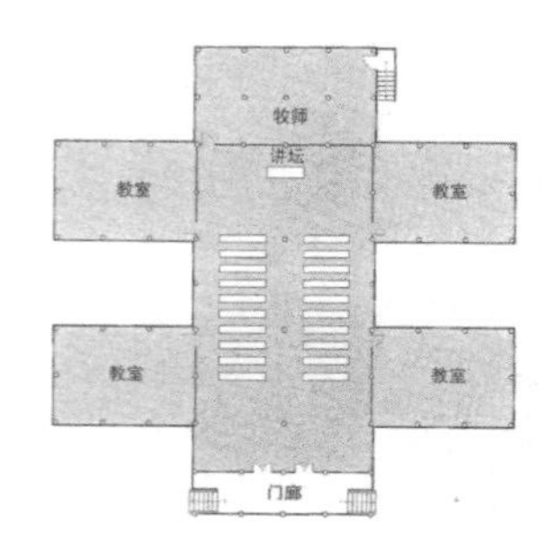


a. 糯福基督教堂平面图（来源：《云南基督教堂及其建筑文化探析》）

b. 糯福基督教堂正面（来源：李勇摄影）

c. 糯福基督教堂背面（来源：李勇摄影）

d. 拉祜族典型民居（来源：自摄）

图 4-56 澜沧糯福教堂的本土少数民族建筑风格

# 第五章　发展期：西式风格本土化与中式建筑复兴

西南近代建筑的发展期是 1911 年至 1933 年。1911 年辛亥革命后，西南进入军阀统治时期，同时也陷入了长达 20 余年的军阀战争的泥潭，相比于沿海沿江地区，西南近代建筑业发展缓慢。

清末新政时期，受全国各地“立宪”及“劝业”政策的影响，西式风格的门头逐渐成为代表“新政”的建筑象征。军阀统治时期，在行政机关、新式学校等建筑中沿用了西式门头来标榜时代的革新。军阀和士绅在乡间建造的庄园式公馆中，也融入了巴洛克装饰风格的门头。在军阀主导下，部分城市建造了少量骑楼街，采用“拼贴”式立面，内部是传统穿斗式或抬梁式木构架，沿街“装扮”成西式风格门脸。

这一时期，外廊式风格由重庆传入贵州，成为川黔两省军阀和士绅公馆的流行风格，并在传播过程中逐步本土化，演变出多种样式，由西式的券柱式外廊演变成中西合璧式的外廊。云南地区的法式洋房风格同样经历了本土化的演变过程。这时期的新古典主义建筑仍大量使用本土材料，并带有本土建造工艺特征。

基督教创办的教会学校中，在借鉴西方新古典主义建筑的平面布局和立面构图的基础上，融合地域风土建筑特征，创造出具有地域特色的中国民族形式。与此同时，传统书院面临转型，在继承中式建筑形制的基础上，也发展出符合新时代要求的建筑空间。20 世纪 30 年代开始，这些民族形式探索逐渐被模仿北方官式建筑的中国固有式风格替代。

# 一、巴洛克风格的本土化演变

## 1. 巴洛克风格建筑的类型与特征

### （1）清末新政时期的西式风格门头

晚清帝国在经历 1894 年中日甲午战争和 1900 年义和团运动后，被迫推行国家改革，力图在军事、官制、法律、商业、教育和社会方面进行一系列系统性改革，史称“新政”。1906 年，清政府宣布实行“预备立宪”，主要措施包括：编练“新军”、倡导商业、改革教育、改革官职、法律现代化等。1908 年，在各省开始筹设模仿西方立宪制国家地方议会的咨议局。

清末“新政”对全国建筑的影响主要体现在：一是出现了一批适应“宪政”和现代行政管理体制要求新功能类型的建筑，如资政院、大理院及各部办公楼；二是由于废除科举、推广新学，各省纷纷创办了新式学堂开展专业教育，出现了新的建筑风格；三是工业和商业更受重视并得到加强，各省的劝业会在商业发展中发挥了较大作用，也促进新建筑样式的发展；四是清末新政沿袭了洋务运动倡导的“中体西用”思想，以传统建筑中加入西式门头来作为新政的标志。

1910 年，清政府在南京举办了一次全国性的博览会，即南洋劝业会，由官商合办，历时半年，总计约有 20 万人次参观[1]。“南洋劝业会的目的是展示工商业出品，鼓励工商业的发展，此外，丰富的建筑类型和崭新的展览空间也是本次展览的一大亮点，表达了主办者对于现代化的追求以及中国各地改革者的支持。”[2] 南洋劝业会的会场展览建筑分为：本馆 13 个，展品以江南地区出品物为主，由两江总督署主办或代办；省馆 14 个，为各省自建，展出各省商品；此外还有 3 个特别馆、4 个专门实业馆和 1 个饮食出品所。

“南洋劝业会的本馆及各主要建筑由英资通和洋行设计。通和洋行为苏格兰建的事务所，活跃于上海和天津，他们也有对中国传统建筑风格的实践。南洋劝业会

1　何家伟 .《申报》与南洋劝业会 [J]. 史学月刊 ,2006:126.

2　赖德霖 , 伍江 , 徐苏斌 . 中国近代建筑史 第一卷 门户开放——中国城市和建筑的西化与现代化 [M]. 北京 : 中国建筑工业出版社 ,2016:552.

的承办者热衷于‘各国新式’建筑风格，为通和洋行创造了展示西方建筑形式的舞台。”“建筑群以白色为主色调。农业馆是本馆中唯一一栋中国传统风格的建筑。除农业馆外，建筑均‘模仿各国新式，相地建筑馆院’，但因资金不足，本馆除美术馆和水族馆外，均为单层建筑，高度均在 5 米左右，这也使所谓西式风格，却无从模仿西式建筑的复合构图和比例，只能局部模仿西式建筑的片段。”[1]

“省馆则主要采用中西合璧的建筑风格，其中又以中式屋顶加西式山形墙的形式最为常见。例如，东三省馆为一单层独立房屋，屋顶为中式歇山顶，入口处为一西式山形墙，突出屋顶之外，转角处为隅石砌构造。相似的形制还可见于河南、浙江和山东馆。云贵、四川和山陕馆则采用中式屋顶加入口处西式塔楼的形制。安徽、直隶二馆采用西式牌楼和中式建筑相结合的形式。”[2] 这些中西合璧风格建筑的建造逻辑，即是在传统建筑的立面上“拼贴”西式风格的门头或门楼，或采用巴洛克风格的大门。（图 5-1）

1894 年，中日甲午战争的战败使统治者极力想通过改革效仿西方和日本建立一支强大的军队。在这个背景下，清末新军开始创立，并发展成为推动中国近代社会转型的重要力量之一，也成为西南各省军阀将领的主要来源。为了操练新军，西南各省相继设立了新式军事训练学校，大多利用原有的校场、祠堂、寺观等建筑加以改造后作为教学场所。从老照片中可以看出，贵州陆军小学堂是利用原有中式殿堂改造而成，院内还有一座中式戏台。

云南陆军讲武堂正式开办于 1909 年，其前身是 1899 年设立云南陆军武备学堂，与天津北洋陆军讲武堂（1906 年）、奉天东北陆军讲武堂（1908 年）并称为三大讲武堂。1907 年开始新建校舍，1909 年建成开学，主体建筑是走马转角楼的四合院二层土木结构建筑，中间围合成大操场，建筑整体为中西合璧式风格，采用云南本土的素筒瓦屋面，东侧主入口在建筑外立面“拼贴”了巴洛克风格的西式门头，四柱三间，共三层，顶部为巴洛克风格山花墙，朝内则是中式歇山顶；朝向外操场的南入口为三开间券柱式外廊结构，屋顶样式为中式歇山顶。（图 5-2 ）

1　赖德霖，伍江，徐苏斌．中国近代建筑史 第一卷 门户开放——中国城市和建筑的西化与现代化 [M]. 北京：中国建筑工业出版社，2016:572-573.

2　同上．

a. 南洋劝业会东三省馆（来源：《中国近代建筑史（第一卷）》）

b. 南洋劝业会云贵馆（来源：《中国近代建筑史（第一卷）》）

c. 南洋劝业会湖北馆（来源：《中国近代建筑史（第一卷）》）

d. 南洋劝业会安徽馆（来源：《中国近代建筑史（第一卷）》）

图 5-1 南洋劝业会中的西式风格大门

a. 云南讲武堂建筑模型（来源：云南陆军讲武堂历史博物馆）

b. 云南讲武堂入口巴洛克风格立面（来源：自摄）

图 5-2 云南陆军讲武堂

晚清兴办军事学校的目的在于“专用西法”，“改洋操”也体现在建筑的平面布局上。云南陆军讲武堂主体建筑的平面接“回”字形，四面围合成大型内院，可以作为日常军事训练用的内操场。这种围合式建筑在同一时期全国各地创办的新式大学中较为常见，比如格里森设计的辅仁大学建筑平面，以及河北高等工业学堂都是四面围合成大庭院的形式。

### （2）军阀时期公共建筑中的巴洛克风格门头

辛亥革命后，西南各省均成立军政府、都督府等，相继废府设县，并成立市政公所。为了有别于传统的衙署，新时代的各级行政机关建筑中，普遍采取在传统建筑入口或立面“拼贴”西式风格门头。比如云南都督府大门为巴洛克风格，三间四柱式，柱顶出头，中为圆券形门洞，上部山花墙中间为拱形，两侧为三角形；昆明市政公所（1922 年）大门、昆明市警察局第一分局正立面、安宁县政府大门均为巴洛克风格，三间四柱式，柱顶出头，中为券形门洞，上部山花墙中间为三角形，两侧为巴洛克式弧线。（图 5-3）

贵州近代行政机关建筑也多用“拼贴”的西式风格门头，以巴洛克风格居多。比如 20 世纪 20 年代的贵阳县政府、贵州省地方保卫团干部培训营、炉山县凯里镇公所、贵阳无线电台等机构的大门，均为巴洛克风格，三间四柱式，柱顶出头，顶部为圆券或曲线线脚。（图 5-4）

军阀统治时期创办的近代新式学校，也多采用这种巴洛克风格大门。重庆渝北区回兴镇的中华职业学校，建筑为砖木结构两层，四合院布局，内有天井，校门为八字朝门的形式，顶部山花墙带有巴洛克线脚。云南石屏县龙朋镇恒升小学，1913 年创建，合院式平面，大门下部石砌，上部砖砌，顶部为巴洛克山花墙；红河县的思陀司乐育小学，1913 年由思陀土司李氏兴建，校门为 1927 年增建，三间四柱式，顶部有巴洛克线脚。贵州省立模范中学校校门为八字朝门，三间四柱式，壁柱出头，三角形山花墙；省立贵阳中学校门则为单开间，下部开拱券门洞，上部为巴洛克山花墙。军阀统治时期的近代新式工厂也有采用巴洛克风格门头的，卢作孚 1926 年在合川创办民生公司电灯部，1928 年，迁到慧灵宫（总神庙），大门由慧灵宫山门改成，为三间四柱八字朝门式，柱顶出头，山花墙带弧线，中间有圆洞，墙体抹面、线脚等带有西式特征。（图 5-5）

a. 云南都督府大门（来源：《一座古城的图像记录（上）：昆明旧照》）

b. 昆明市政公所大门（来源：《一座古城的图像记录（上）：昆明旧照》）

c. 昆明市警察局第一分局大门（来源：《一座古城的图像记录（上）：昆明旧照》）

d. 安宁县政府大门（来源：《一座古城的图像记录（上）：昆明旧照》）

图 5-3 云南近代行政建筑中的巴洛克风格大门

a. 贵阳县政府大门（来源：《贵州 100 年 • 世纪回眸》）

b. 贵州省地方保卫团干部培训营大门（来源：《贵州 100 年 • 世纪回眸》）

c. 炉山县凯里镇公所大门（来源《贵州100年·世纪回眸》）　d. 贵阳无线电台大门（来源:《贵州100年·世纪回眸》）

图5-4　贵州近代行政建筑中的巴洛克风格大门

a. 重庆中华职业学校校门（来源：刘春鸿摄影）

b. 红河思陀司乐育小学校（来源：李应发摄影）

c. 石屏龙朋恒升小学大门（来源：沈剑峰、张鉴鑫摄影）

d. 省立贵阳中学校门（来源：《贵阳老照片》）

e. 合川民生公司电灯部大门（来源：自摄）

图5-5　西南近代学校中和工厂的巴洛克风格大门

石屏一中建筑群更能体现这一时期新式学校的中西合璧风格。1923 年，乡绅陈鹤亭倡导创立石屏一中，当地绅商合力出资修建。整组建筑群平面为中轴对称的五进院落，第一进大门为巴洛克风格，三间四柱式，柱顶出头，拱券门窗，砖石装饰精美；第二进中门为单开间，顶部有巴洛克山花墙，拱券门洞；第三进企鹤楼为三层砖木结构，顶部再增加一座八角形楼阁，飞檐翘脚；第四进三佛殿为滇南典型的单层歇山顶殿堂；第五进准提阁为中式重檐歇山顶殿堂，后部连接一座六角形亭阁。（图 5-6）

a．石屏一中第一进大门（来源：自摄）

b．石屏一中第二进中门（来源：自摄）

c．石屏一中第三进企鹤楼（来源：自摄）

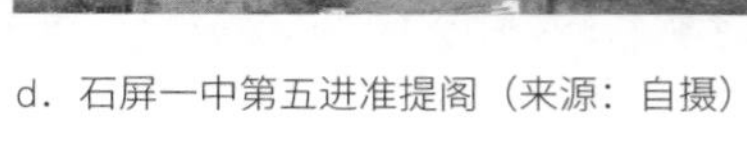

d．石屏一中第五进准提阁（来源：自摄）

图 5-6　石屏一中建筑群

和顺图书馆于 1928 年正式成立，以咸新社旧址为馆址，1938 年向国内外华侨募捐，在原址上进行翻修扩建。落成后的建筑整体为中西合璧风格，大门为中式风格，二门为西式风格，三间四柱式，柱顶不出头，青砖砌筑，每间均开拱券门；主楼为中式风格，砖木结构两层楼，五开间，在传统建筑样式上有所创新，正面左右两次间各伸出一个半六角形抱厦，二层为半六角形亭子。（图 5-7）

### （3）庄园式公馆中的巴洛克风格门头

军阀统治时期，除了上述公共建筑门头采用巴洛克风格外，在军阀和士绅的公馆、宗祠建筑中，同样广泛采用巴洛克风格门头。根据间数可分为一间、三间，根据形制可分为八字朝门和一字门等。最典型的是川西大邑庄园式公馆建筑群，在贵州、云南近代时期庄园式建筑中同样较为常见。

四川大邑县刘氏家族中的刘湘、刘文辉是四川军阀的代表人物，其族人及亲属在川军中任要职的人员众多。20 世纪三四十年代，在大邑安仁镇及周边的唐场镇、悦来镇、元通镇等地，集中建造了一批庄园式公馆，至今保留下来的有 27 座之多。这些公馆平面布局均为传统合院式，一般有数进院落。（图 5-8）主体建筑以木结构为主，对外的大门、二门则多为巴洛克风格。这种过度装饰化的门头糅合了东西方装饰图案和特征，不拘泥于传统，善用曲线等不规则形状，创造出了新的艺术形象。

a．和顺图书馆大门（来源：王黎锐摄影）

b．和顺图书馆二门（来源：王黎锐摄影）

图 5-7　和顺图书馆建筑群

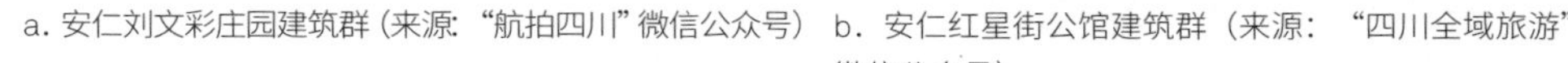

a. 安仁刘文彩庄园建筑群（来源：“航拍四川”微信公众号）　b．安仁红星街公馆建筑群（来源：“四川全域旅游”微信公众号）

图 5-8　安仁公馆建筑群鸟瞰

刘文辉公馆（1938 年）是安仁公馆的典型代表。由两座并列的合院式建筑组成，一座叫老公馆，一座叫廷庆堂，均为中轴对称的五进院落。主体建筑保持川西民居大宅院的风格，穿斗式木构架，厅堂有飞罩挂落，在着色及雕刻上也保持了川西民居的素雅特征。沿街为街面房，居中为入口，大门两侧为花园，与二门之间有长长的甬道，二门内才是起居生活空间。巴洛克风格的大门、二门是装饰的重点，老公馆大门为五间六柱，柱中有正反叠置的爱奥尼柱头涡卷及各种花饰；柱顶出头，中间二柱顶为龙鱼吻，两侧柱顶为虎，最外侧柱顶为鹿，意味“福禄”；转角柱顶有仙鹤挺立，脚下是水状波纹，寓意“一品当朝”；山花墙为阶梯状跌落，中间为往上凸起的扇形，下挂椭圆形宝镜及喜鹊、凤凰等，两侧还有小狮子，皆为灰塑。公馆厅堂两侧墙的“日门”“月门”同样为巴洛克风格，西式壁柱和山花，上有宝镜装饰。（图 5-9）

大邑安仁镇的刘文彩公馆、刘文成公馆、刘文昭公馆、刘元瑄公馆、刘元琥公馆等建筑的平面布局与刘文辉公馆的相似，为传统合院式，大门、二门均为巴洛克风格，三间四柱式为主，门头堆砌大量装饰，且顶部线条和装饰题材变化多端，没有完全一样的门头。（图 5-10）此外，安仁镇的刘湘公馆、陈月生公馆、刘树成公馆，悦来镇的冷寅初公馆，元通镇的张公馆等，还在院内建有西式洋楼，有的称为小姐楼。

安仁公馆建筑群的门头、围墙、槛墙等的工艺不同于清水砖墙，是在墙体砌筑后通过粉刷仿制出砖面肌理，底灰为石灰，面灰再掺锅底灰调色，刻出砖缝后再勾白缝，模仿各式青砖拼花图案，这是清末民国在川黔地区广泛流行的一种仿清水墙工艺，做工精细考究。

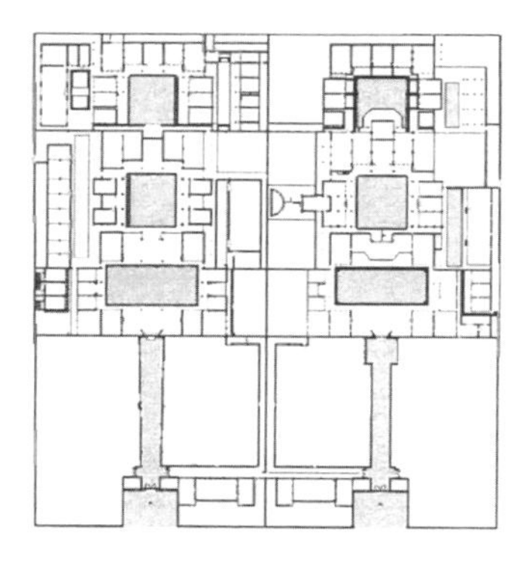

a．刘文辉公馆平面图（来源：《成都地区近代公馆建筑形态研究》）

b．刘文辉公馆鸟瞰图（来源：四川在线 - 华西都市报）

c．刘文辉公馆老公馆大门（来源：自摄）

d．刘文辉公馆老公馆大门装饰（来源："安仁文博"微信公众号）

e．刘文辉公馆延庆园二门（来源：自摄）

f．刘文辉公馆内院（来源：自摄）

图 5-9　安仁刘文辉公馆建筑群

a．安仁公馆大门一（来源：自摄）

b．安仁公馆大门二（来源：“安仁文博”微信公众号）

c．安仁公馆大门三（来源：自摄）

d．安仁公馆大门四（来源：自摄）

e．安仁公馆大门五（来源：“美丽大邑”微信公众号）

f．安仁公馆大门六（来源：自摄）

g．安仁公馆大门七（来源：自摄）

图 5-10　安仁公馆建筑群巴洛克风格门头

大邑元通镇当铺大门为巴洛克风格，壁柱、柱础带有西式特征，顶部为涡卷形山花墙，两侧墙上短柱柱顶仿科林斯柱头，正中宝镜式圆洞，原有雕饰，匾额上有中文“光风霁月”，在门楣的拱券处还阴刻有拉丁文；黄润生公馆为中西合璧风格，主楼为中式殿堂，两侧带有六角亭；罗家大院平面为中式合院，穿斗式木构架结构形式，面街的龙门为中式传统楼厅，二门为巴洛克风格，糅合了中西装饰图案，包括壁柱、柱头花饰、山花墙、拱券门、匾额等；李家大院主体建筑为中西合璧风格，屋脊不用传统脊饰，而是做成了莲花座的样式，烟囱顶部装饰较为特殊，建筑柱头既有“寿桃状”，也有“菊花状”，这是在东西方建筑文化融合基础上的再创造。（图 5-11）

贵阳周西成世杰花园大门、刘氏支祠大门（1917 年）均为巴洛克风格，三间四柱式，柱顶出头，拱券形门洞，顶部为涡卷或弧形线条，刘氏支祠上部还有模仿教堂的圆形玫瑰花窗。周西成于 1928 年在四川合江九支镇为其母建造的祠堂，俗称周祠，大门为典型的巴洛克风格，三间四柱八字朝门形式，柱顶出头，山花墙顶部为三角形，带巴洛克式曲线，以不同纹路的青砖排列作装饰；重庆北碚陈举人楼大门、合川黄润玉公馆大门与之形制相似，同样为三间四柱八字朝门的巴洛克风格，以不同纹路的青砖排列作装饰，这也是广泛流行于西南近代府第宅院的一种大门装饰样式；南岸曾子维公馆（1937 年）大门和朱大为庄园（1942 年）大门均为八字朝门，

a．元通当铺大门（来源：自摄）　b．元通罗家大院二门（来源：自摄）　c．元通李家大院柱饰（来源：自摄）

图 5-11　元通镇当铺与公馆建筑的门头与柱饰

体量略小，顶部也是巴洛克山花墙。合川石中生洋房大门、遵义柏辉章公馆（现为遵义会议纪念馆）大门为三间四柱式，柱顶出头，山花墙为三角形加弧线组合。

云南陇西世族庄园（1938-1943 年）位于玉溪市新平县戛洒镇，是世袭土司末代传人李润之的宅第，总体建筑为传统民居风格，素筒瓦屋面，而大门为典型的巴洛克风格，三间四柱式，柱顶出头，中间为三角形山花墙，两侧为巴洛克式涡卷。江川金汉鼎故居为中式两进院落，入口大门偏于一隅，门头为单开间的巴洛克风格；昭通是龙云和卢汉的故乡，两人均修建了家族祠堂，合院式布局，龙氏宗祠为仿传统宫殿式外观，琉璃瓦屋顶，装饰繁复，大门、二门均为巴洛克风格，大门柱饰、山花墙等带西式装饰，二门为简化的三间四柱式。石屏异龙镇柏叶寨李氏宗祠大门为典型的巴洛克风格，三间四柱式，柱顶出头，顶有坐狮，柱间是巴洛克山花墙，墙面有各种中西结合的雕饰较多。（图 5-12）

a．贵阳周西成世杰花园大门（来源：《贵州 100 年 • 世纪回眸》）

b．贵阳刘氏支祠大门（来源：“方志贵阳”微信公众号）

c．合江九支周祠大门（来源：自摄）

d．北碚陈举人楼大门（来源：自摄）

e．合川石中生洋房大门（来源：张辉摄影）

f．重庆曾子维公馆大门（来源：自摄）

g．合川黄润玉公馆大门（来源：自摄）

h．重庆朱大为庄园大门（来源：陈洋摄影）

i．新平陇西氏族庄园大门（来源：普思元摄影）

j．江川金汉鼎故居大门（来源：石明荣摄影）

k．昭通龙氏家祠大门（来源：自摄）

l．石屏异龙镇柏叶寨李氏宗祠大门（来源：《石屏古建筑（上）》）

图 5-12　西南近代中西合璧式公馆建筑门头

贵州天柱刘氏宗祠是将西式装饰元素与中式传统建筑结合的典范，始建于 1875 年，到民国中期的百余年间，刘氏家族的子孙后代不断修葺，平面为传统合院式，内部为中式祠堂。外立面受西式风格影响，壁柱和门窗框均为西式，封火山墙曲线带有巴洛克式特征，大门上方雕有一只展翅欲飞的老鹰，两边墙柱上排列着拉丁字母，彩塑时钟定格在早上九时零二分。（图 5-13）与同村的王氏太原祠等比较，可以看出刘氏宗祠的平面布局、立面构图，均保持了乡间祠堂的传统，仅在装饰上吸收了西式元素。

## 2. 巴洛克风格的样式来源

“巴洛克具有明显的修辞性，带有夸张的处理手法，无论是巨大的柱式、细腻而又繁复的雕饰、建筑立面上错综凹凸的曲线和曲面、光影变幻和室内外空间强烈的透视效果等等，虽然有时候会令人感到不自然，甚至矫揉造作，但无疑具有刺激性的视觉效果。”[1] 这一典型的外来建筑风格，最早出现在西南近代天主教堂，后演变成为本土化的中华巴洛克风格，成了军阀时期公共建筑和庄园式公馆中的时髦样式。

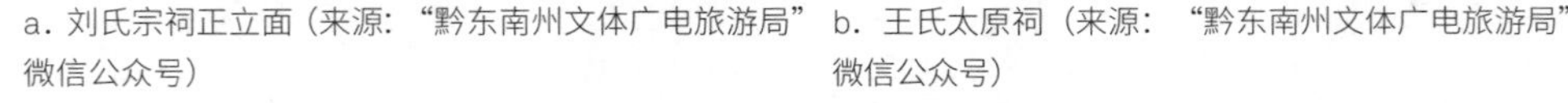

a. 刘氏宗祠正立面（来源：“黔东南州文体广电旅游局”微信公众号）

b. 王氏太原祠（来源：“黔东南州文体广电旅游局”微信公众号）

图 5-13　天柱三门塘村刘氏宗祠与王氏太原祠的对比

1　郑时龄 . 上海近代建筑风格 [M]. 上海 : 上海教育出版社 ,1999:195.

辛亥革命后，除了开埠城市及滇越铁路沿线城镇外，西南大部分地区仍非常封闭，军阀统治者所面临的主要社会矛盾是代表新政权的军阀统治与传统封建势力之间的矛盾，这与清末“新政”时期面临的矛盾是相似的。早期西南军阀统治者的来源主要是留日归来的士官生，同时兼任各省新式军校的教官，继而培养出大批具有革新思想的毕业生，成为继任军阀将领。这些具有新思想的执政者，以革命者的身份登上历史舞台，自然要摒弃传统的建筑样式，沿袭了清末革新派以西式风格大门作为“新政”的象征，尤其是在政府机关和新式学校等代表新政权的建筑中，这与南洋劝业会建筑群有着相似的处理手法。

当身处新旧时代交替的历史时期，社会各阶层对西式风格建筑的接纳度是比较高的，从当时一些照相馆的布景中可以看出，西式洋房已成为一种时髦。民国初年，唐继尧、刘显世等滇黔军阀与士绅在贵阳的合影，背后布景中有一栋西洋风格的楼房，共五间三层，立面全部为拱券形门窗，在 20 世纪 30 年代初的另一张合影中，这栋楼房的布景依然未变；1927 年，贵阳久记照相馆的一张家庭合影中也有西洋建筑作布景，带有西式柱饰的券柱形门廊。（图 5-14）

开埠时期传入西南地区的外来建筑样式主要是殖民地外廊式和法式洋房风格，较少带有巴洛克式的装饰。而西南近代公共建筑中大量的巴洛克风格大门，其样式来源可能主要是天主教在西南地区建造的各式教堂。大邑元通镇当铺大门为巴洛克风格，匾额门楣拱券处阴刻有拉丁文，距此不远的麒麟街上有一座巴洛克风格的天主教堂，元通镇建筑中出现的拉丁文和巴洛克风格或许与天主教传播有关。

a. 唐继尧、刘显世与士绅合影（来源：《贵州 100 年 • 世纪回眸》）

b. 贵州富家子弟合影（来源：《贵州 100 年 • 世纪回眸》）

c. 贵阳久记照相馆的家庭合影（来源：《贵州 100 年 • 世纪回眸》）

图 5-14　贵阳照相馆布景中的西式风格建筑

与巴洛克风格天主教堂立面一样，也可以由中式牌楼式大门演变出巴洛克风格门头。主要区别在于：巴洛克风格门头强化了牌楼式立面的竖向构图，壁柱柱顶出头，做成各种装饰，山花墙线条不再平直，呈现出圆弧形、圆拱形、涡卷形等，门窗洞口多为拱券形。巴洛克风格门头又常与传统民居的八字朝门相结合。“这种巴洛克建筑的变体在一定程度上适应了近代国人求新求变的精神状态，其形态又与中国传统建筑存在某些暗合和易于接受。特别是中国工匠能得心应手地将某些巴洛克语汇，转换成新颖的建筑形式。”[1]（图 5-15）

# 二、外廊式风格的本土化演变

## 1. 外廊式公馆建筑的类型与特征

军阀统治时期，西南地区的外廊式公馆吸取了以往各个时期外廊式建筑风格的特点，形成了多种不同的外廊式风格。既有梁柱式外廊，也有券柱式外廊，更多的是两种样式的结合，即以梁柱式外廊为结构，在柱与柱之间用弧形券作装饰，从外观上看是券柱式。此外，还有将外廊式建筑与中式合院布局相结合的。

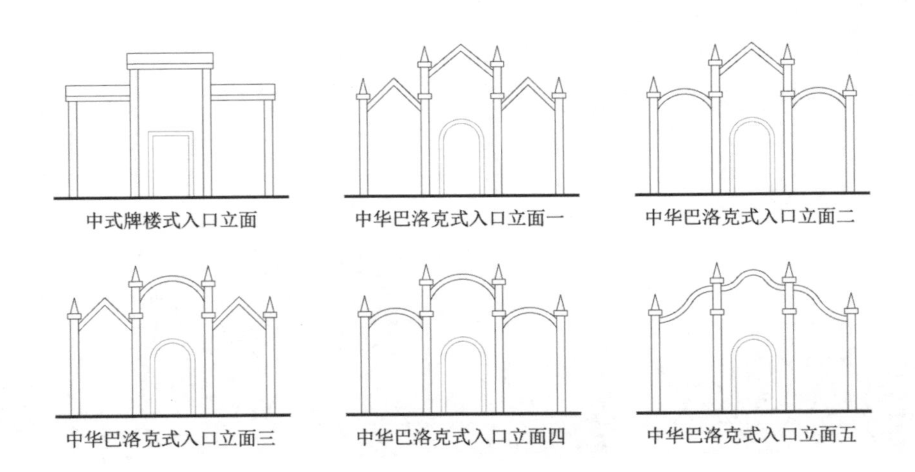


图 5-15　中华巴洛克风格大门立面构图类型（来源：自绘）

1　李海清，汪晓茜．叠合与融通——近世中西合璧建筑艺术 [M]. 北京：中国建筑工业出版社，2015:158-159.

### （1）梁柱式外廊公馆

梁柱式外廊建筑是结构最简洁的一种，矩形平面布局，单面、双面、三面或四面外廊，砖木结构，室内以砖墙和木楼栿、木屋架为主要承重结构，外廊柱多为砖柱，柱间以木梁承重为主，梁柱相交成直角，无拱券，简单的四坡屋顶或歇山顶，屋面平直无举折，传统小青瓦屋面，檐口出挑，吊平顶。

重庆地区的梁柱式外廊公馆保存下来典型的有：渝中区化龙桥刘湘公馆原是清末最后一任川东道尹柳善的住宅，民国初年刘湘买下后整修，作为川军 21 军的办公楼，五开间，青砖外墙，歇山顶，小青瓦屋面，单侧梁柱式外廊，外观几乎无装饰；奉节白楼（1913 年）为陕军师长张钫进驻奉节时修建，当时没有完工，后来靖国联军豫军司令李魁元进驻奉节，至 1918 年才将白楼修好，正面为梁柱式外廊，侧面为券柱式外廊；渝北区范绍增的嘉州别墅（20 世纪 30 年代），为典型的梁柱式外廊，柱子为圆柱，无拱券；界牌坡西式庄园位于涪陵石沱镇富广村，是乡间的外廊式建筑，中间五间为梁柱式外廊结构，底层柱间做成拱券形装饰。（图 5-16）

a．奉节白楼（来源：《重庆市优秀近现代建筑》）

b．重庆刘湘公馆（来源：胡征摄影）

c．重庆嘉州别墅（来源：刘春鸿摄影）

d．涪陵界牌坡西式庄园（来源：徐泽宽摄影）

图 5-16　重庆近代梁柱式外廊公馆

成都刘文辉公馆是四面梁柱式外廊建筑，砖木结构三层，内部五开间，四坡顶；石肇武公馆（1931 年）同样是四面梁柱式外廊建筑，单层，中式传统歇山顶，带烟囱和老虎窗；文庙后街李家钰公馆，三面梁柱式外廊，砖柱木梁两层，样式简洁，歇山顶带老虎窗，建筑一角向外凸出一座亭子；田颂尧的龙泉唯仁山庄（1936 年），为三面梁柱式外廊，砖木结构两层，样式简洁，檐下有承托出檐的斜撑并上挑斗栱。（图 5-17）

贵州地区的梁柱式外廊公馆主要分布在桐梓、赤水一带，由早期驻防于此的桐梓系军阀建造，受重庆外廊式建筑风格影响较大。比如赤水周西成太极楼辅楼为三面为梁柱式外廊，砖木结构两层；侯之担公馆辅楼也为梁柱式，砖木结构两层，歇山屋顶；桐梓蒋在珍公馆位于乡间，共两幢楼，风格为“一中一西”，中式楼为左右不对称的三开间殿堂风格，西洋楼为四面梁柱式外廊，砖木结构两层，三开间，柱顶有“白菜头”装饰。（图 5-18）

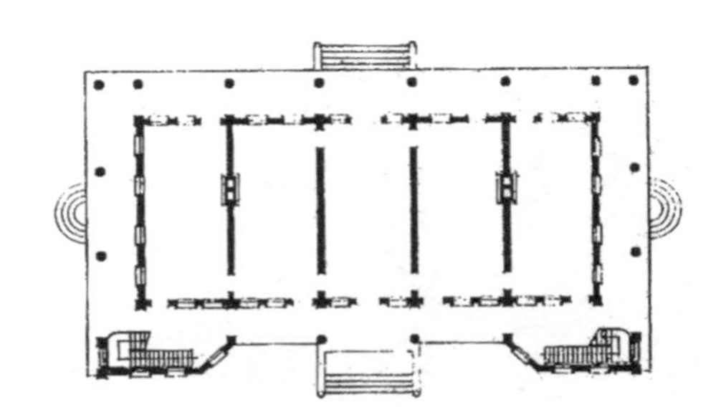

a．成都刘文辉公馆平面图（来源：《中国近代城市与建筑》）

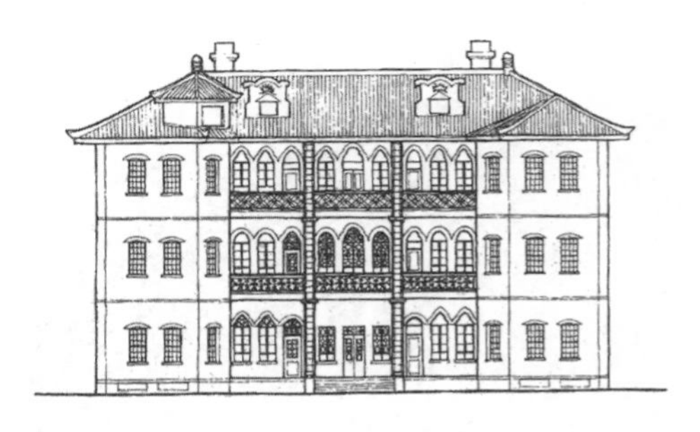

b．成都刘文辉公馆立面图（来源：《中国近代城市与建筑》）

c．成都李家钰公馆（来源：“锦点”微信公众号）

d．成都张清平宅（来源：“锦点”微信公众号）

图 5-17　成都近代梁柱式外廊公馆

a．赤水周西成太极楼辅楼（来源：自摄）

b．赤水侯之担公馆辅楼（来源：自摄）

c．桐梓蒋在珍公馆中式楼（来源：自摄）

d．桐梓蒋在珍公馆西洋楼（来源：自摄）

图 5-18　贵州近代梁柱式外廊公馆

### （2）券柱式外廊公馆

券柱式外廊在西南地区最早见于开埠时期西方殖民者在重庆建造的领事馆、洋行等建筑中，并广泛用于 19 世纪末 20 世纪初天主教堂的神父楼中。其特征是立面形成连续的拱券，或者以“立柱 + 拱券”形成重复构图，砖木结构，拱券跨度小，大多具有承重作用，屋顶仍以歇山顶为主，小青瓦屋面，檐口不出挑，饰以叠涩线脚。在西南近代公馆建筑中，完全按照券柱式结构（即拱券承重）建造的较少，且时间相对较早，多建于清末民初。

重庆典型的外廊式公馆是江津真武马家洋房（清末），为当时江津商会会长马继良的私宅，整体为庄园式布局，中心有一栋洋房为典型的券柱外廊风格，模仿了开埠时期的外廊式建筑，砖木结构三层，四面均为青砖砌筑的连续立柱和拱券，各券跨度基本相同，仅正面明间略微加大，二三层间有装饰线脚，屋顶有女儿墙，原建筑应为坡屋顶，小青瓦屋面，现为平屋顶。南川金家洋房（1915 年）为砖木结构三层，仅正面为连续的券柱式外廊，一、三层为拱形券，二层用三叶形券，明间拱券跨度加大一倍，三层柱头用“白菜头”装饰，屋顶不出檐，用叠涩线脚装饰。（图 5-19）合川洋房子二层为四面连续的券柱式外廊，柱头用“白菜头”，歇山顶，小青瓦屋面。

贵州典型外廊式建筑是王伯群公馆（1916 年），位于贵阳市护国路西侧，砖木结构两层，局部三层，二层屋顶带露台，屋檐不出挑，装饰叠涩线脚，三面外廊均为券柱式结构，建筑一角凸出一座圆形角楼，有西式穹顶，立面上带有大量西式装饰，柱头为“白菜头”，从老照片上看，旁边还有两栋外廊式建筑，其中一层的建筑也是券柱式外廊风格。（图 5-20）土城船帮会馆为券柱式外廊，明间跨度加大，屋顶带女儿墙。

a. 江津马家洋房现状（来源：“江津发布”微信公众号） b. 南川金家洋房（来源：“重庆地理地图”微信公众号）

图 5-19　重庆近代券柱式外廊公馆

a. 贵阳王伯群故居（来源：《贵州 100 年 • 世纪回眸》） b. 贵阳王伯群故居现状（来源：自摄）

图 5-20　贵州近代券柱式外廊公馆

### （3）中西合璧式外廊公馆

外来的券柱式外廊经过本土化演变，发展出一种梁柱式与券柱式相结合的中西合璧式外廊风格。即平面按照中式建筑的“开间”布置，外廊柱网基本与室内的承重墙和屋架轴线相对应，外廊结构以梁柱承重为主，在梁柱之间用弧形券，跨度远大于券柱式外廊，拱券或辅助受力，或纯作装饰，形成“立柱 + 弧形券”的立面构图。这种样式广泛运用于重庆、贵州北部及四川东部地区的公馆、宅院中，是当时流传最广的一种外廊式建筑样式。

重庆的中西合璧式外廊公馆在城市近郊或乡间较多。涪陵陈凤藻庄园（1924 年）平面为五开间，四周为外廊，廊柱与室内承重墙轴线一一对应，立面为梁柱承重，加弧形券装饰，屋顶为歇山顶，小青瓦屋面，檐口出挑，泥板条吊顶；北碚陈举人楼（1936 年）与之相似，外墙用清水砖墙装饰，柱头为简化的爱奥尼柱式涡卷；饶国梁纪念馆（1929 年）是饶国梁牺牲后在其家乡大足修建的，三面外廊，拱券不受力，柱头为“白菜头”，屋顶特征与陈凤藻庄园相似；合川陈伯纯洋房二层为四面外廊，柱子为悬挑的木柱，外表再用泥板条包装成方柱，柱头为“白菜头”，柱间跨度小，与开间不对应，但小青瓦屋面，歇山顶，檐口向外出挑，已具有中西合璧式外廊公馆的特征；合川石中生洋房（1928 年）前楼为两层，三面外廊，梁柱式加弧形券，后楼为三层，梁柱式外廊，柱子均与开间对应，柱顶有“白菜头”装饰，均为歇山顶，檐口出挑；中苏友好协会为四面外廊，歌乐山白公馆为三面外廊；木洞范绍增公馆为单面外廊，柱子均与开间对应，屋顶出挑；南岸周家湾别墅（1920 年）为砖木结构三层，单面为带弧形券的外廊，门头为三间四柱式巴洛克风格，整体为青砖砌筑。（图 5-21）

贵州的中西合璧式外廊公馆多位于贵阳及黔北地区。20 世纪 20 年代，周西成带领桐梓系军队驻扎在黔北遵义、赤水、习水一带，因而这一地区保留了不少公馆建筑。位于赤水的周西成太极楼（1924 年）主楼为砖木结构三层，室内为五开间，四面外廊，正面廊柱为七间，柱子与开间不一一对应，但拱券跨度大，立面已近似“开间”划分。与之相似的是遵义张翠阳庄园，砖木结构两层，梁柱式加弧形券，正面拱券十一跨，与开间数不对应。遵义周吉善公馆辅楼为两层，正面五间，四面外廊；贵阳王家烈虎峰别墅为三层，正面五间，四面外廊；毛光翔公馆为两层，正面五间；天柱王天培公馆为两层，正面五间，四面外廊。这几处建筑均为歇山顶，小青瓦屋

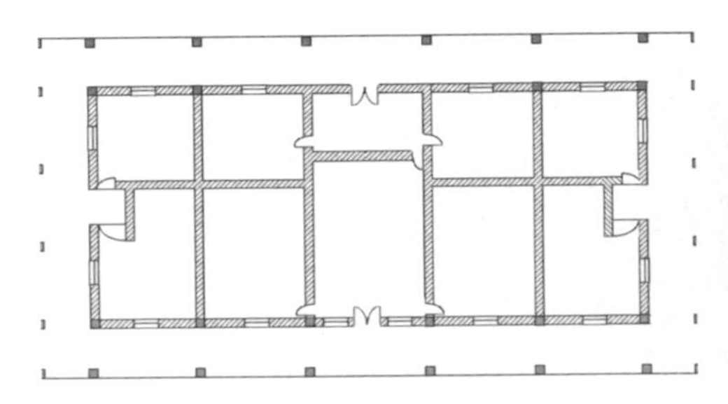

a．涪陵陈凤藻庄园平面图（来源：周虹、冯旭东绘制）

b．涪陵陈凤藻庄园（来源：自摄）

c．北碚陈举人楼（来源："北碚溜达"微信公众号）

d．大足饶国梁故居（来源：杨光宇摄影）

e．合川陈伯纯洋房（来源：朱永禄摄影）

f．合川石中生洋房（来源：张辉摄影）

g．重庆中苏文化协会（来源：徐晓渝摄影）

h．歌乐山白公馆（来源：自摄）

图 5-21　重庆近代中西合璧式外廊公馆

面，檐口出挑。安顺帅灿章宅为两层，正面三间，单面外廊，双坡屋顶，小青瓦屋面，檐口略有出挑，但不明显。贵阳戴蕴珊别墅为 3 层，正面三间，四面外廊，檐口不出挑，用线脚装饰。（图 5-22）

四川、云南地区外廊式公馆较少，集中在川东、川南、滇北等与重庆临近的地区。岳池有一栋外廊式公馆，杨森麾下旅长夏炯曾在此驻兵，单面外廊，二层为三叶形拱券，檐口出挑。泸州朱家山东华诗社是开明绅士、诗人陶开永的住宅，在中式庭院内一栋两层洋房，单面外廊，檐口出挑。昭通迟家大院（1926 年）为传统合院式民居，院内有两幢西式风格的洋楼，四面外廊，歇山顶，小青瓦屋面，檐口出挑。镇雄县麻园村安纯三故居（1942 年）为单面五间外廊，四坡顶，小青瓦屋面，檐口出挑。（图 5-23）

### （4）合院式外廊公馆

除了上述梁柱式与券柱式外廊公馆外，西南地区还有将外廊式与传统合院式民居布局结合，从而形成新的建筑类型。根据券柱廊相对于院落的位置又可分为三类：

① 以一正两厢的布局将外廊式建筑组合成三合院。

平面为传统民居的一正两厢格局，每栋单体均为外廊式。桐梓周西成公馆和王家烈公馆（20 世纪 20 年代），形制相近，均为一正两厢三合院布局，砖木结构两层，正房与厢房均为四周梁柱式外廊，歇山顶，小青瓦屋面，檐口出挑，周西成公馆二层厢房柱间用弧形券作装饰。桐梓海军学校前身为福州船政局，1938 年 10 月迁到贵州桐梓，利用金家楼作为校址，该建筑为一正两厢三合院布局，主楼三层，正面三间，带外廊，厢房两层，端头呈圆弧形平面，二层为敞廊，小青瓦屋面，檐口出挑。自贡张伯卿公馆（1923 年），又叫张家花园，整体为一正两厢三合院布局，砖木结构两层，各面均为券柱式外廊，拱券样式变化多样，正房山花墙带巴洛克装饰，小青瓦屋面，檐口为叠涩线脚，不出挑，因柱子以红白两色相间装饰，俗称张家花房子。（图 5-24）

② 以合院式布局，形成环绕内院的券柱式内廊。

平面为传统民居四合院或三合院格局，建筑朝外不做柱廊，内院做成廊柱或券柱式，形成内廊。典型的是安龙袁祖铭故居（1916 年），砖木结构两层，平面为两进院落，外立面带有西式装饰，拱券形门窗，壁柱顶有“白菜头”装饰，内院一圈

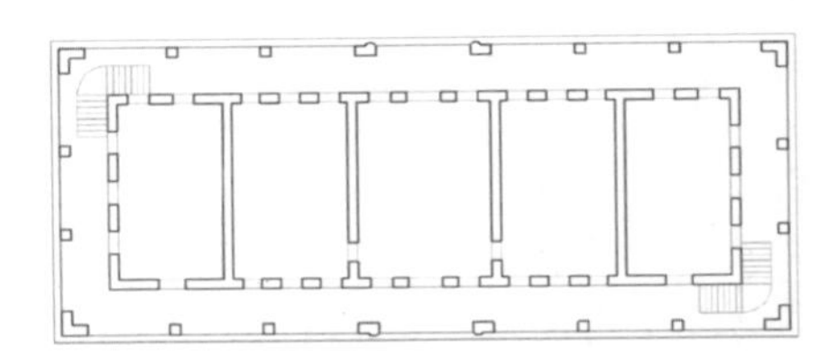

a．赤水周西成太极楼主楼平面图（来源：自绘）

b．赤水周西成太极楼主楼（来源：自摄）

c．遵义张翠阳庄园（来源：熊烈龙摄影）

d．遵义周吉善公馆（来源："多彩贵州网"微信公众号）

e．贵阳虎峰别墅（来源：自摄）

f．贵阳毛光翔公馆辅楼（来源：自摄）

g．安顺帅灿章宅（来源：谢开然摄影）

h．天柱王天培故居（来源：自摄）

图 5-22 贵州近代中西合璧式外廊公馆

a．泸州朱家山东华诗社洋楼（来源：自摄）　　b．昭通迟家大院（来源：自摄）

图 5-23　四川、云南近代中西合璧式外廊公馆

a．泸州朱家山东华诗社洋楼（来源：自摄）　　b．昭通迟家大院（来源：自摄）

c．桐梓海军学校旧址（来源：“动静贵州”微信公众号） 　d．自贡张伯卿公馆（来源：“自贡釜溪印象”微信公众号）

图 5-24　西南近代三合院式外廊式公馆

为券柱式结构内廊，小青瓦屋面，歇山顶，檐口出挑。兴义刘氏庄园内有多组建筑群，四周有围墙、炮楼等防御设施，其中大部分建筑如督军府、总管宅、家庙、新宗祠、忠义祠等为中式院落，刘瞰吾居室（20 世纪 20 年代）为内廊式，原计划建成三合院，后因资金问题，仅建成正房。朝内院立面五开间，三面券柱式外廊，外立面门窗带有简化罗马柱装饰，歇山顶，小青瓦屋面，檐口出挑。合江九支周祠由主楼和后侧左右敞廊（辅楼）组成，形成半围合的三合院布局，主楼的正面和背面均为外廊式。泸县大坝庄园为民国时期建造的大型乡间庄园式民居，四周建有高围墙，与附近的屈氏庄园相比，大坝庄园最后一进内廊式西洋楼是其最大的特色，梁柱式砖木结构，带弧形券，正面十三间，两侧厢房同样为外廊式。（图 5-25）

a．安龙袁祖铭故居内院（来源：自摄）

b．兴义刘瞰吾居室（来源：自摄）

c．合江九支镇周祠（来源：自摄）

d．泸州大坝庄园后楼（来源：自摄）

图 5-25　西南近代内廊式公馆

③ 带小天井的合院式布局，主要外立面为外廊式。

平面为传统民居四合院格局，天井较小，建筑的主要外立面为外廊式。从平面看又可分为三类：一是四面外廊式，中间围合成小天井，如赤水侯之担公馆主楼，从外观看是一栋中西合璧式外廊公馆，砖木结构两层，四面外廊，小青瓦屋面，歇山顶，檐口出挑，内部有带内廊的小天井。二是主楼为外廊式建筑，附属建筑在前面或后面围合成庭院，如遵义柏辉章公馆（20 世纪 30 年代），现为遵义会议纪念馆，从现在的北侧广场看过去，主楼为中西合璧式外廊公馆，砖木结构两层，四面外廊，小青瓦屋面，歇山顶，檐口出挑，但原建筑的大门位于临街的西侧，立面为巴洛克风格，主楼前由厢房、大门围合成内院。三是将中式合院的入口立面改为外廊式，主楼还是中式结构，如遵义侯之圭公馆（20 世纪 20 年代），四合院布局，内部有小天井，平面为三开间，正厅为传统穿斗式木构架，门楼一层为单面外廊，二层为三面外廊。（图 5-26）

a. 赤水侯之担公馆外观（来源：自摄）

b. 赤水侯之担公馆内院（来源：自摄）

c. 遵义柏辉章公馆（来源：自摄）

d. 遵义侯之圭公馆（来源：“多彩贵州网”微信公众号）

图 5-26　西南近代带天井的外廊式公馆

桐梓周西成祠堂（1929 年）是在周西成去世后为悼念他而修筑的。祠堂位于山坡上，共三进院落，各进之间以侧廊相连。第一进为门楼，砖木结构两层，正面是中西合璧风格的牌楼式大门，三间四柱式，顶为“白菜头”，两侧有八字墙，其余三面均为外廊，背立面五间，小青瓦屋面，歇山顶，檐口出挑；第二进为祭堂，圆形平面，朝四个方向开门，前后带有凸出的西式门廊，小青瓦屋顶，坡屋面，女儿墙做成宝瓶栏杆；第三进为主殿，采用中式传统的五开间厅堂形制，穿斗式木构架，小青瓦屋面，硬山顶，前廊有挂落和翻轩。周西成祠堂的设计与建造突出反映了民国时期中西方建筑文化的交流与融合。（图 5-27）

### （5）外廊式公馆的平面类型

相较于传统的合院式民居，外廊式建筑采光通风好，且作为外来样式，券柱式的立面造型新颖，体量也比传统民居高大，所以外廊式风格成为重庆、贵州两地军

a. 周西成祠堂门楼（来源：自摄）

b. 周西成祠堂第一进内院（来源：自摄）

c. 周西成祠堂祭堂（来源：自摄）

d. 周祠成祠堂主殿（来源：自摄）

图 5-27　桐梓周西成祠堂建筑群

阀和士绅公馆建筑的首选。

从平面的布局来看，可以将外廊式公馆分为以下几类：一是券柱式外廊，独栋建筑，外廊与开间不对应，又分为单面、三面、四面券柱式外廊；二是梁柱式外廊，同样为独栋建的，外廊与开间对应；三是三合院式外廊，基本为一正两厢布局，有的正房和厢房相连，有的正房与厢房相互独立；四是四合院式外廊，可分为内院为廊柱的形式，以及外观为廊柱的形式。在具体的实例中，还有各种变化形式。(图5-28)

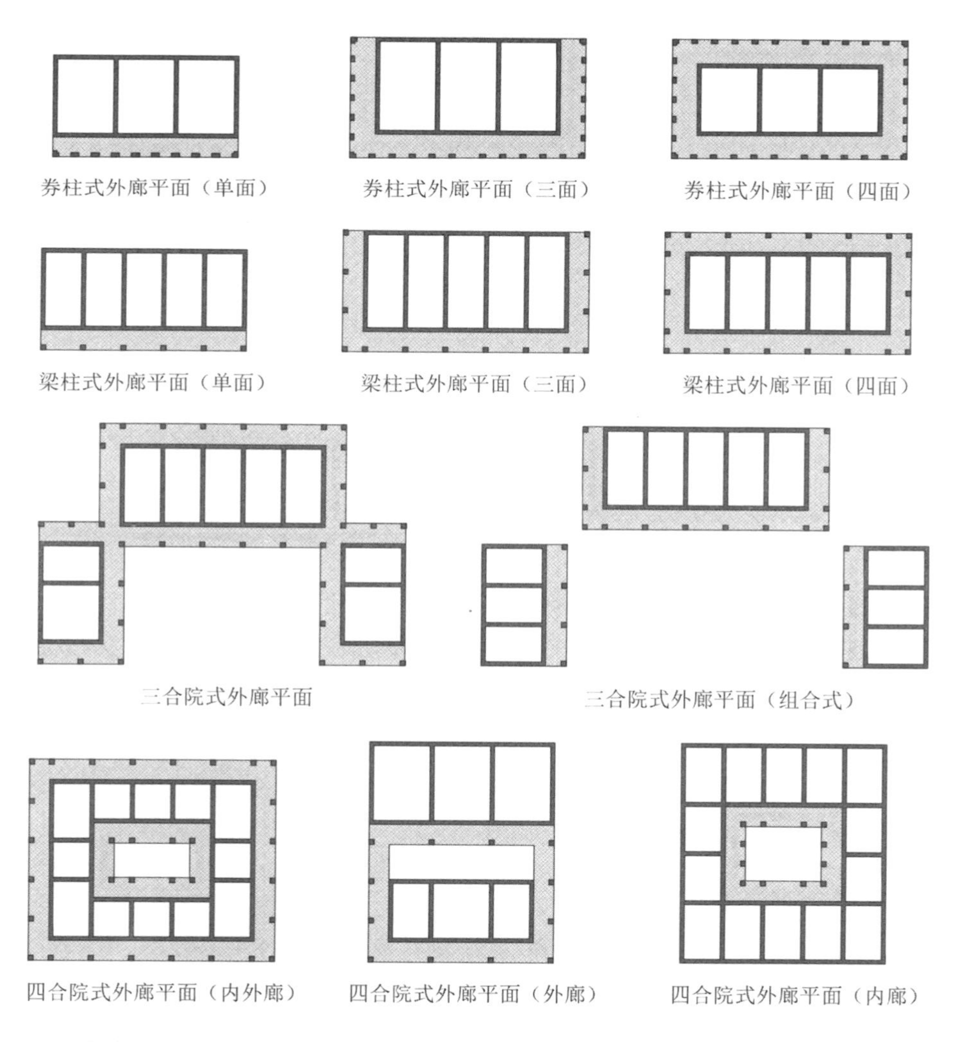


图5-28　西南近代外廊式公馆平面类型（来源：自绘）

## 2. 外廊式风格的本土化演变

### （1）从梁柱式到券柱式外廊的转变

在西南近代外廊式建筑中，梁柱式外廊最早出现，运用在天主教会建筑中。平面柱网是按照中国传统建筑的“开间”来布置，室内为规整的纵向承重墙，以廊柱和木梁作为外廊的结构支撑，廊柱与室内的承重墙轴线对应，立面上仍可以清晰的区分出“开间”，屋顶用小青瓦，以歇山顶和四坡顶居多，如传统建筑一样，屋檐也向外出挑，顶部做吊顶。不同的是传统建筑的明间面阔往往大于次间，而梁柱式外廊建筑没有此限制，有的明间面阔还小于次间。由传教士主持建造马桑坝天主教堂（1855 年）神父楼，已采用梁柱式外廊；绵阳秀水天主教堂与柏林天主教堂神父楼（1913 年）沿用了这种梁柱式外廊风格。在外廊式公馆中，同样可以看到这种按“开间”布置的梁柱式外廊建筑，如成都石肇武公馆平面为五开间，四周梁柱式外廊。（图 5-29）

重庆开埠后，作为承重结构的券柱式外廊在领事馆、洋行中广泛使用，教会建筑风格也随之变化，神父楼开始采用连续的券柱式外廊。从梁柱式外廊向券柱式外廊的转变，不仅体现在外观风貌的变化上，更是反映出设计逻辑的转变，梁柱式外廊是中国传统建筑营造逻辑的延续，而券柱式外廊则完全是西方外来建筑设计逻辑的体现。券柱式外廊不按“开间”布置，拱券宽度与平面开间没有对应关系，在立面上形成连续的拱券，无法区分出“开间”。室内承重墙与廊柱不在同一轴线上，

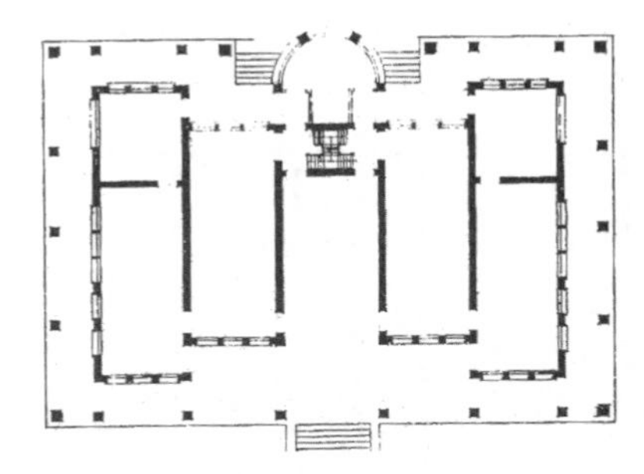

a．石肇武公馆平面图（来源：《中国近代城市与建筑》）

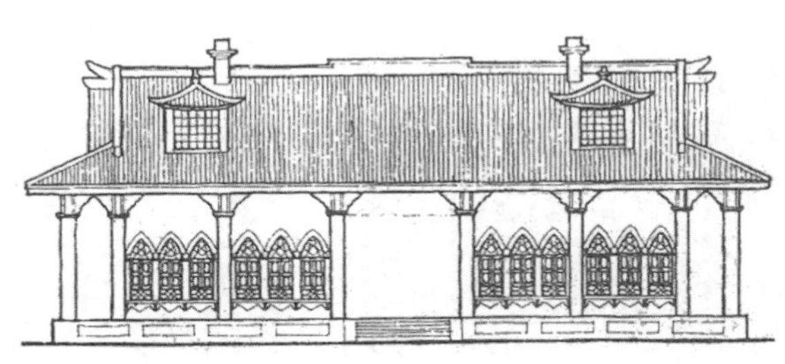

b．石肇武公馆立面图（来源：《中国近代城市与建筑》）

图 5-29　梁柱式外廊的成都石肇武公馆平立面图

用连续的拱券作外廊的结构支撑，与室内结构是相对独立的，从立面的洞口比例来看，外廊拱券柱墩占比大，显得厚重。屋顶檐口通常不出挑，采用叠涩线脚做成檐沟，还有的用高出屋面的女儿墙，进行有组织排水。典型的神父楼有：璧山天主教露德堂神父楼（1902 年）、合川合隆天主教堂神父楼（1904 年）是典型的券柱式外廊，铜罐驿天主教堂神父楼（1924 年）延续了这一风格；典型的公馆如江津马家洋房（清末），室内平面为五开间，四周券柱式外廊。（图 5-30）

### （2）由券柱式向中西合璧式外廊的再次转变

立面连续券承重的外廊式建筑，从重庆开埠时的领事馆、洋行，向更广阔的西南腹地传播的过程中，又进一步与中式传统建筑相融合，创造出一种新的中西合璧式外廊建筑。外观看是连续的券柱式外廊，结构却是梁柱式，且回到以“开间”为单位的中国传统建筑营造逻辑。

中西合璧式外廊拱券的宽度基本上与开间相对应，在立面上能明显区分出“开间”，外廊柱子与室内的承重墙多在同一轴线上，保持了中式传统建筑“间架”的设计逻辑。以梁柱为主要承重结构，柱间用弧形券，矢高小，结构作用小，装饰性更强，强化竖向立柱，柱头往往带有柱饰，外廊弧形券的洞口占比大，柱子显得更纤细。檐口大多出挑，也有封檐板外挂檐沟的，从立面上看与中国传统建筑也有相似之处。典型案例如北碚陈举人楼平面为五开间，四周中西合璧式外廊。（图 5-31）

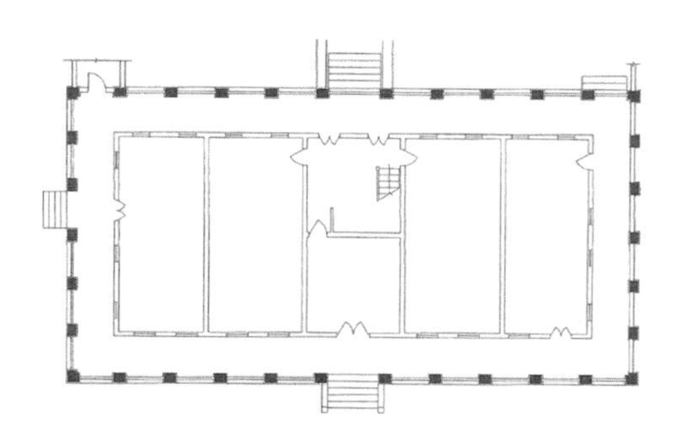

a．马家洋房平面图（来源：《重庆市优秀近现代建筑》）

b．马家洋房复原立面图（来源：根据《重庆市优秀近现代建筑》图纸改绘）

图 5-30　券柱式外廊的江津马家洋房平立面图

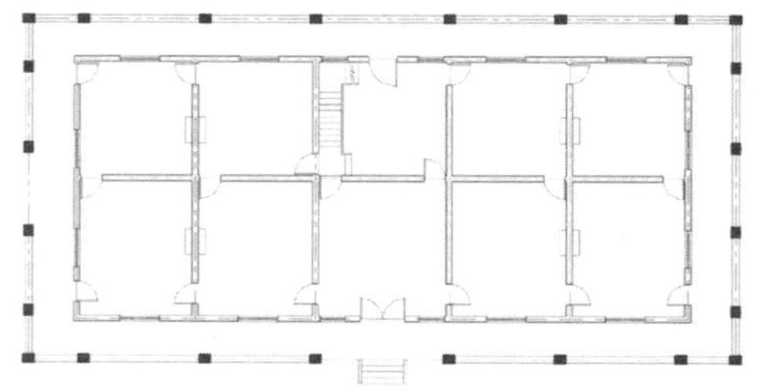

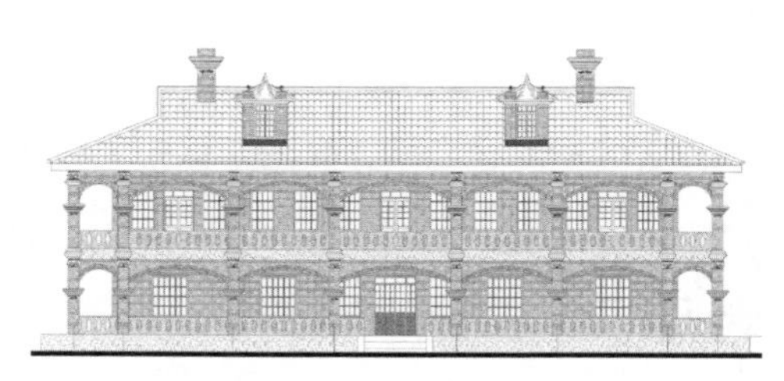

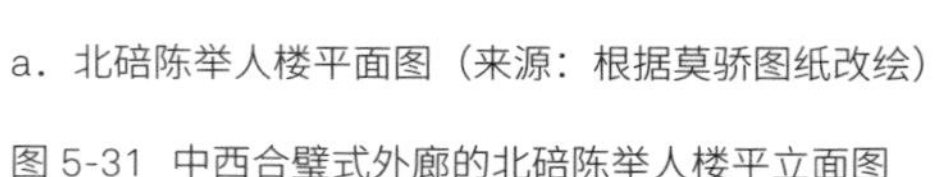

a．北碚陈举人楼平面图（来源：根据莫骄图纸改绘）　b．北碚陈举人楼立面图（来源：根据莫骄图纸改绘）

图 5-31　中西合璧式外廊的北碚陈举人楼平立面图

### （3）外廊式建筑的本土化转译过程

西南近代外廊式建筑发端较早，在传教士主导下，融合中式古典建筑带回廊的歇山式殿堂特征，演变为教堂中梁柱式结构的外廊式神父楼，外观与传统建筑较为接近。典型特征是平面以间为单位，梁柱作为外廊结构，仿歇山式屋顶，檐口出挑，装饰简洁。

重庆开埠以后，殖民地外廊式风格从长江中下游地区传入重庆，用在领事馆与洋行建筑中，并很快用于天主教堂神父楼。典型特征是平面不区分开间，拱券作为外廊结构，立面风格以连续的券柱形成韵律，四坡顶，檐口不出挑。民国早期，本地士绅公馆也开始采用这一风格，有的建筑按中式传统将明间扩大。

券柱式外廊在向重庆、贵州乡间传播过程中，将梁柱式与券柱式外廊建筑结合，产生了一种新的中西合璧式的外廊式公馆。典型特征是平面以间为单位，一般为五开间，四周为外廊，以梁柱作为主要承重结构，柱与柱间加上弧形券，作为装饰或辅助承重，屋面以歇山顶居多，檐口出挑。这种风格在西南城郊及乡间的公馆中更为普遍。（图 5-32）

推测其原因，一是受传统建筑营造观念的影响，中国工匠习惯以"间架逻辑"来谋划建筑平面，量取材料长短，以梁柱来搭建结构体系；二是西南近代营造业发展缓慢，需要依赖本土传统匠帮，而本土工匠并没有完全掌握西式建筑的营造技术，对于拱券等结构只是依样画瓢，逐渐创造出梁柱式结构外廊加弧形券装饰的新类型。西南近代工匠对西式结构的不熟练，从一些不合理的结构和构造处就可以看出，如贵阳虎峰别墅四层阁楼屋架结构中，原本应该是一榀屋架的位置有三榀并置在一起

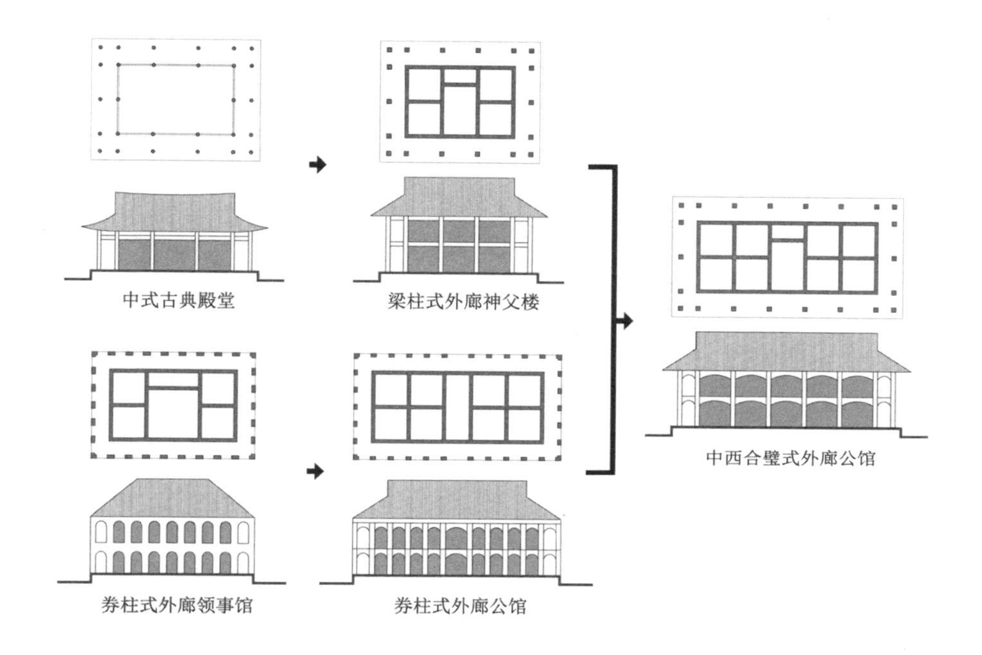


图 5-32　西南近代外廊式建筑本土化转译过程（来源：自绘）

的三角形木屋架，楼面以下用了双层木格栅，下层木格栅并无结构作用，这些重复的构造既不经济，也不科学。这种现象在西南近代建筑中普遍存在，也体现出中西方建筑文化通过工匠之手的缓慢融合。

### （4）科林斯柱头向白菜头的转译过程

西南近代外廊式公馆中流行一种"白菜头"样式的装饰，从重庆到黔北、贵阳，再到黔西南，其样式接近，这种柱头原型应是从西方科林斯柱式演变而来。就目前所见，西南早期的天主教堂如重庆仁爱堂（1900 年）室内的科林斯柱头、室外的科林斯和爱奥尼式壁柱，已有所变形，室内科林斯柱头的毛茛叶茎带有竖向纹路，叶片外翻，已经有一点形似白菜，上段已不做涡卷纹，但整体仍能看出科林斯柱头"花篮 + 毛茛叶纹"的形态。

西南近代公馆的外廊大多为砖砌方柱，将方形柱头装饰成"白菜头"的较多。南川金家洋房（1915 年）、贵阳王伯群公馆（1916 年）、安龙袁祖铭故居（1916 年）、

桐梓蒋在珍公馆的柱头装饰已接近“白菜头”，原来的毛茛叶茎变成了白菜梗，叶片变成了白菜叶。（图 5-33）

传教士或许带来了科林斯柱头的图样或记忆，但中国工匠无法理解科林斯柱饰所蕴含的“花篮 + 毛茛叶纹”的含义，只能依葫芦画瓢，或者用他们熟悉的物体来替代，久而久之，毛茛叶茎被做成了白菜梗，叶片做成白菜叶。当地老百姓后来就直接称之为“白菜头”或“大白菜”，反过来又赋予其中国式的寓意——大白菜为最普通之物，白梗绿叶，寓意“身家清白”或“清白身价”。所以后期建造的外廊式公馆已不再是在模仿科林斯柱头，而从设计之时，即按照“大白菜”做样，如遵义柏辉章公馆（20 世纪 30 年代初）为圆柱，柱头直接做成了白菜头。这也是外来文化被本土文化涵化的一个典型细节。

a．重庆仁爱堂柱头

b．南川金家洋房柱头

c．安龙袁祖铭故居柱头

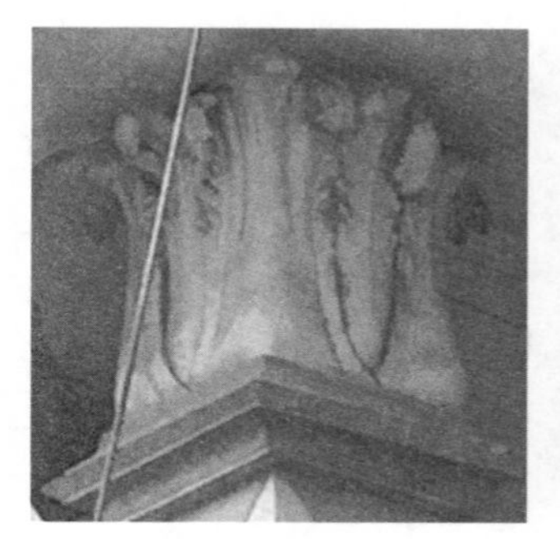

d．桐梓蒋在珍公馆柱头

e．贵阳王伯群公馆柱头

f．遵义柏辉章公馆柱头

图 5-33 西南近代公馆建筑中的白菜头柱头装饰（来源：自摄）

# 三、洋房式风格的本土化演变

## 1. 法式洋房风格建筑的影响

### （1）昆明中西合璧风格的领事馆

在滇越铁路通车之后，昆明近代建筑在形式、布局、材料、工艺等方面都受到西式建筑的影响。昆明靠近火车站和商埠区一带，西式建筑和中西合璧式建筑大量涌现，1917 年扩建的歌米那多士酒店新洋楼，1920 年建成的惠滇医院医务楼均为中西合璧式[1]，1920 年开设的群庄番菜馆“仿照西式建筑最精，四层洋楼一大院，布设花园于屋顶”。[2] 据 1929 年前后的调查，“昆明为云南省会，握三迤商业之中枢，毗连越南，交通方便，欧风输入较易，故其街市房屋，大都完整，新式建筑亦多”。[3]

1910 年昆明开埠后，英、法、德等国在昆明建立了领事馆，不同于重庆的外廊式建筑，昆明的领事馆从一开始就采用了中西合璧的本土化风格。1914 年，德国领事弗瑞兹•魏司在昆明开设的德国领事馆，位于东门前盘龙江畔，“这座建筑异常显眼，一眼就能看见，仅从外观看，法国及英国领事馆就无法与之相比”。[4] 德国领事馆的平面为花园别墅式布局，正中是一栋西式洋房，四周为花园，洋房为砖木结构两层，四坡顶，檐口不出挑，中式筒瓦屋面，室内有壁炉，屋顶有烟囱，外立面抹灰，入口门廊带石砌拱券，顶上为露台，外立面有百叶窗。庭院入口位于一侧，建有中西合璧风格的门楼，从院内看是两层的中式传统民居，从院外看则是西式门脸。德国领事馆这种中西融合的方式是云南近代建筑的一个典型缩影，主楼的洋房风格在此后的云南近代建筑中能大量见到，门楼采用的中式建筑拼贴西式门脸的做法在民国时期的骑楼街与商业街中广为流行。（图 5-34）

---

1　车辚 . 滇越铁路与民国昆明城市形态变迁 [J]. 广西师范学院学报（哲学社会科学版）.2013.7:139-145.

2　义声报 [ N ].1920.4.2.

3　铁道部财务司调查科 . 粤滇线云贵段经济调查总报告 [C]. 见 : 近代中国史料丛刊三编 [M]. 文海出版社（第 87 辑）.

4　魏司编著 . 巴蜀老照片 [M]. 成都 : 四川大学出版社 ,2009:212.

a. 昆明德国领事馆外观（来源：《巴蜀老照片》）

b. 昆明德国领事馆主楼（来源：《巴蜀老照片》）

c. 昆明德国领事馆门楼内立面（来源：《巴蜀老照片》）

图 5-34 昆明德国领事馆中西合璧风格建筑群

### （2）个碧临屏铁路中西合璧风格的站房

1915 年，个碧临屏铁路正式开工建设，先修筑“碧色寨 - 个旧”段，再修筑“鸡街—临安”段，最后修筑“临安—石屏”段，至 1936 年才全线竣工通车，全长 177 公里。个碧临屏铁路沿线站点尽可能多的连接沿途的城市、乡镇，车站风格大致可以分为两类：

① 沿用滇越铁路站房建筑“黄墙红瓦”、隅角和门窗套包砌石材的风格，虽然不同等级的车站没有固定的形制，但整体风格相仿。矩形平面，双坡顶或四坡顶，红色机平瓦屋面，墙面多刷成黄色，建筑隅角和门窗套用当地青石包砌，沿铁路一面的站台，往往还有木柱或铁架支撑的遮阳棚。个碧临屏铁路终点站之一的个旧火

车站，建筑群规模较大，包括个碧临屏铁路公司办公大楼、站房、候车室、行车室、储运室、行车道等，主要建筑均为法式洋房风格，入口大门为巴洛克风格。个旧站、鸡街站、碧色寨站、蒙自站、建水站、石屏站、乍甸站、面甸站、石崖寨站、大田山站等均是延续滇越铁路站房的法式洋房风格。（图 5-35）

② 吸收滇越铁路站房黄墙、隅角和门窗套包砌石材的做法，同时融入地域风土建筑特征。或采用当地传统寺观建筑的歇山顶，素筒瓦，飞檐翘角，中间出抱厦，西式山花墙，或采用传统民居的双坡顶，素筒瓦，形成一种中西合璧式洋房风格。相比于滇越铁路“黄墙红瓦”的西式风格，这也是地方士绅彰显主权与路权的一种表达。建水临安站、石屏坝心站，均为砖木结构两层，中式歇山顶，中间出抱厦，巴洛克式山花墙，原有木构批檐；乡会桥站从外观看是单层中式歇山顶，四周一圈柱廊，中间出抱厦，局部有二层。下坡处站、南营站等小型车站，双坡顶，黄墙素筒瓦，隅角包石。（图 5-36）

滇越铁路带来了法式洋房风格的传入，并与云南地域风土建筑不断融合。个旧锡矿是近代滇南的重要支柱产业，与个碧临屏铁路的修筑息息相关，个旧老厂矿山采矿、选矿办公楼，个旧城内的云锡公司，私人商号、炉房等，也延续了滇越铁路站房的典型特征。老马拉格锡矿办公楼为本土化洋房风格，隅角和门窗套包砌石材，室内有壁炉，屋顶为机平瓦或石棉瓦；个旧锡务公司办公楼和钟楼为洋房风格，门楼顶部有巴洛克式山花墙，现存的几栋公房为同样的风格。

个旧宝丰隆商号（1916-1926 年），房主为锡商李聘丰，共有南、中、北三组院落，既是选矿、炼锡的工坊，也融居住、商贸功能于一体。建筑群为中西合璧式风格，中院主楼高 4 层，平屋顶，一、二层有券柱式外廊，门窗带有西式窗楣；入口门楼高 3 层，黄墙红瓦，四坡屋顶，中间窗楣和两侧山花墙有巴洛克式涡卷，隅角和门窗洞口均用石材包砌，门楼朝向内院为中式风格木结构戏楼；北院原为炉房，现发掘出遗址，北院与中院间为一组中西合璧风格的居住建筑，青砖外墙，素筒瓦屋面。宝丰隆商号体现出滇越铁路通车后建筑结构与材料的变化，同样的风格在个旧马成炉等锡商商号、炉号中也能见到。（图 5-37）

碧色寨作为滇越铁路与个碧临屏铁路的交汇车站，所有货物均需在碧色寨站换装，逐渐发展成最重要的车站之一，碧色寨也因此由一个小村庄发展成为一个繁忙的中转站和贸易集市。依托车站，在碧色寨小镇开设了洋行、酒楼、百货公司、邮

a．个碧临屏铁路公司办公楼（来源：全洁摄影）

b．鸡街站（来源：全洁摄影）

c．个旧站（来源：全洁摄影）

d．碧色寨站（来源：自摄）

e．蒙自站（来源：红河印象文化传媒）

f．建水站（来源：孔晓摄影）

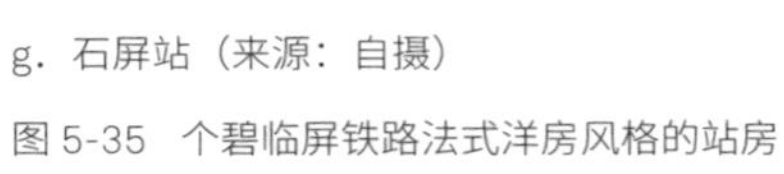

g．石屏站（来源：自摄）

h．乍甸站（来源：全洁摄影）

图 5-35　个碧临屏铁路法式洋房风格的站房

a. 临安站（来源：《个碧石铁路老照片》）

b. 坝心站（来源：石屏博物馆）

c. 乡会桥站（来源：自摄）

d. 下坡处站（来源：杨向红摄影）

图 5-36　个碧临屏铁路中西合璧风格的站房

政局等，既有法式洋房风格的站房，也有中式民居风格的警察分局，还有中西合璧风格的哥胪士酒店，主要特征是黄墙红瓦或灰瓦，隅角为块石砌筑，墙体有石墙、砖墙、夯土墙等。

## 2. 洋房式风格的本土化演变

### （1）受法式洋房风格影响的云南居住建筑

军阀统治时期，云南政局相对稳定，基本上是围绕“唐继尧—龙云—卢汉”为核心进行政权更替，唐继尧在位 14 年，龙云治滇 17 年。滇军将官和地方商绅建造的公馆建筑遍布全省，按建筑风格大致可以分为 3 类：

① 建筑风格延续云南传统风土民居的平面布局、结构体系和装饰特征，局部受

a. 个旧老马拉格矿（来源：云南锡博物馆）

b. 个旧锡务公司大门（来源：云南锡博物馆）

c. 个旧宝丰隆商号中院门楼（来源：自摄）

d. 个旧宝丰隆商号中院主楼（来源：自影）

图 5-37　个旧锡矿业中西合璧风格的建筑

外来法式洋房风格影响。建筑材料为砖、木、土、石混合，外来影响主要体现在建筑大门的巴洛克装饰，以及外立面隅角、门窗套包石的做法上。在云南各地，均有这种类型的近代民居。比如昆明滇军将领何世雄宅（1919 年），平面为四合五天井的传统民居格局，建筑主体为木结构，素筒瓦屋面，外墙隅角和门窗套为石材包砌；玉溪文兴祥商号（1934 年），融商业与居住功能为一体，平面为传统民居的四合五天井布局，隅角和门窗套为石材包砌，沿街大门为巴洛克风格。（图 5-38）

② 建筑风格受云南传统风土民居合院式布局影响，但平面、结构、外观、装饰均受外来建筑样式影响。平面为合院式，但已经不严格遵循传统的三坊一照壁、四合五天井等布局，素筒瓦屋面，在内廊、露台等局部采用混凝土结构，倒厅、厢房等屋顶形成小露台。这种近代民居在开埠较早的滇南和昆明地区较多。昆明钱王街的傅氏宅院（1931 年）为砖木结构三层，在传统民居格局的基础上，内院有石砌券

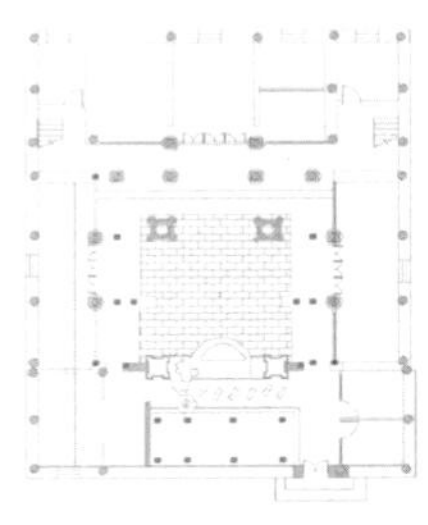

a. 昆明何世雄宅平面图（来源：根据徐世昌图纸改绘）

b. 昆明何世雄宅外观（来源：钱俊摄影）

c. 昆明何世雄宅内院（来源：钱俊摄影）

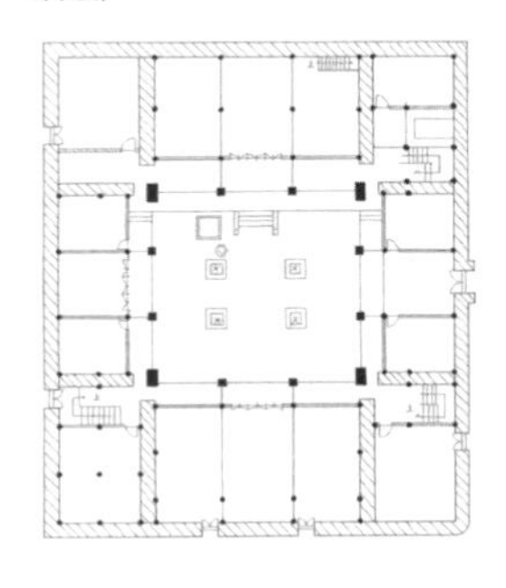

d. 玉溪文兴祥商号平面图（来源：根据杨庆科图纸改绘）

e. 玉溪文兴祥商号外观（来源：杨庆科摄影）

f. 玉溪文兴祥商大门（来源：杨庆科摄影）

图 5-38　受外来建筑装饰影响的中式合院式民居

柱式内廊，上部有露台，两侧厢房顶部露台上还有两座对称的四角亭。

红河迤萨镇是云南有名的侨乡之一，外出经商的人返乡后建造的宅院形成一种独特的近代民居风格，何国顺宅（民国初年）延续了传统的合院式民居平面格局，砖木结构三层，外墙为砖石砌，内院一圈带有内廊，倒厅顶部为露台，屋顶为素筒瓦，屋脊为西式；姚初宅（1937-1944 年）平面为横长方形的四合院，外墙为砖石砌，像一座碉楼，内院一圈有带弧形券的内廊，顶部为露台，入口大门和山墙带西式装饰。滇南彝族传统“土掌房”也夯筑平屋顶，这些近代民居用混凝土结构代替夯土，大大提升了防水性能，但在混凝土楼板之下仍用木格栅支撑，沿用土掌房结构做法，说明这时期的工匠并未完全掌握混凝土的结构性能与建造技术。（图 5-39）

③ 建筑风格受滇越铁路沿线站房风格影响，逐渐形成本土化的洋房风格。平面布局灵活多变，砖木结构为主，屋顶既有用进口红色机平瓦的，也有用本土素筒瓦

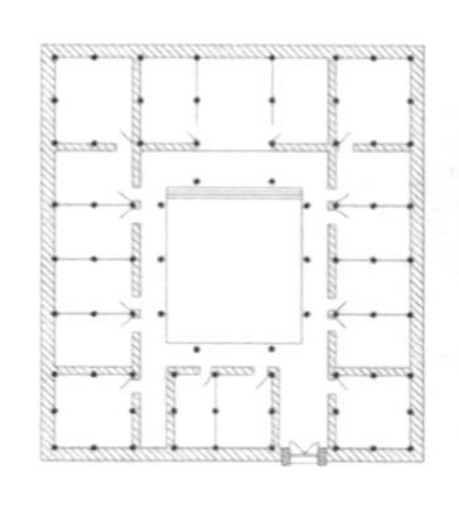

a. 迤萨何国顺宅平面图（来源：王正绘制）

b. 迤萨何国顺宅外观（来源：李应发摄影）

c. 迤萨何国顺宅内院（来源：李应发摄影）

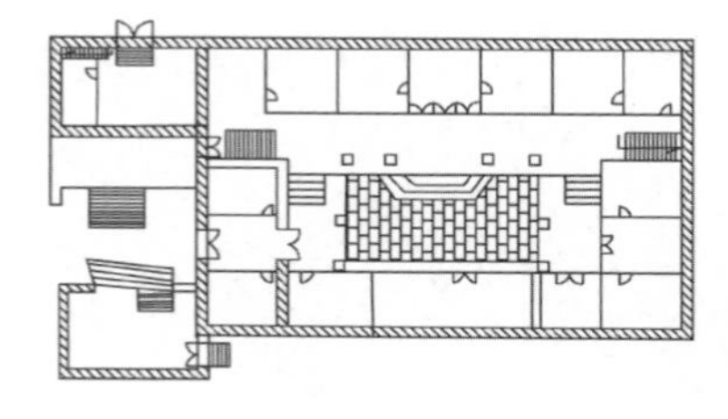

d. 迤萨姚初宅平面图（来源：王正绘制）

e. 迤萨姚初宅外观（来源 李应发摄影）

f. 迤萨姚初宅内院（来源：李应发摄影）

g. 迤萨姚初宅大门（来源 杨增辉摄影）

h. 昆明傅氏宅院大门（来源：自摄）

i. 昆明傅氏宅院内天井（来源：自摄）

图 5-39　受外来建筑结构影响的中式合院式民居

的，隅角及门窗套用石材包砌成齿型。这一风格还影响了民国时期云南的公共建筑。1935 年，云南省政府设开蒙垦殖局开发草坝，创办云南蚕业公司，开蒙垦殖局办公楼平面为“Y”字形，本土化洋房风格，素筒瓦屋面，隅角用石材包砌；云南蚕业公司办公楼风格与之相近，红色机平瓦屋面，隅角石材砌筑。开远龙翔公馆（1943 年）为一正两厢的三合院布局，外观为青砖墙体，素筒瓦屋面，内院带有混凝土结构的

露台，隅角和门窗套为石材包砌。昭通龙志贞公馆为素筒瓦屋面，黄色墙面，隅角用石材砌筑。（图 5-40）

（2）川渝地区受洋房式风格影响的公馆

军阀统治时期，重庆、成都的公馆建筑外廊式风格较多，也有部分本土化的洋房风格。云南的本土化洋房受滇越铁路法式洋房影响较大，主要特征表现为黄墙红瓦，隅角包石；而重庆、成都的本土化洋房受长江中下游开埠城市建筑风格的影响较多，又结合了本土建筑风格和材料，屋顶用小青瓦，墙面用青砖或石材，整体色调偏灰，立面装饰趋向简洁，入口多带有柱廊，形成了不同于云南的中西合璧的本土化洋房风格。

重庆的本土化洋房风格公馆典型的有：重庆杨森公馆（1928 年）为砖木结构两层，平面布局自由灵活，一层主入口带有柱廊；唐式遵公馆为砖木结构三层，平面自由灵活，一层仿石材外墙，二三层为青砖外墙，主入口带有柱廊；特园（1931 年）由川军将领鲜英所建，原规模较大，现保留了两栋对称的洋房，青砖外墙，入口有门廊；怡园（20 世纪 30 年代）自由平面，墙体为石材砌筑，室内有壁炉，屋顶有烟囱和老虎窗。成都的本土化洋房风格公馆较少，王泽俊公馆（20 世纪 30 年代）与西式花园洋房风格最接近，自由平面，多坡屋顶，机平瓦屋面，入口有门廊和露台，原建筑还有辅楼，用连廊相接；李家钰兄弟李注东的公馆为砖木结构三层，青砖外墙，圆券形窗洞，窗套等用红砖装饰，中式屋顶，小青瓦屋面，平面往前凸出两个半六角形。（图 5-41）

## 四、商业街的西式“表皮”立面

### 1. 军阀主导下建造的骑楼街

骑楼最早出现可以追溯到 1822 年的新加坡。内地骑楼最早出现在岭南，1899 年，张之洞任两广总督时便提出修筑“铺廊”，即骑楼[1]。1912 年，颁布了《广东省警

1　彭长歆．“铺廊”与骑楼：从张之洞广州长堤计划看岭南骑楼的官方原型 [J]. 广州：华南理工大学学报（社会科学版）,2006:66-69.

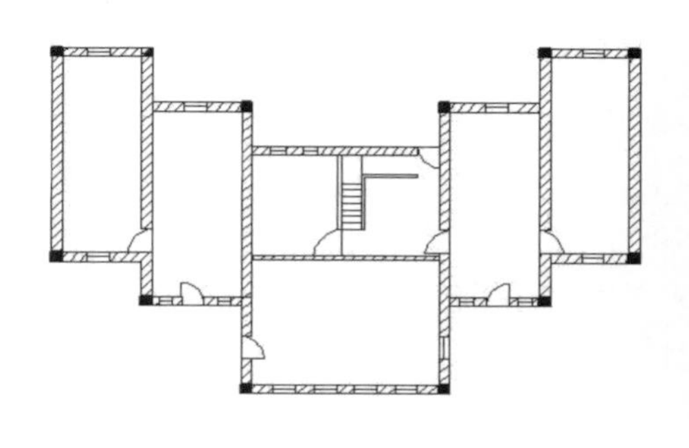

a．开远开蒙垦殖局办公楼平面图（来源：马滔绘制）

b．开远开蒙垦殖局办公楼（来源：曹定安摄影）

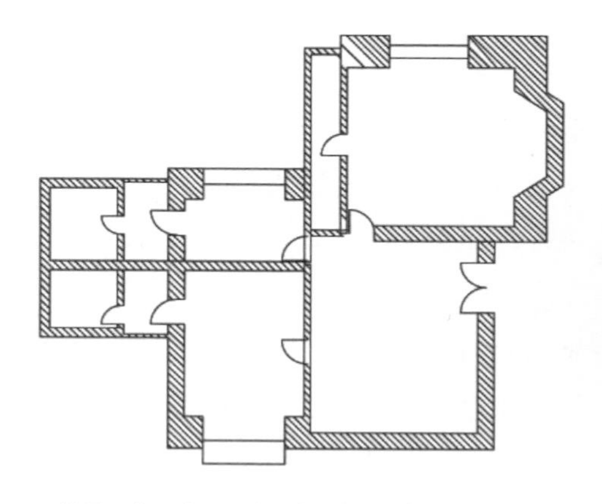

c．草坝云南蚕业公司办公楼平面图（来源：罗云绘制）

d．草坝云南蚕业公司办公楼（来源：李坤四摄影）

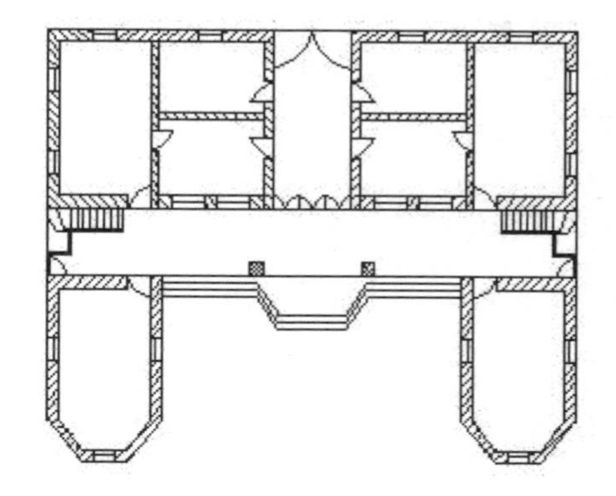

e．开远龙翔公馆平面图（来源：马滔绘制）

f．开远龙翔公馆（来源：曹定安摄影）

图 5-40　云南本土化的洋房风格

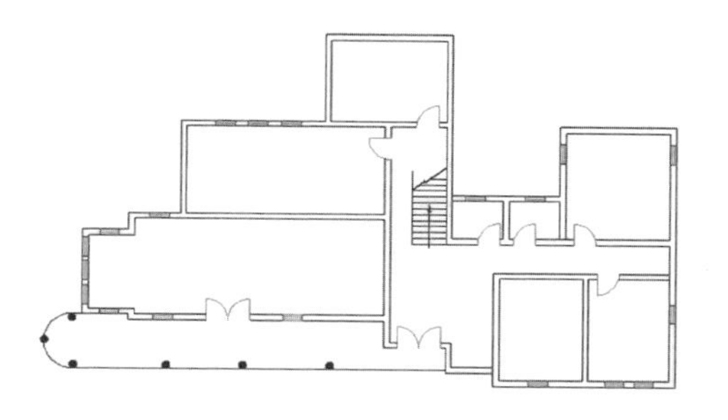

a．重庆杨森公馆平面图（来源：冯海绘制）

b．重庆杨森公馆（来源：徐晓渝摄影）

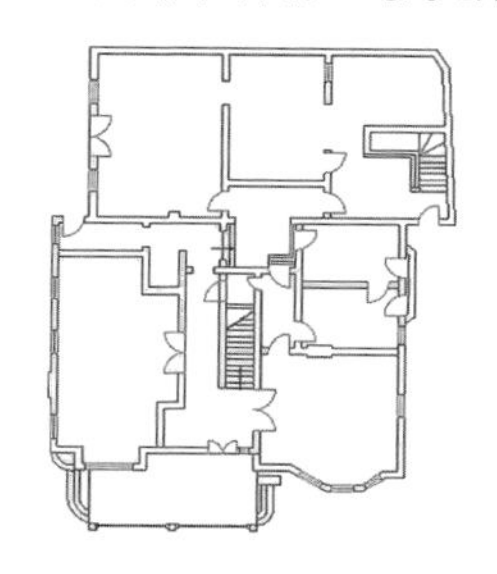

c．重庆唐式遵公馆平面图（来源：冯海绘制）

d．重庆唐式遵公馆（来源：胡征摄影）

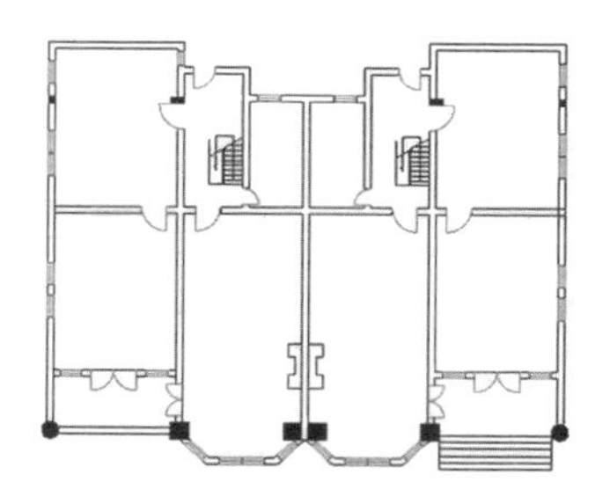

e．重庆特园平面图（来源：冯海、曹艺琳绘制）

f．重庆特园（来源：徐晓渝摄影）

g．成都王泽俊公馆（来源：“漫成都”微信公众号）

h．成都李注东公馆（来源：“东山国际新城”微信公众号）

图 5-41　重庆、成都本土化的洋房

察厅现行取缔建筑章程及实施细则》，骑楼作为一种正式的城市管理条例在岭南的城市中开始大规模流行，辐射并影响到南方其他城市，比如广西、海南等地。骑楼街比较适合南方沿海气候炎热潮湿且雨水较多的地区，宽阔的骑廊可作为人行道，炎热时利于遮阴和通风，下雨时可以避雨，一举多得，沿海城市平坦的地势也利于骑楼街的规划与建造。

骑楼街需要统一规划和建设，不是沿街居民自发的，由于要保证每家每户骑廊宽度的一致和贯通，骑楼街往往是一次性建造或由原来的传统商业街统一改造而来，这就需要依靠执政者和城市管理者的行政命令。西南近代骑楼街都是军阀主持建造的，是引进沿海城市规划与街区改造先进经验的产物，在贵阳、遵义、安顺、昆明、昭通、大竹等城镇都曾出现过，但并未广泛流行。

① 贵州的骑楼街

1926 年，周西成主政贵州后，根据《省政府组织法》设建设厅，下设贵阳市工程处，负责贵阳城区建设。贵州的骑楼街就是这一时期开始建造的，主要分布在贵阳的中华路、中山路、普定街，以及遵义、安顺等地，一般将主要的商业街加以改造而成，小街小巷仍是以传统风貌为主。

“贵州骑楼建筑临街面的柱廊、檐柱多用木柱或砖柱，或方或圆，廊宽 2 ～ 2.5 米，作人行道。内侧铺面多为木柜台，上装活动铺板，白天取下营业，夜间装上关闭。贵阳骑楼主体结构为穿斗式木构架，木壁板或者竹笆墙，与邻居之间，有的用封火砖墙隔断，以利防火，屋面为双坡（浅进深的用单坡），青瓦屋面，前檐或出檐，自由落水，或者在顶层做女儿墙，用天沟及落水管排水，女儿墙常做成牌坊形式，上书商号名称，一举两得。”[1]（图 5-42）

② 云南的骑楼街

1927 年，龙云出任省主席之后，云南开始出现骑楼街，时间与贵州接近。昆明最典型的骑楼街是同仁街，该街始建于 1872 年，最初由云南首富王炽修建。南起金碧路，北至宝善街，长 200 余米，民国期间经统一改造后，将同仁街两侧街面装饰为清一色的广式骑楼风格，一楼一底，廊内为人行道。

龙云、卢汉均为昭通人，昭通是川滇黔三省交通枢纽，商旅云集。在龙云治下，

1　贵州省地方志编纂委员会 . 贵州省志 • 建筑志 [M]. 贵阳 : 贵州人民出版社 ,1999:117-118.

a．20 世纪 20 年代的贵阳普定街（来源：《贵州 100 年 • 世纪回眸》）

b．20 世纪 20 年代末的贵阳大十字街区（来源：《贵州 100 年 • 世纪回眸》）

图 5-42　贵阳的近代骑楼街

昭通的主要商业街采用骑楼样式，包括陡街、西街、云兴街等，陡街有一定的坡度，形成了台阶状的高低起伏，云兴街建于 1935 年间，龙云与卢汉在原来的马王庙和辕街上分别投资建成一楼一底的西式骑楼。云南骑楼街的结构与贵阳骑楼街相似，多为一楼一底或两楼一底，一层是商业铺面，楼上居住或作其他用途，内部结构为中式木构架，沿街立面“拼贴”牌坊式或西式风格的门脸。（图 5-43）

③ 四川大竹的骑楼街

民国时期四川建设的骑楼街很少，代表性的是大竹县清河镇的骑楼街。此地为川军将领范绍增的家乡，相传 1931 年他带回仿西式建筑风格的图纸并出资建造。该骑楼街位于一片开阔山丘上，全长近 400 米，进场口略弯曲后即是一条笔直的石板街，两侧为两层连续柱廊，因地形呈一高一低之势。街心宽约 5 米，骑楼下层廊宽约 3.5 米，上层沿街作为阳台，间与间相互隔断，屋顶为小青瓦屋面，出檐短，没有女儿墙。骑廊的结构为梁柱式，用弧形券作为装饰，柱头带有西式风格灰塑，题材是本土的“大白菜”“南瓜”等普通乡村题材。（图 5-44）

骑楼本是广州地区在市政改良运动中，针对人口密集的旧城区所采取的相应城市规划政策[1]，骑楼街呈线性分布，前店后商，底铺上居，对于商业有极大的便利。

1　赖德霖，伍江，徐苏斌．中国近代建筑史 第二卷 多元探索——民国早期各地的现代化及中国建筑科学的发展 [M]. 北京：中国建筑工业出版社，2016:88.

a. 20 世纪 90 年代的昆明同仁街（来源：“昆明文旅”微信公众号）

b. 20 世纪 70 年代的昭通细节（来源：“昭阳融媒”微信公众号）

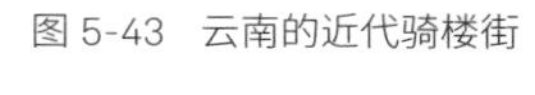

图 5-43　云南的近代骑楼街

a. 清河镇骑楼街（来源：《四川民居》）

b. 清河镇骑楼街屋面（来源：《四川民居》）

c. 清河镇骑楼街拱廊（来源：《四川民居》）

d. 清河镇骑楼街柱头（来源：《四川民居》）

图 5-44　四川大竹的近代骑楼街

而从近代建筑转型的进程来看，骑楼虽然采用了一些新结构新样式，但除了沿街立面外，内部仍是传统建筑布局，每户都是呈筒子楼式的连续排列，采光通风都会受到影响，仍是传统的延续和改良。

骑楼式建筑在被军阀引入西南时，更多的是从时髦的西洋样式上去模仿，并未从现代城市规划建设的角度去推广。此外，西南城市的山地条件并不利于骑楼街的规划与建造，夏季不似南方沿海地区炎热，经济不如沿海发达，人口密度不足以支撑起骑楼街的商业空间，在大竹清河镇这样的乡镇更是如此，因此，在西南并未被大规模采用。到20世纪30年代后，西南地区逐步引入了现代规划理论，开始修建“模范新村”和花园住宅，骑楼街则更少被采用了。

## 2. 新式商业街的“拼贴”立面

从全国各地的骑楼建筑的建造来看，多是在原有商业街的基础上，通过街面统一改造而来，大部分骑楼街主体还是传统的砖木结构，增加的沿街骑廊顶部有山花墙，多为牌坊式或巴洛克风格，立面与主体之间是一种“拼贴”的关系。

20世纪20年代，地处内陆的西南腹地，尤其是贵阳、遵义、安顺、昭通等城市，没有建立起近代营造厂的施工体系，也缺乏完全掌握西式建筑结构和建造技术的工匠，由本土工匠建造的骑楼街仍采用本地建筑材料与建造技术。贵州和四川的骑楼街主体为穿斗式木构架，在沿街“拼贴”西式风格门脸，顶部有山花墙或女儿墙，比如在贵阳玉皇阁和中华南路的商业建筑中，从侧立面可以清楚看出建筑整体为穿斗式木构架，沿街“拼贴”了西式风格的立面，梁柱式骑廊。而云南骑楼街建筑主体则为抬梁式木构架，屋面采用云南传统的素筒瓦，比如昆明同仁街，梁柱式骑廊，沿街立面也更接近云南近代建筑。昭通地区的传统建筑特征接近四川和贵州，其骑楼街也是拼贴式立面，券柱式骑廊为主，建筑主体为穿斗式木构架，小青瓦屋面。（图5-45）

除了骑楼街采用“拼贴”西式风格立面外，西南近代城市中主要商业街也逐步改造成为西式风格门脸，将中式传统沿街铺面改造为西式立面。比如清末成都最繁华的商业街是东大街，是传统的木构建的铺面，往南一片原是在弃置的空地上胡乱搭建的店铺，1924年，杨森下令在南侧空地修筑“森威路”，后来改称春熙路。20世纪30年代，春熙路一改晚清中式传统街道的面貌，沿街商铺大多已是西式门脸，

a. 贵阳玉皇阁附近的骑楼建筑（来源：《贵阳老照片》）

b. 贵阳大西门的骑楼建筑（来源：《贵州 100 年 • 世纪回眸》）

c. 贵阳大十字一带的骑楼建筑（来源：《贵州 100 年 • 世纪回眸》）

d. 20 世纪 30 年代的昭通陡街骑楼建筑（来源“微昭通”微信公众号）

图 5-45 西南近代骑楼街的拼贴式立面

内部结构仍以中式传统穿斗式木构架为主。同样，云南、贵州的商业街也大多“拼贴”西式立面，昆明邮局护国路营业处采用“拼贴”式立面，屋顶为素筒瓦，沿街西式立面风格更接近云南近代建筑。（图 5-46）

从以上类型的骑楼街和商业街可以看出，民国时期西南地区典型西式商业街的剖面构造形式主要三种：一是“拼贴”西式立面，底层为骑廊；二是底层为骑廊，二层为阳台，檐口出挑，立面带有西式装饰；三是“拼贴”西式立面，不带骑廊。这种注重外表装饰的西式立面商业街的流行，与清末以来流行的巴洛克风格门头背后的观念相似，代表了新时代的新风尚，与广东、广西、海南等地的早期骑楼做法基本一致，总体上仍是传统的延续，而不是适应工业化时代的新建筑类型。（图 5-47）

a．清末的成都东大街（来源：Rolling Thomas Chamberlin 摄影）

b．昆明邮局护国路营业处（来源：《一座古城的图像记录：昆明旧照》）

c．20 世纪 30 年代的成都春熙路（来源：《法国与四川：百年回眸》）

图 5-46　西南近代商业街的拼贴式立面

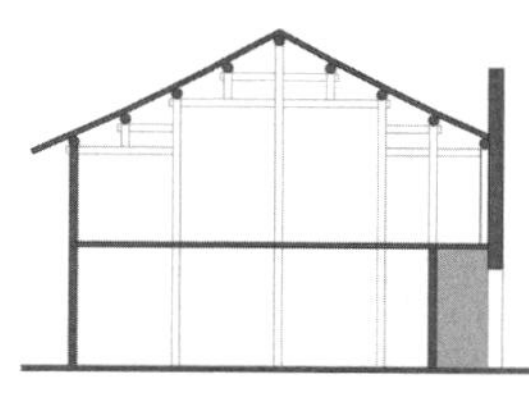

西式立面的骑楼街

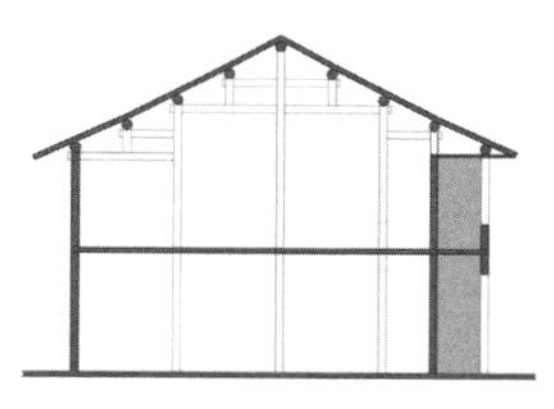

带阳台的骑楼街

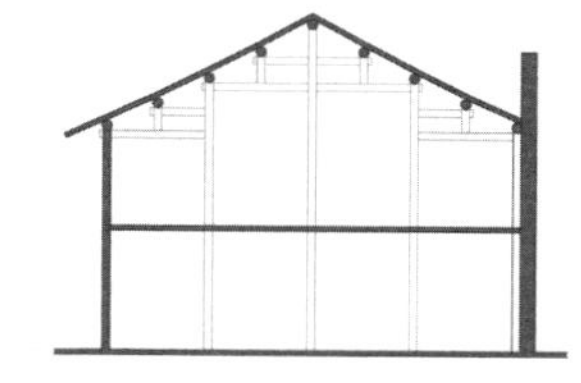

西式立面的商业街

图 5-47　西南近代拼贴式街面建筑剖面（来源：自绘）

# 五、新古典主义风格的本土化特征

## 1. 新古典主义风格建筑的类型

19 世纪的新古典主义建的有两种倾向："第一种是历史主义的倾向，在建筑中融入了历史风格，不仅是回到古希腊和古罗马，而是回到古代建筑发展的每一个成功的阶段，不管是早期基督教建筑、罗马风式、哥特式、文艺复兴式、巴洛克风格还是洛可可式，都把历史看作是辉煌的思想源泉。第二种是折衷主义的倾向，折衷主义与历史主义密切相关，这种倾向将两种或两种以上的历史建筑风格拼贴在一起，从而被称作折衷主义。这样一种新古典主义一直延伸到 20 世纪初，并且当新古典主义在欧洲本土已经逐渐为现代运动所取代的时候，却依然在美国和亚洲城市经久不衰。"[1]

20 世纪二三十年代，中国沿海沿江近代城市已进入发展的鼎盛期，上海、天津、武汉、广州等城市公共建筑已完成了从殖民地外廊式风格向新古典主义风格的转变。反观西南地区，从 1911 年到 1933 年间，长期处于军阀混战中，由于战争造成的破坏和经济凋敝，民族工商业缺乏稳定的发展环境，西南近代建筑业滞后，从建筑风格看，建造的新古典主义风格建筑较少。而这些新古典主义风格建筑又可以分为两类：一类是较为纯正的西方新古典主义风格，比如云南的一些近代建筑，另一类是带有明显的本土化特征的新古典主义风格，比如重庆和成都的一些近代建筑。

昆明东陆大学会泽院是云南大学的标志性建筑，1922 年，东陆大学成立，唐继尧和王九龄当选名誉校长，董泽为校长。会泽院 1924 年落成，为新古典主义风格，设计人张邦翰是中国早期留法学人[2]。会泽院位于台地上，居高临下，平面为"工字形"，正中为内走道，两侧布置房间，立面为新古典主义的"横五段"构图，正立面入口凸出宽大的门廊，简化的古典柱饰两层通高，清水红砖墙面，建筑的隅角和门窗套采用了云南近代建筑中典型的石材包砌的齿状装饰，顶部为平屋顶，带女儿墙。昆明甘美医院（1931 年）为典型的法式新古典主义风格，平面为"工字形"，内走廊式布局，立面为"横五段纵三段"构图，中间两段正面带有券柱式外廊，隅

1　郑时龄 . 上海近代建筑风格 [M]. 上海 : 上海教育出版社 ,1999:160-161.

2　赵若焱 . 云南大学会泽楼建筑初探 [J]. 建筑史论文集 ,2000.4:119-127.

角用圆柱装饰，所有窗均带有百叶窗，屋顶为带有西式装饰的山花墙，红色机平瓦屋面，有大量老虎窗和烟囱。（图 5-48）

重庆聚兴诚银行（1916 年）为典型的中西合璧的新古典主义风格，由留日工程师余子杰设计（一说为黎治平设计）。据记载，其样式和结构仿照日本三井银行，主要是对其平面布局和立面构图的借鉴，在屋顶形式、建筑用材、门窗样式等方面差异较大，聚兴诚银行带有明显的中西合璧风格特征："工字形"平面，立面为"横三段纵三段"的新古典主义构图，外墙为洋灰抹面，拱券门窗，窗楣带有西式线脚；屋顶为小青瓦屋面，纵横交错的中式歇山顶，开老虎窗；在中式屋顶中央有西式塔楼和穹顶，成为立面构图的中心。重庆总商会礼堂（1915 年）为新古典主义风格，由大同建筑公司施工，大门采用两层高的拱形门洞，二楼为弧形阳台，两侧为装饰壁柱，入口有高大的台阶。重庆药材公会（1926 年）融合了新古典主义、巴洛克和外廊式风格的特征，同时也采用本土的材料与工艺，外墙为青砖清水墙，正立面中间为券柱式外廊，小青瓦屋面，有简化的巴洛克山花墙。成都聚兴诚银行分行大楼（1919 年）由英国人苏约翰设计监造，横三段的新古典主义构图，孟莎式屋顶；1901 年，成都开设大清邮政分局，早期建筑为西式新古典主义风格，装饰考究，但毁于 1933 年的一场大火，1935 年，邮政总局派加拿大建筑师叶溶清（E.L.Aubrey）来成都重建西川邮政管理局新楼，1937 年竣工，砖木结构，立面对称构图，入口位于街角，中心为转角的塔楼，两翼带阁楼，西式坡屋顶，清水墙，钢门窗。（图 5-49）

## 2. 新古典主义风格的本土化特征

沿海沿江城市的典型新古典主义建筑在立面风格和细部装饰上是对西方新古典主义建筑的忠实模仿。这需要强大的经济基础作支撑，也需要有大批掌握外国建筑设计风格的建筑师和建造技术的承包商。大量外籍建筑师和留学归国的建筑师在沿海沿江城市开设洋行和建筑事务所，熟悉新古典主义风格建筑的设计，同时，本土的营造厂发展壮大，完全掌握了西式建筑的建造技术，几乎垄断了营造业，这都是沿海沿江城市建筑业繁荣及新古典主义风格盛行的原因。

西南地区在军阀统治时代，对外交通不便、战争频繁，整体经济水平落后，完全仿造西式新古典主义风格的建筑非常少，在模仿外观的同时对装饰进行简化，由

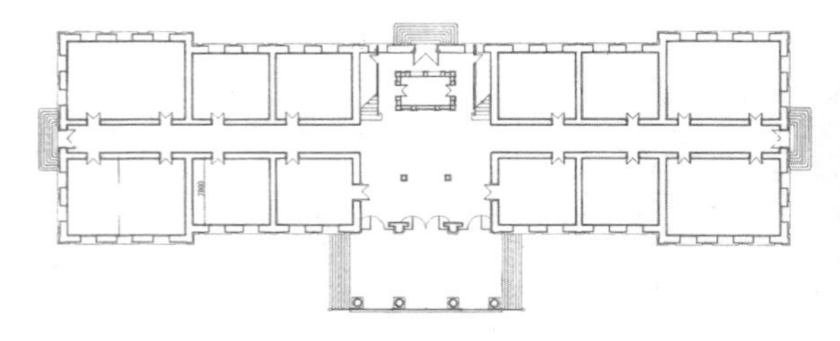

a. 云南大学会泽院平面图（来源：《中国近代建筑总览·昆明篇》）

b. 云南大学会泽院（来源：自摄）

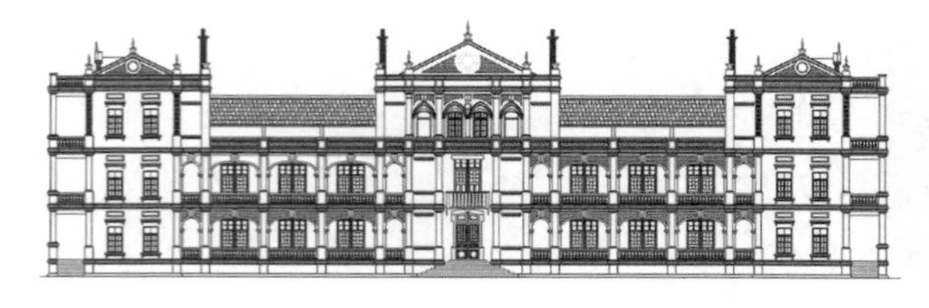

c. 昆明甘美医院复原立面图（来源：自绘）

d. 昆明甘美医院（来源："昆明西山发布"微信公众号）

图 5-48　昆明近代新古典主义风格建筑

a. 重庆聚兴诚银行（来源：《重庆近代金融建筑研究》）

b. 重庆总商会礼堂（来源：《重庆建筑志》）

c. 重庆药材公会（来源：胡征摄影）

d. 成都聚兴诚银行分行（来源：《成都市志·建筑志》）

e. 成都西川邮政管理局（来源"锦江发布"微信公众号）

图 5-49　重庆、成都近代新古典主义风格建筑

本地工匠以匠帮的形式承接施工，由于缺乏必要的机械设备，又尚未建立机制砖瓦建材的生产工业体系，只能使用当地较易获得的建筑材料，少量新材料要靠长江水路或和滇越铁路运入，价格昂贵。

重庆聚兴诚银行大楼融合了新古典主义与地域风土建筑特征。建筑主体为砖木石混合结构，半地下室为石材砌筑，地面三层为砖木承重，屋顶用木屋架，电梯间、地下金库为钢筋混凝土结构，电梯轿厢架为钢结构。此外，外墙整体采用洋灰（水泥）抹面，在砌筑砖墙时反而使用当地的石灰砂浆，强度低，平整度差。当时的水泥、钢材等新材料要从外地运入，为彰显银行财力而将来之不易、价格昂贵的洋灰用到"面子"上。从杂乱的结构体系，砌筑墙体的材料和工艺等，可以看出当地工匠对近代建的营造技术还不熟悉。

昆明会泽楼在建造之初便设立了东陆大学建筑事务所，专职负责会泽楼营建，任命杨克嵘为总理，张邦翰为工程师，法国人商索尔为工程顾问[1]。从两幅会泽楼的设计图来看，原方案为典型的法式新古典主义风格：第一幅立面图采用"横五段纵三段"构图，高大的西式坡屋顶，左、中、右屋顶均有三角形山花墙，中部还有一个古典圆穹顶来强化新古典主义构图；第二幅立面图在第一幅的基础上进行了简化，取消了高大的坡屋顶，改为平屋顶女儿墙，保留了中间的希腊式山花墙，中部取消穹顶，中间增加了凸出的门廊，用两层通高的古典柱式。最终建成后的会泽院，又做作了简化，取消了所有穹顶、坡屋顶和三角形山花墙，整座建筑改为平屋顶女儿墙。（图 5-50）

会泽院"建造时绝大多数都采用了本地的传统建筑材料，所需石料，起初采于圆通山一带，后来因此处石质较差，且开山炸石对市民造成干扰，便改由西山采石，用木船经滇池、篆塘，再用马车运抵工地；所需河沙，采自本省东面盘龙江内；所需砖瓦，由北门外大、小马村砖窑烧制供给，租用了三座砖瓦窑，自行组织工匠，加紧烧制；所需木料，大多数在昆明附近砍伐、采购"。[2] 此外，还有少部分水泥、木材依靠进口，为此还专门成立了工程处，负责采运材料，并聘法国人马业为材料

1　谭茂森 . 云南大学志 . 云南大学内部发行 ,1997:16.

2　谭茂森 . 云南大学志 . 云南大学内部发行 ,1997:18.

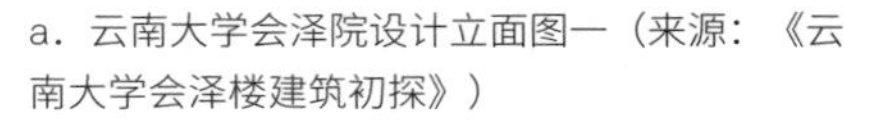

a．云南大学会泽院设计立面图一（来源：《云南大学会泽楼建筑初探》）

b．云南大学会泽院设计立面图二（来源：《云南大学会泽楼建筑初探》）

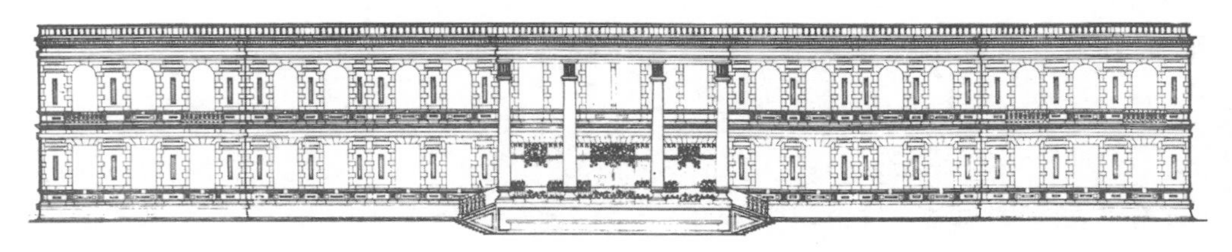

c．云南大学会泽院现状立面图（来源：《中国近代建筑总览·昆明篇》）

图 5-50 云南大学会泽院设计图纸与现状图纸

承办人[1]。少数特殊木料通过洋行由境外（主要是越南）购得，如曾“向若利玛行定购黑木二兜（火车皮）”，这些木料经滇越铁路运到昆明；所需水泥，因本省不能生产，也都购自外洋（主要是法国），如“复向若利玛行定购红毛泥（水泥）一兜”[2]。

会泽楼建造时对原设计的改动和简化，一是可以节约造价，二是当时西南地区的建筑材料和建造技术不足以支撑这样高大的穹顶。聚兴诚银行初建时的穹顶在20世纪30年代就被拆除，从侧面说明当时西南地区还缺乏建造大型穹顶结构的技术储备。在军阀统治时代，西南地区的营造技术与沿海沿江近代开埠城市相比仍有较大差距。

1 谭茂森．云南大学志．云南大学内部发行,1997:16.

2 同上。

# 六、中式建筑风格的传承与复兴

## 1. 新式学堂对传统书院的继承与创新

### （1）由传统书院演变而来的新式学堂

清末的传统教育可分为书院、私塾、义学等。西南地区的传统书院一般位于城市近郊，采用民居或寺庙的建筑形制，由四合院或一正两厢的三合院组合而成，典型的如江津栖清书院，始创于明代，位于山间台地上；万州白岩书院建于山间平坝上，主体建筑为传统合院式，山墙为四川民居的“猫拱背”墙或马头墙，民国时期的万县中学堂沿用了白岩书院的校舍；江津聚奎中学沿用了聚奎书院的讲学厅等房屋，在后来的改扩建中才逐渐打破了传统书院的空间格局；北碚逊敏书院始建于1817年，最初名为培英义学，是官倡民办的免费学校，1880年，改建为逊敏书院，1903年，江北厅按《钦定初等小学堂章程》规定又将逊敏书院改为逊敏小学堂，1946年，在此创办莲华中学，现存建筑群为三进院落，第二进为厅堂，传统民居风格。（图5-51）

a. 江津栖清书院（来源：《学舍百年——重庆中小学校近代建筑》）

b. 万州白岩书院（来源：《学舍百年——重庆中小学校近代建筑》）

c. 北碚逊敏书院（来源：莫骄摄影）

图5-51　清末重庆典型的书院建筑

19 世纪末，西方教会开始在西南地区创办新式学校，同时，洋务派在全国也掀起办新学的思潮。1901 年清廷正式在全国推行西式教育体系，“著各省所有书院，于省城均改设大学堂，各府及直隶州均设中学堂，各州县均改设小学堂，并多设蒙养学堂”。[1] 到 1905 年清廷正式废除科举制，新学才进入快速发展期 [2]。

重庆的近代新式学校分两类，主要由基督教会和具有新思想的本地士绅创办。1892 年，黎庶昌在重庆创办了四川第一所新式学校——“洋务学堂”，1898 年，又设立“中西学堂”，此外还有大量官立中学，如重庆府中学堂、万县中学堂、江津中学堂、巴县县立中学堂等，到 1911 年时，“渝中学校林立，学款丰厚”。当时的洋务学堂盛行“中学为体，西学为用”的主张，教育既重西式科学，也重传统文化，一些新式学校建筑在一定程度上保留了传统书院的形制。

1906 年，巴县知县蔡承云与夏风薰、邓鹤翔等成立了官立江津中学堂并新建校舍。新校舍整体为单层穿斗式木构架，合院式布局，中轴对称，设计者为日本留学归来的建筑师，功能的划分仿照日本某海军学校布局模式 [3]。校舍共三进，第一进为门厅，第二进为教室，第三进为主讲堂，一、二进之间是横向的狭长天井，中间由过亭相连，是传统庄园建筑的典型空间形式；二、三进之间的院落是宽阔的操场，有别于传统古建筑狭小的庭院，与云南陆军讲武堂院内布置操场的格局类似；正房和厢房根据功能的需要来定每个开间面阔，并不按照传统建筑明间、次间、梢间的形制，每间房屋进深大，一分为二作为教室，单侧采光，立面上开大面积玻璃窗；沿内院一圈为走廊，可以环通，既可遮阳，也可避雨，与成都平安桥天主教修院相似；屋顶采用小青瓦悬山顶，没有传统建筑复杂的脊饰，仅过亭为歇山顶，带有传统脊饰，正脊做成牌楼形制。江津中学从外观上看仍是地域风土建筑，平面布局也与传统书院有一定的传承关系，但其设计已打破了传统建筑的诸多限制，在平面尺度、建筑空间、采光通风等方面均遵循满足学校实际功能需要的原则。（图 5-52）

1 光绪朝东华录 [M]. 中华书局 .1958:417.

2 隗瀛涛 . 近代重庆城市史 [M]. 成都 : 四川大学出版社 ,1991:666-669.

3 欧阳桦 , 李竹汀 . 学舍百年——重庆中小学校近代建筑 [M]. 重庆 : 重庆大学出版社 ,2014:66.

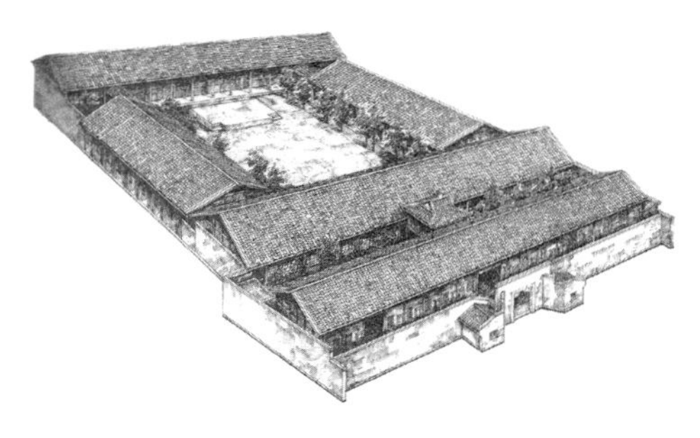

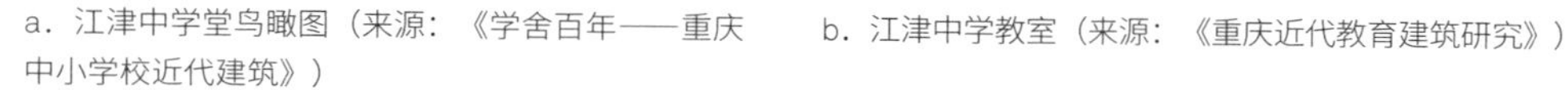

a. 江津中学堂鸟瞰图（来源：《学舍百年——重庆中小学校近代建筑》）

b. 江津中学教室（来源：《重庆近代教育建筑研究》）

图 5-52　江津中学建筑群

（2）在传统书院建筑空间上的创新

民国以来，随着近代教育的普及，课程内容的改革，传统书院的建筑形制已无法满足新式学校教育的需求，因此，在传统书院建筑空间中开始有所创新。江津聚奎中学是典型的代表，位于白沙镇附近的黑石山上，前身为1880年成立的聚奎书院。书院依山而上，建筑以组群的方式分布在山林之中，环境清幽。现存聚奎书院主体建筑为四周围合的合院式，前有广场、院墙和三开间的大门，院落中轴线上建有讲学厅，穿斗式木构架，与门厅和后房相连，屋顶采用勾连搭的三个双坡顶组合，有别于传统建筑，目的在于形成了一个无柱的室内大空间，便于讲学需要。

随着聚奎书院的知名度越来越高，原有的书院和讲学厅已不能满足学生及大型集会的需求。1910年，开始在后院建石柱洋楼，砖木结构，梁柱式外廊，小青瓦四坡顶，与大门、讲学厅等在同一轴线上。1928年，又在石柱洋楼后侧建造了鹤年堂，作为新的大礼堂使用，砖木结构，方形木柱，上承木屋架，室内分上下两层，入口为门厅，中间为礼堂，采用通高的大空间，大厅西端还有仿西式剧院的舞台，室内地坪随着地势而升高，呈阶梯状。鹤年堂的屋顶外观仿重檐歇山顶，根据空间需求而有所创新，小青瓦屋面，第二层屋面下两侧有类似厂房的高侧窗。鹤年堂的设计体现了用传统的材料与技术建造西式大空间的智慧，是对中国传统建造技术的继承和创新。（图5-53）

a. 聚奎中学鸟瞰图（来源：《学舍百年——重庆中小学校近代建筑》）

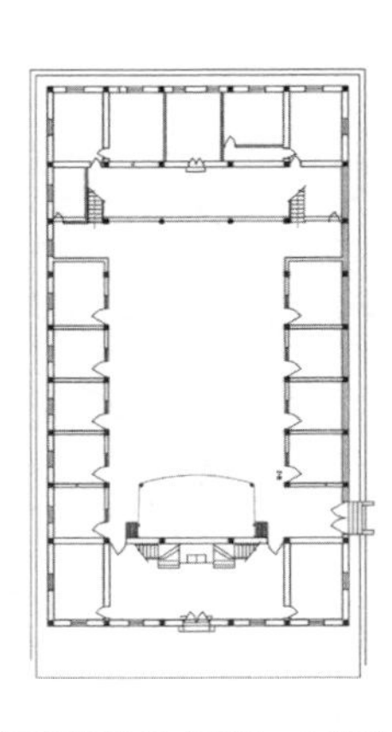

b. 聚奎中学鹤年堂平面图（来源：王忠全绘制）

c. 聚奎中学讲学厅（来源：自摄）

d. 聚奎中学讲学厅室内（来源：自摄）

e. 聚奎中学鹤年堂（来源：自摄）

f. 聚奎中学鹤年堂室内（来源：自摄）

图 5-53　江津聚奎中学建筑群

## 2. 从中国民族形式到固有式建筑的转变

与“新古典主义”建筑的概念一样，“中国新古典主义”建筑也没有一个准确的定义。关于这一建筑风格的称谓见于学术著作中的就有“中国民族形式”“中国式建筑”“中国固有式建筑”“中国新古典主义建筑”“中国古典复兴建筑”“中国古典样式新建筑”“中国建筑的文艺复兴”“中国传统建筑艺术复兴”“近代宫殿式建筑”等。

本书采用“中国新古典主义建筑”来统称 19 世纪末至 1949 年间对中国古典建筑复兴的尝试。而以“中国固有式建筑”特指以 1929 年南京国民政府在《首都计划》中倡导“中国固有之形式”为标志，继而广泛采用中国宫殿特征的建筑形式，是中国新古典主义建筑的后一阶段，并将在此之前西方基督教主导的结合不同地域传统建筑特征的探索称为“中国民族形式”。两者的相同点在于：都受西方新古典主义风格的影响，有学院派建筑师参与设计，他们提倡“中国建筑的文艺复兴”，这是一种现代功能，而形式则是彻底的中国化，受西方建筑思潮影响的新形式[1]。而两者的区别在于：中国民族形式采用西式建筑的平立面构图方式，屋顶及材质在视觉效果上联想到中国，如采用地方的屋脊装饰或建筑师创造的新样式，多用小青瓦屋面，以砖（石）木混合结构为主；而中国固有式建筑“具有中国古代木构官方建筑某些特征及其相对应的视觉效果，如‘大屋顶’、仿木结构柱、梁及斗栱、彩画等”[2]，屋顶多用筒瓦，且开始“运用西方传入的新材料、新结构、新技术，如钢筋混凝土框架结构以及桁架等”[3]。

### （1）基督教学校中最早采用的中国民族形式

从全国范围来看，最早做出中国新古典主义建筑尝试的是基督教传教士，在西南地区同样出现在早期的教会学校建筑中。“随着基督教在西南地区传播的兴盛，来自北美的基督教会主张用西方文化改造中国文化，建立有利于传播基督教的社会

1　郑时龄 . 上海近代建筑风格 [M]. 上海 : 上海教育出版社 ,1999:240.

2　李海清 , 汪晓茜 . 叠合与融通——近世中西合璧建筑艺术 [M]. 北京 : 中国建筑工业出版社 ,2015:23.

3　同上 .

文化环境，通过参加教育、出版等公共事业来影响中国上层社会以实现基督教化的目的，一般称之为‘现代派’。”[1]基督教会希望以学辅教，积极开辟传播西学的途径，在某种程度上迎合了当时中国变法图强，“师夷长技以制夷”的社会心态。

19 世纪末，美国基督教会在重庆创办了求精中学、广益中学、启明中学、私立淑德女中等学堂，法国教会在重庆杨家十字街开设的法文学堂等[2]。其中典型代表是 1891 年，美国基督教美以美会创办的求精高等学堂，校内有教学楼、办公楼、教师宿舍、学生宿舍等，采用西式分散式布局[3]，办公楼是典型的中国民族形式屋顶，平面为“工字形”，立面采用“横三段纵三段”式构图，屋顶由综合交错的中式歇山顶组成，两翼以山面作为正面，檐下有木牛腿支撑，翼角向上起翘。1894 年，英国伦敦基督教公谊会在重庆下都邮街公谊会会址创办了广益书院，1901 年，在巴县崇文里文峰塔东侧修建新校舍，更名广益中学，教学大楼是典型的中国民族形式，砖木结构四层，平面为“T”字形，形成横向歇山顶与纵向歇山顶相交的形制，在屋脊相交处有四角攒尖顶亭子，屋面有老虎窗，翼角起翘较大，具有重庆古建筑轻盈特征，檐下用斜撑，窗户和门洞采用拱券形式。（图 5-54）

华西协和大学是基督教在西南地区创办的唯一一所高等院校。1904 年，美国美以美会、浸礼会，加拿大美道会，英国公谊会商讨创建华西协和大学的计划草案，1908 年，英国圣公会加入建校的筹备行列，当时的成都市民都称之为“五洋学堂”。华西协和大学模仿欧美大学的管理模式，由几所独立自治的学院组合成大学，于 1910 年 3 月正式挂牌招生。先建成了华西协和中学（1909 年），立面风格与求精高等学堂和广益中学教学楼相似，采用西式平面与中式屋顶，纵横相交的歇山屋顶组合，正中有一小型四角攒尖顶的中式亭子，立面装饰较为简洁，奠定了华西协和大学建筑群普遍采用中国民族形式的基调。

1911 年，华西协和大学“校务委员会”在国外专门组织了一次设计竞赛，邀请了四家建筑商来投标建筑设计，一家美国，一家加拿大，两家英国的建筑公司。这可能是有意识融合中西建筑文化最早的一次设计竞赛活动，华西协和大学的创始校

1 董黎 . 中国近代教会大学建筑史研究 [M]. 北京 : 科学出版社 ,2010:25.

2 隗瀛涛 . 近代重庆城市史 [M]. 成都 : 四川大学出版社 ,1991:664-665.

3 欧阳桦 , 李竹汀 . 学舍百年——重庆中小学近代建筑 [M]. 重庆 : 重庆大学出版社 ,2014:85.

a．求精高等学堂全景（来源：《学舍百年——重庆中小学校近代建筑》）

b．求精高等学堂办公楼（来源：《学舍百年——重庆中小学校近代建筑》）

c．求精高等学堂办公楼局部（来源：《重庆市优秀近现代建筑》）

d．广益中学鸟瞰（来源：《重庆近代教育建筑研究》）

e．广益中学老教学楼（来源：《重庆近代教育建筑研究》）

图 5-54　重庆基督教会中学的中国民族形式建筑群

长约瑟夫•毕启（Joseph Beech）曾回忆道："在大学建设上，我们决定创立一种全新的，与中国传统风格相和谐的中西融合的大学楼宇建筑风格。我们的这一建筑风格后来被中国的其他基督教大学广泛采用。"[1]

到1912年11月，校务委员会选择了英国建筑师弗列特•荣杜易（Fred Rowntree）的设计，创立了一种既富有华丽的中国建筑元素又具备稳定的西方建筑结构的建筑风格。他的设计方案不但在大学设计竞赛中中标，在他访问成都实地展示时还得到了当地政要、民众的称颂。这种高水平的东方大学建筑风格也使华西协合大学在中国的大学建设中独树一帜，气势不凡[2]。中标后，荣杜易曾于1913年从欧洲到莫斯科，转乘火车到北京，然后经汉口、重庆抵成都，考察了华西坝大学校址的风土人情和地理环境，此后还去了日本考察。

华西协和大学建造过程中，"先后担任建筑总监的是几位加拿大籍工程师。首任建筑总监李克忠（Raymond Ricker）有多年的在华经历，对川西建筑颇有考究，他是实现荣杜易设计蓝图的先行者。继任建筑总监叶溶清（E.L.Aubrey），从1910年起负责校园建设达18年之久。此后，接任建筑总监的是苏继贤（William G.Small，人称'苏木匠'），他从1928-1950年担任建筑总工程师，设计了大学的后期建筑"。[3]

亚克门纪念学舍（1914年）是华西协和大学中最早的一栋校舍，平面格局较华西协和中学更复杂，正立面中间和一翼凸出山墙面，在建筑的一角建有中式五层的亭阁，其造型与早期天主教堂如贵阳北天主教堂的钟楼相似，立面装饰融入了更多的中式传统建筑元素，但尚未出现后来建筑中各种非传统的动物装饰图样。

此后，在华西协和大学校园内陆续建成了怀德堂（1919年）、合德堂（1920年）、万德堂（1920年）、雅德堂（1925年）、嘉德堂（1926年）、懋德堂（1926年）、育德堂（1928年）等，这些建筑均采用相类似的中国民族形式。平面为"工"字形或"王"字形，新古典主义的立面构图，纵横交错的中式歇山顶组合成复杂的屋顶形态，两翼向外凸出歇山的山墙面，带有地域风土建筑特征的屋檐起翘和屋脊装饰。

1 约瑟夫•毕启.大学之初：华西协和大学的故事.温江译自：边疆研究会杂志.JWCBRS 6,1934:91-104.见:http://blog.sina.com.cn/s/blog_14d1655d40102w03a.html.

2 J.Taylor.History of west China Union University 1910-1935.Cheng Tu:59.见：董黎.中国近代教会大学建筑史研究[M].北京：科学出版社,2010:67-68.

3 罗照田.东方的西方：华西大学老建筑[M].成都：四川人民出版社,2018:214.

这些建筑的主要区别在于中间入口的处理：合德堂入口顶部有三重檐的中式楼阁；万德堂入口为平面略凸出的重檐歇山面，中部原有重檐中式楼阁；怀德堂、懋德堂和嘉德堂入口增加了歇山顶的抱厦。早期的钟楼下部为中式歇山顶，顶部为中式四角攒尖顶亭阁，屋顶坡度较陡，翼角起翘高，带有地方古建筑特征，在 1953 年将屋顶改成了现状更接近北方官式建筑的形象。华西协和大学的校门之一为中式八字朝门的牌坊式，开拱券形大门。（图 5-55）

### （2）由新古典主义“转译”而来的中国民族形式

梁思成曾提出“建筑可译论”——“中西传统建筑上都有同样功能的屋顶、檐口、墙身、柱廊、台基、女儿墙、台阶等可以称之为‘建筑词汇’的构件，如果将西洋建筑中的这些词汇改用相应的中国传统词汇替代，则可以将一种西洋风格“翻译”成一种中国风格。”[1]

早期中国民族形式建筑风格的形成，可以看作是将西方新古典主义转译成中国新古典主义风格的过程。这种“转译”在华西协和大学建筑群中，又可分为两种典型风格。一种风格是工字形或王字形平面布局，古典主义的横五段纵三段的构图，立面对称，中部向上凸出塔楼，形成立面构图的中心。美国康奈尔大学管理学院萨吉堂与约翰霍普金斯医院大楼均采用此构图，西式红砖清水墙，西式坡顶，塔楼为尖顶或穹顶，位于入口上方或纵横相交的屋顶中部。华西协和大学合德堂（1920 年）和万德堂（1920 年），也采用此构图，清水青砖外墙，中式歇山顶，塔楼为中式楼阁式，即将西式建筑词汇代之以中式传统词汇，创造出一种整体为中式外观的新颖样式。（图 5-56）重庆聚兴诚银行大楼（1916 年）是介于二者之间的风格，立面构图、门窗、中部穹顶为西式语汇，而屋顶为中式语汇。

另一种风格同样是工字形或王字形平面布局，古典主义的横五段纵三段的构图，立面对称，中部不做塔楼，而以凸出的门廊来强化入口。在中国近代建筑尤其是学校、医院建筑中，采用西式新古典主义风格的较多，如上海交通大学图书馆（1919 年）即是西式新古典主义风格，清水砖墙面，屋顶为西式的巴洛克风格山花墙，红色机

1　赖德霖，伍江，徐苏斌．中国近代建筑史 第三卷 民族国家——中国城市建筑的现代化与历史遗产 [M]. 北京：中国建筑工业出版社，2016:83.

a．华西协合中学教学楼（来源：《东方的西方：华西大学老建筑》）

b．亚克门纪念学舍（来源：《东方的西方：华西大学老建筑》）

c．懋德堂（来源：孙明经摄影）

d．雅德堂（来源：《东方的西方：华西大学老建筑》）

e．嘉德堂（来源：孙明经摄影）

f．育德堂（来源：《东方的西方：华西大学老建筑》）

g．钟楼（来源："四川大学"微信公众号）

h．校门（来源："四川大学"微信公众号）

图 5-55　成都华西协和大学早期建筑群

a. 美国康奈尔大学管理学院萨吉堂（来源：“读书杂志”微信公众号）

b. 美国约翰霍普金斯医院大楼（来源：“三点水留学”微信公众号）

c. 华西协和大学合德堂（来源：《东方的西方：华西大学老建筑》）

d. 华西协和大学万德堂（来源：《东方的西方：华西大学老建筑》）

图 5-56　华西协和大学建筑与西方新古典主义建筑的比较

平瓦屋面，开老虎窗，有女儿墙，不出檐。而华西协和大学怀德堂（1919 年）是典型的中国民族形式，清水青砖外墙，纵横交错的歇山顶，小青瓦屋面，屋顶出檐，用斗栱状的牛腿支撑，层层错落。

二者外观截然不同，但从平面布局、立面构图等设计逻辑上看具有相似性，均采用相似的工字形平面布局，怀德堂立面看似无规律，但同样是横三段纵三段构图，差异在于为了打破中式大屋顶带来的视觉上的沉闷，通过调节屋顶高度、增加凸出体块、变化屋顶形态、增加入口抱厦等，形成高低、纵横、形态各不同的多重屋顶，使其视觉效果更丰富，远远看去，像一组古建筑群。（图 5-57）

从华西协和大学的设计图纸中更能看出这种“转译”的方法。图书馆（懋德堂）的内部为西式屋架的砖木结构；立面主要为中式歇山顶，侧面为五开间，较为符合歇山顶的立面比例，中部为重檐歇山出抱厦的入口；而由于工字形平面的需要，正

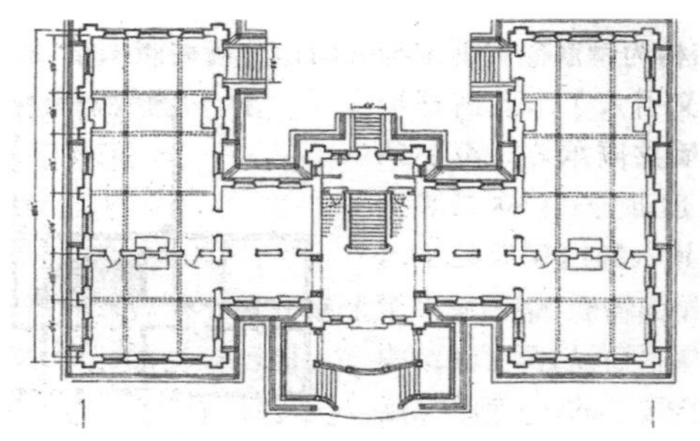

a. 上海交通大学图书馆平面图（来源：《中国建筑现代转型》）

b. 上海交通大学图书馆（来源：上海交通大学校史博物馆）

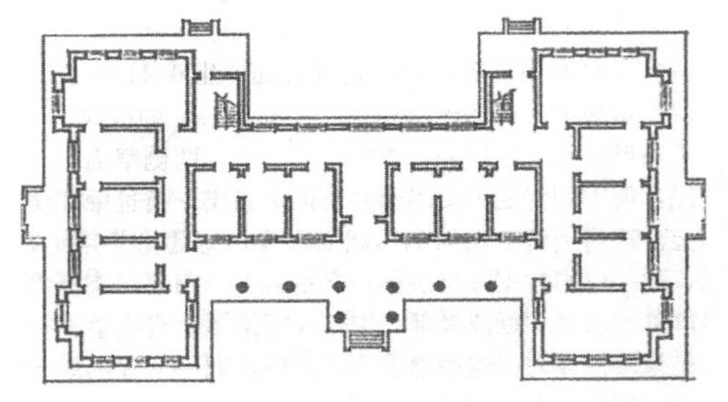

c. 华西协和大学怀德堂平面图（来源：《中国近代教会大学建筑史研究》）

d. 华西协和大学怀德堂（来源：《东方的西方：华西大学老建筑》）

图 5-57 华西协和大学怀德堂与上海交通大学图书馆的比较

面屋顶被拉长，失去了传统歇山顶的比例关系，因而将屋顶中部五开间升高，形成半层高的重檐歇山顶；左右伸出的两翼采用歇山面朝外的手法，中部入口增加歇山顶抱厦，作为入口门廊，形成丰富的屋顶形态。其他建筑的设计逻辑基本相似，青砖黑瓦，间以大红柱、大红封檐板，以及清一色的中式歇山大屋顶，在屋脊、飞檐上点缀以远古神兽、龙凤、怪鸟，檐下用斗栱为装饰，形成了华西协和大学建筑群整体的中国特色。设计图中的配景还绘有东方式的庭院石灯、撑着油纸伞的人物，以及停放在入口的花轿，处处呈现出一种神秘古朴的东方美感。（图 5-58）

### （3）中国民族形式中融入多种建筑特征

华西协和大学建筑群融合了本土风土建筑的典型特征。荣杜易在入川路上对四川地区的古建筑和民居有所见闻，又在成都周边考察了 3 周，似乎有意在华西协和

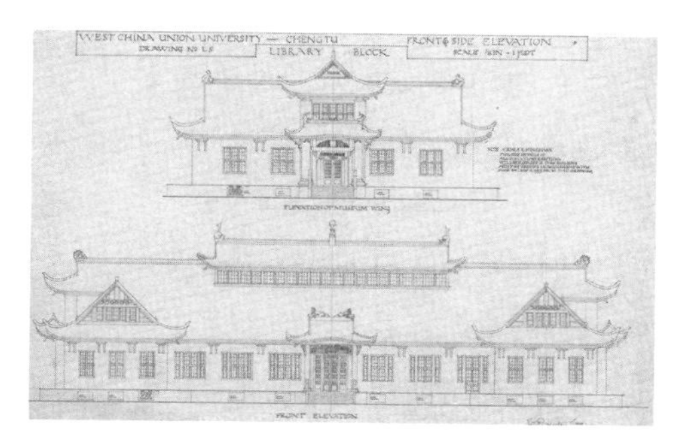


a. 懋德堂设计立面图（来源：“四川大学”微信公众号）

b. 懋德堂设计透视图（来源：“四川大学”微信公众号）

c. 嘉德堂设计图（来源：“四川大学”微信公众号）

d. 怀德堂入口门廊设计图（来源：“四川大学”微信公众号）

e. 怀德堂室内设计图（来源：“四川大学”微信公众号）

图 5-58　华西协和大学建筑设计图

大学建筑屋顶中融入当地古建筑意向。最典型的是屋顶和翼角飞升的趋势，繁复的屋脊装饰等，都与四川当地的寺观庙宇具有视觉上的联系。如怀德堂将屋顶化整为零，形成了多个高低错落，前后大小不等的屋面，远观形似川西地区常见的层层跌落的山地宫观庙宇建筑群。（图 5-59）

荣杜易入川前还游历了故宫，离开成都后还去了日本，因此，在最终呈现的华西协和大学建筑群设计中，还集成了各地建筑的样式和装饰，比如嘉德堂入口门廊既有中国北方官式建筑风格的红柱绿额，也有借鉴自日本古建筑的“唐破风”檐口。在装饰细节上，又大胆地突破中国古建筑的传统纹样和形象，进行改造和创新。比如，怀德堂室内设计图的梁架结构逻辑是西式桁架，但装饰图案是中式传统样式的变化，侧面檐下有蹲坐的飞狮；嘉德堂将四川传统建筑檐下撑弓设计成秃鹫或其他鸟的图

a．四川乡间的庙宇（来源：《巴蜀老照片》）

b．雅安城墙旁的庙宇（来源：《巴蜀老照片》）

图 5-59　四川本土传统庙宇建筑屋顶意向

案，而屋脊装饰则将传统中式动物图样换成了西方文化中熟知的图样，比如鳄鱼、变形的龙、象鼻、飞马、猫头鹰等；檐口斗栱也不再做成传统样式，而是根据支撑檐口出挑的结构需要设计了几种新样式，形成了独具一格的风格。这些东西方神兽、龙凤、怪鸟在屋脊上的运用，打破传统，给人以神秘古朴的东方意象。（图 5-60）

华西协和大学大部分建筑材料都取自当地，例如在成都三瓦窑一带定制的砖瓦，来自四川西部高山的木材，从岷江上游河岸采集的石灰石等，而铁钉和玻璃等，主要是从汉口和上海甚至国外采购而来。从建造逻辑来看，不同于传统建筑的穿斗式或抬梁式，而是采用西式砖木结构墙身，以木桁架搭建出坡屋顶的结构和形态。外立面的很多构件既有支撑出挑的受力，也起到装饰作用，比如出挑檐口用墙上伸出的斗栱或牛腿支撑，是在原有斗栱和撑弓的基础上进行的改进并装饰成动物形象。

### （4）中国民族形式在教会建筑中兴起的原因

19 世纪末 20 世纪初，西南地区的基督教传教士最早在教会学校建筑中采用“中国民族形式”，主要是受几个方面的因素影响：

① 天主教的本土化政策与基督教的“本色化运动”，都希望传教与本土文化相结合，采用中式建筑外观是本土化策略的一部分。如何将西方建筑空间与中国传统建筑的木构架相结合，是从早期天主教传播时一直在探索的问题，受本土化政策的影响，天主教堂中出现融合中式民居风格的教堂和修院。传教士们逐渐认识到，“中国建筑是中国人思想感情的具体表达方式，寄托了他们的愿望，包含着他们民族的历史和传统。我们

a．嘉德堂入口门廊

b．懋德堂屋顶脊饰

c．嘉德堂正脊中堆

d．嘉德堂翼角撑弓

e．怀德堂檐下飞狮

f．育德堂檐下斗栱

g．嘉德堂檐下斗栱

h．嘉德堂檐下支托

图 5-60　华西协和大学早期建筑群的装饰（来源：自摄）

为什么不能采用更有效率的传教方式，将教会的教堂修造成符合中国民族精神的建筑形式呢？使我们有可能借助建筑形式来表达对中国民族文化的敬意和欣赏”。[1]

② 19 世纪末的中国处于内忧外患之中，尤其是 1895 年甲午战争前后，正是西南地区教案高发的时期，采用中国传统的建筑样式能有效缓和这种中西方对立的情绪和矛盾。华西协和大学在挑选设计方案时，“托事部把三份参选竞标的大学设计方案匿名展示给成都的本地名流、士绅，由民众投票他们中意的楼宇校舍。结果，荣氏的建筑审美观和中国士绅的审美情趣不约而同。他的设计方案以其优美秀丽的造型和大气磅礴的布局得到了当地士绅的一致认同”。[2]

③ 基督教“现代派”提倡以学辅教，建造新式中学与大学，学校建筑不受教堂的空间和样式的限制，更有利于与中国传统建筑的结合。这一时期基督教会在全国创立的一系列教会大学、中学，多是采用中国民族形式。上海圣约翰大学“怀施堂”（1894 年）采用了西式建筑的平面布局、结构体系和立面风格，而屋顶为典型的中式歇山顶。这些教会学校建筑对西南近代建筑产生了影响，而华西协和大学所创立的建筑样式又影响了全国其他地区的教会建筑。

#### （5）中国民族形式被中国固有式建筑替代

华西协和大学的建筑风格在创立之后，形成了中国民族形式的一种典型范式，影响到西南基督教会的其他建筑。成都基督教青年会大楼（1923 年）外观模仿华西协和大学教学楼的中国民族形式，正立面的中间有重檐楼阁；重庆教会开办的仁济医院住院部大楼为中国民族形式，平面采用王字形，立面为新古典主义构图；昆明基督教青年会大楼（1931 年）平面为 L 形，入口位于转角处，上有八角形塔楼，立面带有中国民族形式建筑特征。（图 5-61）

“19 世纪 20 年代以后，各地的中国古典复兴建筑样式渐渐被北方宫殿式的建筑风格所统一，又被称为中国固有式建筑，这种风格的兴起与民族意识的觉醒、爱

1 Dom Adelbert Gresnigt,O.S.B Chinese Architecture. 见 :Building of Catholic University of Peking, No4, May 1928:38-42. 见：董黎 . 中国近代教会大学建筑史研究 [M]. 北京：科学出版社 ,2010.7:32-33.

2 约瑟夫 • 毕启 . 大学之初：华西协和大学的故事 . 温江译自：边疆研究会杂志 .JWCBRS 6,1934:91-104. 见 :http://blog.sina.com.cn/s/blog_14d1655d40102w03a.html.

a．成都基督教青年会（来源：“成都档案”微信公众号）

b．重庆仁济医院住院部（来源：“重庆政协报”微信公众号）

图 5-61　西南近代基督教建筑中的中国民族形式

国主义与民族主义的兴起有关，是新文化运动的产物。”[1] 国民政府于 1929 年制定的《首都计划》[2] 正式提到“中国固有式建筑”，旨在利用民族主义思想来寻求民族的认同、政治动员以及加强国家的凝聚力，而中国传统建筑样式是具象的物质载体，其核心思想是“本诸欧美科学之原则”，保存“吾国美术之优点”[3]。由国民政府倡导的中国固有式建筑，主要是从代表正统的北方官式建筑中寻找设计元素。

从 20 世纪 20 年代末到 1937 年抗战前，是中国固有式建筑建造的主要时期，仅南京一地就矗立起近 30 座规模不等的中国固有式建筑，如国民政府各级行政机关的办公建筑。各大城市如上海、广州、武汉等地的同类建筑数量也颇为可观，最著名的是南京中山陵（1929 年）、广州中山纪念堂（1931 年）、上海特别市政府建筑群（1933 年）等。在国民政府的提倡下，这种体现民族觉醒意识的建筑思潮影响到西南地区，但传播较慢，除了北方官式建筑风格外，还融合了西南地方古建筑做法。

西南士绅创办的一些近代学校和科研机构，也逐渐转变为“中国固有式建筑”风格。1929 年 7 月，巴县人沈懋德等人倡议兴办的重庆大学正式成立，这是一所文理科综合性大学。理学院采用中国民族样式，由沈懋德设计，外观明显模仿华西协和大学教学楼，平面为山字形，立面构图按照“横三段纵三段”原则，整体用清水青砖外墙，

1　郑时龄．上海近代建筑风格 [M]. 上海：上海教育出版社 ,1999:240.

2　国都设计技术专员办事处．首都计划 [M]. 南京：国都设计技术专员办事处 ,1929:33-34.

3　孙科．首都计画序．见：国都设计技术专员办事处．首都计划 [M]. 南京：国都设计技术专员办事处 ,1929.

小青瓦歇山顶，屋顶出檐，翼角起翘较高，两翼为歇山顶山面朝外，中间入口增加歇山顶抱厦，中部为两层攒尖顶亭阁，与华西协和大学教学楼的区别主要在于屋顶脊饰采用了中式传统的鸱吻。老图书馆（1933 年）平面为士字形，鸟瞰似飞机的造型，屋顶为相交的中式歇山顶，中间为攒尖顶，正脊及戗脊做法与川渝民居的翘脚相似。工学院（1935 年）设计师为英国建筑师莫利生（一说是由留法学者刁泰乾设计），中国固有式建筑风格，平面为“L”形，入口位于转角处，以六边形塔楼为中心，墙体用条石砌筑，正面的歇山屋顶模仿北方官式建筑，屋脊用鸱吻。该楼在抗战期间被炸毁，重建之后有一定程度上的简化，改变了原建筑模仿北方宫殿样式的典型特征。（图 5-62）

a．重庆大学理学院大楼（来源：“重庆大学”微信公众号）

b．重庆大学理学院大楼现状（来源“重庆大学”微信公众号）

c．重庆大学老图书馆鸟瞰（来源：《重庆近代城市建筑》）

d．重庆大学老图书馆（来源：“重庆大学”微信公众号）

e．重庆大学工学院大楼（来源：“重庆大学”微信公众号）

f．重庆大学工学院大楼现状（来源：“重庆大学”微信公众号）

图 5-62　重庆大学的中国固有式建筑

20 世纪 30 年代，卢作孚在其“乡村建设”实验区——北碚创办了一系列民间科研、教育机构，整体为“中国固有式建筑”风格，但仍沿用川渝古建筑的小青瓦屋面、翼角飞升等特征。北碚红楼（1932 年）作为私立兼善中学的校舍，平面为“工”字形，立面为“横三段纵三段”构图，屋顶为纵横交错的歇山顶，小青瓦屋面，正脊、垂脊、戗脊等采用西南地区的花脊装饰，翼角起翘较高。西部科学院创办于 1930 年，是中国第一家民办科学院，1933 年，卢作孚向杨森劝募两万元建造办公楼，取名惠宇楼，典型的中国固有式建筑风格，平面为“王字形”，立面为“横五段纵三段”构图，屋顶为纵横交错的歇山顶，小青瓦屋面，翼角同样起翘较高，屋脊为鸱吻，带有北方宫殿式建筑与地方古建筑融合的特征。（图 5-63）

a. 北碚红楼（来源：“北碚博物馆”微信公众号）

b. 北碚惠宇楼（来源：“北碚博物馆”微信公众号）

图 5-63　西南近代中国固有式建筑

# 第6章　繁荣期：传统技术改进与现代主义兴起

西南近代建筑的繁荣期是从1933年至1946年。1933年，西南地区的军阀内战基本结束，尤其是四川、贵州政局变得稳定，沿江沿海的民族资本开始加大在内地的投资，西南近代民族工商业迎来了发展的黄金时期。

这一时期，以重庆为代表的西南近代城市步入快速发展阶段，金融业和工商业繁荣，受西方现代主义建筑思潮影响，伴随着沿海地区的建筑师事务所陆续到西南地区执业，重庆等城市集中建造了一批装饰艺术派与现代主义风格的金融建筑。

1937年，全面抗战爆发，国民政府迁都重庆，各行业人员、物资内迁，与此同时，日军开始对西南重要城市进行轰炸，导致建筑业发展又陷于停滞。战争时期，在交通封锁、物资短缺的情况下，各行业创造性的继承传统建造技术并加以改进，修筑大量适应战时需求的建筑和设施，包括临时住房、平民住宅、中小学校，以及机场、船闸等军事水利设施等。

1942年，日军轰炸减弱后，西南地区的金融业和工商业再度活跃，内迁的优势开始凸显出来，到1946年还都南京前，各大城市经历了前所未有的战时繁荣。全国的建筑师大都汇集到西南，对建筑风格的讨论也空前热烈，成为现代主义派的大本营。加上战时全社会倡导节俭的风气，这一时期的建筑普遍具有简化装饰的特点，建造了一批现代主义风格的公共建筑，演化出了外观简洁的居住建筑。

# 一、战前短暂流行的“摩登”样式

## 1. 新古典主义风格的商业建筑

### （1）近代建筑业第一个“黄金五年”繁荣期

1933 年，经过“二刘大战”，刘湘获胜，得以统一四川省，刘文辉败走川边，筹建西康省，至此西南各省的军阀内战基本结束。稳定的政治环境，加上沿海沿江地区发展成熟的民族工商业资本向西南地区扩张，使得西南三省迎来了较大的发展机遇，工商业快速发展、金融业逐渐兴盛。重庆建市较早，且具有开埠以来的川江航运、物资集散中心的优势，城市规模快速扩张，逐步发展成为西南地区的工业中心和金融中心。到抗战爆发前，西南地区初步建立起以重庆、成都、昆明、贵阳为中心的近代工商业和金融体系。

1937 年，国民政府迁都重庆，西南三省一市成为抗战大后方，全国工业、金融、教育、科学事业的人员、物资等纷纷内迁，西南城市人口快速膨胀，延续了繁荣发展的趋势。1938 年开始，日军针对陪都重庆及西南其他重点城市进行了长达 5 年的大轰炸，对重庆、昆明、贵阳等中心城市造成了极大的破坏，加之日军切断滇越铁路、滇缅公路等对外交通生命线，使得西南地区的经济、社会发展再度受挫。

从 1933 年至 1938 年是西南近代建筑业难得的快速发展时期，沿海的建筑师和事务所开始进入西南内地市场，将时髦的“国际样式”带到重庆，包括纯正的新古典主义风格及装饰艺术派风格。从 1933 年至 1938 年的五年可以称为西南近代建筑业发展的第一个“黄金五年”时期。

### （2）新古典主义风格的商业建筑

“对于上海来说，甚或对于整个中国来说，传统的西方建筑式样也刚刚传入不久。对于中国传统建筑而言，它们已足够‘现代’。因此，盛行于上海 20 年代的及 20 年代之前的西方复古主义建筑与后来出现的新建筑之间并非像欧美那样表现为一对尖锐对立的矛盾。相反，新的建筑式样只是又一种比新古典主义建筑更为时髦的新式样而已。”[1] 因此，从 19 世纪末至 20 世纪 20 年代，新古典主义建筑同样是作为“摩登”的新时代建筑风格的象征。

在这一时代背景下，当 20 世纪 30 年代沿海建筑师到西南地区拓展业务时，虽然上海已经开始流行装饰艺术派和现代主义风格，但重庆仍建造了几座典型的足以媲美上海外滩大楼的新古典主义风格建筑，集中在打铜街。这里自古就是重庆的政治和商业中心，清末以来各省会馆云集，开埠后逐渐发展成为近代金融区，先后建起了多幢 4 至 8 层的新式银行建筑，皆聘请外地尤其是上海的建筑师来设计，既有新古典主义风格，也有装饰艺术派和现代主义风格。在西南地区，这些风格都被视作一种时髦的“摩登”样式，因此不同风格的新建筑几乎在同一时段出现在重庆小什字一带的金融区就不足为奇了。

重庆川康平民商业银行（1934 年）位于打铜街，是由川康殖业银行、重庆平民银行、四川商业银行三行合并而成，大楼正面为石材外墙，下部以两层高的爱奥尼柱式形成挑高的门廊，中间用并置的双柱，上部两层样式较简洁，顶部有山花墙，侧面外墙则用青砖，立面构图与上海外滩的台湾银行大楼有相似之处，因其建筑结构坚固，还曾用于存放故宫南迁文物。重庆交通银行（1935 年）与川康银行相邻，由加拿大建筑师倍克设计，洪发利营造厂施工，正面为石材外墙，“横三段纵三段”构图，底层为下段，以厚重的石材墙体作为基座，二、三、四层为中段，中间以通高的爱奥尼壁柱为主要特征，五层为上段，各段之间有线脚分开；横三段则区分出中间段和左右段在立面上的凹凸关系，与上海外滩横滨正金银行大楼的立面构图有相似之处。（图 6-1）

## 2. 装饰艺术派与现代主义风格的传入

### （1）装饰艺术派与现代主义风格在中国的传播

19 世纪下半叶，欧洲的建筑业发生了一场巨大的变革。英国“水晶宫”（1851 年）和法国埃菲尔铁塔（1889 年）的建造引起了社会广泛的讨论，拉开了现代主义建筑运动的序幕。“在新艺术运动的影响下，各国的新建筑思潮层出不穷，到第一

1 郑时龄 . 上海近代建筑风格 [M]. 上海 : 上海教育出版社 ,1999:256.

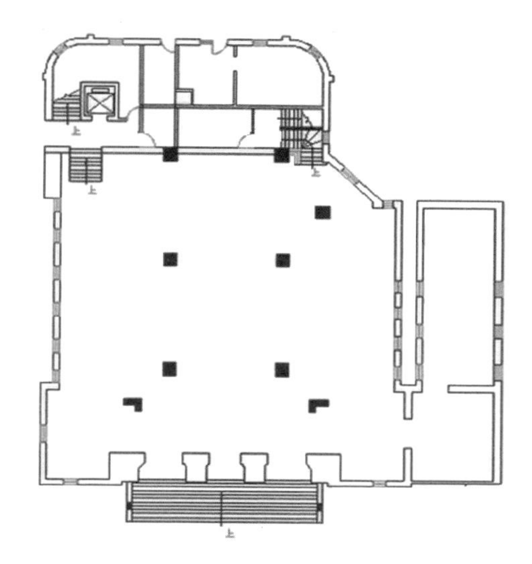

a．重庆交通银行平面图（来源：冯海绘制）

b．重庆交通银行立面图（来源：冯海绘制）

c．重庆交通银行（来源："V 爱历史 V"微信公众号）　d．重庆川康平民商业银行（来源：自摄）

图 6-1　抗战前重庆新古典主义风格银行建筑

次世界大战后，欧洲的现代主义建筑开始盛行。重视建筑的功能，强调建筑的合理性、经济性，反对建筑的附加装饰，认为建筑的美在于其外部造型与内部空间的一致性及建筑形式与功能、材料、结构和施工工艺的一致性，并主张用工业化生产来解决社会对大量性建筑的需求。这种建筑思想被人们称之为'现代主义'建筑或现代派建筑。"[1]

"'装饰艺术派'（Art Deco）一词起源于20世纪初的法国舞台艺术界。更强调造型的秩序感和几何感，装饰母题更为抽象化和程式化。""1925年，巴黎为纪念现代应用艺术诞生100周年，举办了一次名为'装饰艺术与现代工业'的大型国际博览会，以宣传现代工业对现代艺术的依赖。'装饰艺术派'（Art Deco）一词由此产生。"[2]这种风格在欧洲建筑界产生了一定的影响，但"不久以后欧洲建筑界就几乎完全成了激进的现代主义的天下。"真正让装饰艺术派风格风靡全球的是它在美国的大普及，尤其是"在纽约，'装饰艺术派'风格在那些遍地开花的高层摩天楼中竟然找到了一个极佳的结合点，取代了早先在纽约流行的'商业古典主义'摩天大楼。随着纽约在西方资本主义世界无可比拟的地位而成为其他国家纷纷效仿的对象。"[3]

20世纪20年代中叶，受西方建筑思潮的影响，国内的外籍建筑师和留学归国的建筑师开始尝试装饰艺术派和现代主义风格，最早出现在上海、武汉、广州、天津等沿海沿江城市。尤其是作为东亚地区具有重要国际地位的大都市上海，崇尚时髦的西方文化，在建筑风格上与国际潮流接轨的程度非常高。这一时期，装饰艺术派风格建筑不胜枚举，主要有：沙逊大厦（1929年）、百乐门舞厅（1931年）、大光明大戏院（1933年）、国际饭店（1934年）、百脑汇大厦（1934年）、都城饭店（1934年）、峻岭公寓（1935年）、大新百货公司（1936年），广州爱群大厦（1936年）等；典型的现代主义风格建筑包括：上海雷米小学（1933年）、虹桥结核病疗养院（1934年），南京新都大戏院（1935年）等。

1　郑时龄 . 上海近代建筑风格 [M]. 上海 : 上海教育出版社 ,1999:255-256.

2　郑时龄 . 上海近代建筑风格 [M]. 上海 : 上海教育出版社 ,1999:266.

3　郑时龄 . 上海近代建筑风格 [M]. 上海 : 上海教育出版社 ,1999:267.

### （2）西南地区的装饰艺术派与现代主风格建筑

重庆的商业中心在小什字一带，抗战以前，这一地区的街道已非常繁华，两边几乎全是“国际式”的楼房，或为装饰艺术派风格，强化竖向线条，或为简洁的现代主义风格，不用装饰（表 6-1）。从老照片中可以看出，民生公司重庆总部办公大楼采用装饰艺术派风格，矩形的建筑体块，立面多用竖向壁柱划分，顶部山墙中部凸出，门头样式简洁；重庆银行业同业公会大楼也是典型的装饰艺术派风格，整个立面以竖向束状壁柱划分，柱顶还带有几何形装饰块，上下层窗间墙则饰以横向线条，转角为主入口，以四根竖向装饰线条的壁柱来强化装饰艺术派这一典型风格，顶部中间凸起，装饰横向线条，带圆形窗洞。

1935 年，美丰银行总经理康心如聘请基泰工程司杨廷宝来渝设计重庆美丰银行大楼，由馥记营造厂施工，为典型的装饰艺术派风格，建筑造型是中国大布币，主立面中间高两侧低，强调竖向线条，中部凸出钟楼，设置带几何状的装饰和收分，中间的圆洞原为大钟；川盐银行大楼（1936 年）也是由基泰工程司设计，现状大楼为现代主义风格，较之美丰银行立面更简洁，但从 1937 年出版的《重庆指南》中川盐银行的设计效果图来看，该楼设计之初应该也是转角向上凸起、强调竖向线条的典型装饰艺术派风格；中国银行大楼（1936 年）整体风格与相邻的川盐银行相似，已偏现代主义风格，几乎没有装饰，但窗间仍强调竖向线条，檐口局部带有中式斗栱装饰。（图 6-2）

表 6-1　抗战前西南主要装饰艺术派与现代主义风格建筑

| 原有名称 | 建造时间 | 结构与规模 | 建筑风格 | 建筑师 | 营造厂 |
| --- | --- | --- | --- | --- | --- |
| 民生公司重庆总部办公大楼 | — | 4 层 | 装饰艺术派 | — | — |
| 重庆银行业同业公会大楼 | — | 4 层 | 装饰艺术派 | — | — |
| 重庆美丰银行大楼 | 1935 年 | 钢混结构 7 层 | 装饰艺术派 | 基泰工程司 | 馥记营造厂 |
| 重庆川盐银行大楼 | 1936 年 | 钢混结构 8 层 | 现代主义 | 基泰工程司 | — |
| 重庆中国银行大楼 | 1936 年 | 钢混结构 4 层 | 现代主义 | — | — |

来源：自制

a. 民生公司重庆总部办公大楼（来源:《重庆建筑志》）　b. 重庆银行同业公会（来源：《重庆建筑志》）

c. 重庆美丰银行（来源：“壶中營造”微信公众号）

d. 重庆川盐银行大楼（来源：自摄）

e. 重庆中国银行（来源：“重庆老街”微信公众号）

图 6-2 抗战前重庆装饰艺术派与现代主义风格的近代公共建筑

# 二、战时传统建筑技术的继承与改进

## 1. 采用简易建筑技术的临时建筑

西南地区的传统建筑除了官衙、寺庙和地主富商营建的宅院比较讲究高大美观外，一般民居都是竹木捆绑的吊脚楼及木穿斗矮房、板筑土墙或竹编墙[1]。这种简易

1　重庆市城乡建设管理委员会，重庆市建筑管理局 . 重庆建筑志 [M]. 重庆：重庆大学出版社，1997:3.

绑扎结构的建筑，以竹、木、茅草为主要材料，取材来自天然，不需要聘请专业的建筑工匠，靠邻里互助就能完成建房。在西南地区尤其是川江沿岸城市的江滩上，在乡村的田间地头，这种临时性棚屋十分常见，一般属于贫穷人家的住房。（图 6-3）

从 1911 年拍摄的一张老照片可以看出，重庆、万县等山地城市多建在沿江边的台地上，按照垂直空间的建的等级，可以分为三个层次：最上边位于山顶或二级台地的城市核心区，主要的是粉墙黛瓦的合院式民居和商业会馆；中间靠着悬崖的是穿斗式木构架的吊脚楼；最下边的江滩上则大量散布着竹木绑扎结构的临时性棚屋，为纤夫、船工、流浪者的住所，由于定期的水涨水落，临时棚屋始终面临被水冲毁的危险。从上往下，建筑越来越简陋，这也代表着传统山地城市社会阶层的分化。

这种山地城市的空间和社会分层，到民国时期依然如此。在不同时期重庆码头的照片中，靠山崖均为一排排吊脚楼，江滩则为一座座竹木结构茅草顶的临时性棚

a. 雅安南门附近棚屋（来源：《巴蜀老照片》）

b. 典型的四川平原民居（来源：《巴蜀老照片》）

c. 前往龙洞途中的村庄（来源：《巴蜀老照片》）

d. 长江港口棚屋（来源：《巴蜀老照片》）

图 6-3　四川、重庆地区竹木结构茅草顶棚屋

屋，“以财力物力之不足，更因陋就简，勉强应急需，以致中下流社会麇集之所，棚户栉比，拥挤不堪，居室狭隘，光线不足，空气恶劣，垃圾难清。两江沿岸，情形更为杂乱。病亡犯罪，与火警水灾，尤属不可计划”。[1] 因而，江滩棚屋一度成为国民政府清理的对象。（图 6-4）

抗战期间，由于长时间大轰炸对重庆等城市造成了巨大的破坏，成片的房屋化为焦土，加上从全国各地不断涌入的移民，致使各大城市出现严重的“房荒”。比如重庆由 1937 年的 45 万余人增加到 1945 年的 100 余万人[2]，“重庆找房子，真有意想不到的困难，城里不谈，当然早已塞得实实足足，城外乡村之间，也是毫无隙地”。[3]

a．1911 年的万县江滩（来源：《巴蜀老照片》）

b．重庆江边吊脚楼（来源：Rolling Thomas Chamberlin 摄影）

c．枯水期的云阳江滩（来源：Rolling Thomas Chamberlin 摄影）

d．万县江边看戏（来源：Rolling Thomas Chamberlin 摄影）

图 6-3　重庆山地城市中的建的垂直分层

1　陪都建设委员会颁布 . 建筑平民住宅规程 . 重庆市档案馆 .

2　潘洵 . 抗战时期西南后方社会变迁研究 [M]. 重庆 : 重庆出版社 ,2011:35-36.

3　思红 . 重庆生活片段 [A]. 施康强 . 四川的凸现 [C]. 北京 : 中央编译出版社 ,2001:35.

为解决战争引起的“房荒”，“战时建筑”普遍采用或借鉴民间建筑技术，其缘由至少有三方面：一是物资不足，抗战时期中国钢铁、水泥工业仍较薄弱，中西部地区的现代建筑材料供应更是严重不足；二是交通不便，其时后方交通运输条件远非今日可比，地质灾害频发，重庆以上长江干流近代航运业发展缓慢，加上日军对西南的封锁，导致对外交通愈加困难；三是经济停滞，战时经济“以军事为中心，实行计划经济”，基本建设必须让路，只能因陋就简。借鉴民间建筑智慧，采用简易建筑技术也就顺理成章了[1]。加上战争和大轰炸仍在继续，面对随时有可能被再次炸垮的情况，老百姓建房更会带有一定的临时性。

战时的临时住宅一般采用绑扎竹木结构，主体构架为木构，次要的枋、檩、椽等均用竹材，有的建筑甚至整个骨架均用竹材，在木框架或竹框架的基础上，再以单层或双层竹编墙作为围护，屋顶一般铺茅草顶，也是绑扎在屋架上。“其外表有时甚整洁，而内部甚薄弱。”[2]“这种房子既不牢固安全，又无必要的生活设施，建造之时就没有作永久性打算，绝大多数房屋结构简易，使用年限短，到抗战胜利之时，大部分逐渐破损。”[3]

此外，在一些非永久性的公共建筑中，也有采用竹木绑扎结构的。重庆珊瑚坝机场（1933 年）位于长江中自然冲积形成的沙洲上，为方便乘客登机和装卸货物，珊瑚坝与江岸之间搭建了浮桥，修建了飞机码头。由于每到汛期建筑物会被江水淹没，因此候机室、休息室、货仓、宿舍等均是采用竹木绑扎结构搭设的简易建筑，成本低廉，以便于每年汛期之后的快速重建。（图 6-5）

## 2. 传统建筑技术的传承和改进

### （1）内迁高校简易民居风格的临时校舍

抗战时期内迁的高校，大多数是利用已有的寺观、文庙、祠堂、民居等改造后加以利用。同济大学在李庄时将镇上的公共庙宇改为校舍，比如在禹王宫大殿、戏

1　李海清，敬登虎．全球流动背景下技术改进与选择案例研究——抗战后方“战时建筑”设计混合策略初探 [J]. 建筑师，2020(01):119-128.

2　隗瀛涛．近代重庆城市史 [M]. 成都：四川大学出版社，1991:514.

3　潘洵．抗战时期西南后方社会变迁研究 [M]. 重庆：重庆出版社，2011:281.

a. 重庆的绑扎建筑施工（来源：《大后方的社会生活》）

b. 重庆的绑扎建筑雏形（来源：《大后方的社会生活》）

c. 重庆下半城及珊瑚坝机场（来源：Carl Mydans 摄影）

d. 重庆珊瑚坝机场（来源：Carl Mydans 摄影）

图 6-5 重庆战时竹木绑扎结构的临时建筑

台、厢房等开敞的空间增加槛墙和格子窗，并在外边加装竹帘，改造成为会堂、教室、办公室等；浙江大学在湄潭将文庙大成殿改造成为图书馆。（图 6-6）在有条件时，内迁大学还会新建部分校舍，同济大学在李庄新建简易宿舍，竹编墙、双坡顶、小青瓦屋面，檐带斜撑，开高侧窗；浙江大学在湄潭北的外新建宿舍、餐厅、操场等，样式简洁。这些新建筑外观看上去为中式简易民居，也带有临时性。

“所谓简易校舍，就是采用四川省农民村舍的建筑办法，架柱顶梁，以竹筋为墙，内外敷以灰泥，其厚不逾二寸，屋顶为木椽上铺瓦片，不敷望砖，不设天花板，真是仅避风雨的陋室而已”。[1] 目的在于借鉴当地传统民居的穿斗式木构架，现场预制装配，木架整体起竖，水平联系构件吊装就位，墙体普遍使用竹笆抹灰，可达快

1 刘敬坤 . 中央大学迁川记 . 见：中国人民政治协商会议西南地区文史资材资料会议编 . 抗战时期内迁西南的高等院校 [M]. 贵阳：贵州民族出版社 ,1988:250.

a. 李庄禹王宫戏台改造的同济大学校舍（来源：Joseph Needham 摄影）

b. 李庄同济大学新建宿舍（来源：Joseph Needham 摄影）

c. 湄潭文庙大成殿用作浙江大学图书馆（来源：浙江大学档案馆）

d. 湄潭浙江大学学生宿舍（来源：浙江大学档案馆）

图 6-6　战时利用传统庙宇改造以及新建的大学校舍

速建造之目的。但在结构上并不是直接沿用传统穿斗式木构架，而是有目的地加以调整和优化，并与西式屋架相结合，采取混合策略，以达成结构合理、空间合用和易建性诉求[1]。

教育部于 1938 年创设国立师范学院制度，国立女子师范学院即为其中唯一的女子师范学院，1940 年 5 月筹建，经勘察设校于江津县白沙镇，1941 年，扩建工程委托基泰工程司设计，各类教学、生活用房皆为简易民居风格，图书馆主体空间用三角形桁架，开敞外廊用抬梁木架一个步架，形成复合屋架，山墙为传统穿斗式木构架，每间用剪刀撑，既较好地解决了室内空间和外廊的组合问题，也增加了结

1　李海清，敬登虎 . 全球流动背景下技术改进与选择案例研究——抗战后方“战时建筑”设计混合策略初探 [J]. 建筑师 ,2020(01):119-128.

构稳定性。国立中央大学 1937 年 9 月内迁重庆，仅用 42 天就在沙坪坝建成可容纳 1000 多人的新校舍，建筑为简易民居风格，既有瓦顶也有草顶，冷摊瓦屋面，竹编墙，1938 年夏，又建设柏溪分校，自行筹备设计，图书馆、大饭厅、教室等多采用三角形桁架及其组合形式，保留下来的传达室貌似采用穿斗木架，而通过在室内和山面仔细辨认可知，其屋架形式为三角形桁架与穿斗木架的叠加，即在穿斗木架梁端使用了斜向上弦杆，上弦杆之上才搁置檩条[1]。同样的梁架做法在北培复旦大学的宿舍建筑中也能见到。

抗战爆发后，因同属教会大学的缘故，南京金陵大学、金陵女子文理学院，济南齐鲁大学、北平燕京大学 4 校迁往成都的华西坝，华西协和大学借出部分校舍给其他几所大学共同使用，但各大学的校舍和宿舍仍不能满足使用之需，因陋就简地在校园空地上新建砖木结构简易房屋。这些校舍多为两层，采用四川当地农村建房的穿斗式木构架或三角形木屋架，悬山顶，小青瓦屋面，有的檐口带斜撑，金陵大学学生宿舍为两层穿斗式木构架带外廊的形制，职工宿舍则为一层，茅草顶，条件比之其他学校要略好。（图 6-7）

国立西南联合大学由国立北京大学、国立清华大学与私立南开大学联合组成，1938 年迁往昆明。最初将昆明城东南隅的几个会馆和其附近的盐行拨归工学院使用，城外各专科学校和中学的分散校舍由理学院使用，同时学校购买荒地 124 亩，一个学期后新校舍建成，为校本部所在地[2]。新校园规划布局简单，由于物价飞涨，经费有限，故采用当地传统民居的建筑技术，平面均为简洁的矩形，以砖木结构为主，大多为单层，墙体为砖砌、土坯墙或木板壁，三角形屋架，学生宿舍是茅草顶，教室则为进口铅皮屋顶，仅教员宿舍及部分公共建筑为小青瓦屋顶。（图 6-8）

### （2）采用标准图集的中小学校舍

1939年9月，国民政府公布了《县各级组织纲要》，其中关于教育部分，规定乡（镇）设立中心小学，保设国民小学。教育部于 1940 年 4 月颁布了《国民教育实施纲领》，

1 李海清，敬登虎．全球流动背景下技术改进与选择案例研究——抗战后方“战时建筑”设计混合策略初探 [J]. 建筑师，2020(01):119-128.

2 车铭、林毓杉、符开甲．战争烽火中诞生的西南联合大学．见：中国人民政治协商会议西南地区文史资材资料会议．抗战时期内迁西南的高等院校 [M]. 贵阳：贵州民族出版社，1988:2.

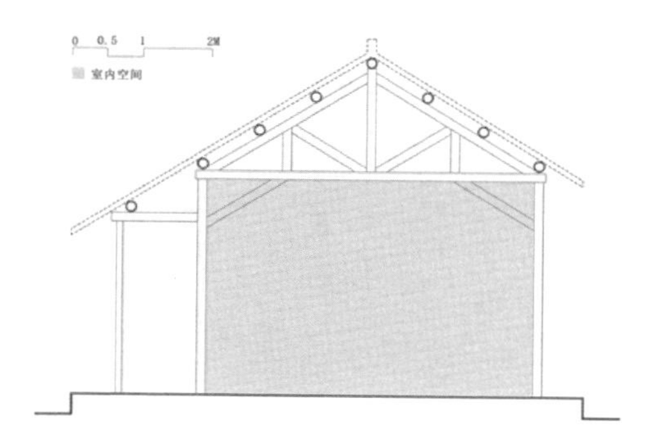


a. 江津国立女子师范学院图书馆剖面图（来源：《全球流动背景下技术改进与选择案例研究——抗战后方“战时建筑”设计混合策略初探》）

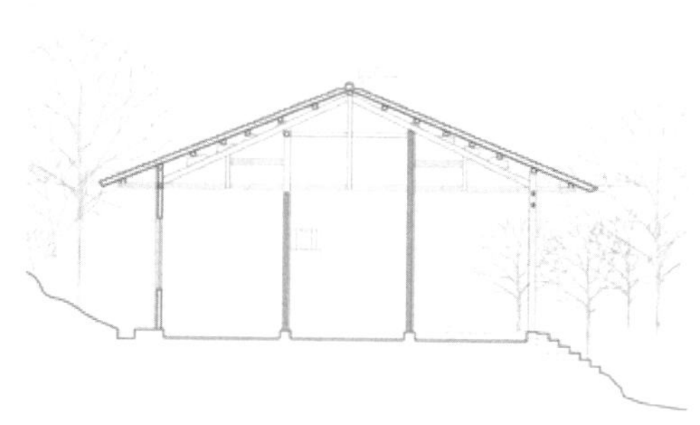

b. 中央大学柏溪分校传达室剖面图（来源：《全球流动背景下技术改进与选择案例研究——抗战后方“战时建筑”设计混合策略初探》）

c. 中央大学柏溪分校传达室（来源：《全球流动背景下技术改进与选择案例研究——抗战后方“战时建筑”设计混合策略初探》）

d. 华西坝金陵大学临时校舍（来源：“冻结的时光”微信公众号）

e. 华西坝金陵大学职工宿舍（来源：“方志四川”微信公众号）

f. 华西坝金陵大学学生宿舍（来源：“方志四川”微信公众号）

图 6-7 内迁高校采用简易建民居风格的校舍

a．昆明西南联大新建校园（来源：“文化影响力”微信公众号）

b．昆明西南联大新建的铁皮屋顶教室（来源：“文化影响力”微信公众号）

c．昆明西南联大的教室（来源：《美国国家档案馆馆藏中国抗战历史影像全集·卷二十四 战时民生 II》）

d．昆明西南联大学生宿舍（来源：《美国国家档案馆馆藏中国抗战历史影像全集·卷二十四 战时民生 II》）

图 6-8 昆明西南联大新建的校舍

开始正式推行国民教育制度。为了有计划地实施国民教育，使其“合理化、标准化、社会化”，四川省教育厅又制定了《中心学校、国民学校校舍建筑标准》。

关于平面布局，《中心学校、国民学校校舍建筑标准》规定：“无论大门方向如何，教室均应为南北采光，绝对避免东西方向，此为校舍建筑最重要之原则。依据我国之习惯，教室方向，均以坐北向南为宜。”[1]从地盘图中可以看出，无论是乡镇中心学校还是国民学校的校舍均采用分散式布局，并强调中轴对称。

“学校各项房屋，以用瓦顶砖墙为宜，但恐各县（市）为财力所限，不易一律办到，故将所有房屋从建筑材料上分为下列数种：（甲）砖墙，瓦屋面，地板，望板或席

1 四川省国民教育委员会．中心学校、国民学校校舍建筑标准 [M]. 西南书局 ,1940:9.

顶，此类建筑，礼堂、办公室及教室三项建筑物均应属之。（乙）砖墙，瓦屋面，石灰三合土地坪，此类房屋建筑，在外观上与甲种并无不同，适宜于天气干燥之地点，因三合土地在多雨之地方，易于潮湿。（丙）土墙或竹编墙，草屋面，三合地坪或松木板。（丁）土墙或竹编墙，草屋面，三合地坪，此类房屋建筑，最为经济，惜不甚耐久，当须翻修，且易于发生火宅。土墙或竹编墙之采用，可以当地之习惯而定，如成都平原，多乐于采用竹编墙，因无巨风，气候又不太寒太热，其他各地，未必尽然。”[1]

教室又分为甲、乙两种，材料与结构均是从传统乡间简易民居演变而来，简单实用，易于建造。甲种教室用土墙、草顶、三合土地坪，窗框与勒脚用砖砌，悬山屋顶，屋面盖 6 寸厚稻草，竹桷子（椽子），3 寸圆杉木桁条，屋架为经过改良的穿斗式，前后八架椽，中间柱子不落地，不做举折，室内采用竹吊顶，将整个屋架隐蔽，因用茅草顶的缘故，屋顶坡度较陡。乙种教室的材料为清水砖墙、小青瓦屋面、木地板，屋顶为悬山顶，杉木桷子，4 寸圆桁条，屋架采用简易的西式三角形桁架，连接部位采用铁件拉结，室内依然采用竹吊顶，杉木地板，下有木龙骨，屋顶坡度较缓。

标准礼堂建筑的空间更大，矩形平面，纵向布置，主入口在山墙面，另一端为舞台，清水砖墙，歇山顶，小青瓦屋面，木地板，桷子、桁条等与乙种教室并无差别，由于室内需要高大空间，采用三廊式布局，前后共四柱落地，屋架是经过改良的穿斗式木构架，中厅穿梁下有辅助梁，屋架之间有斜撑，室内有竹吊顶，中厅比两侧廊略高。标准礼堂不论是平面格局、屋架形式，还是立面风格，与马桑坝天主教堂均有相似之处。这种样式也是来源于四川风土建筑传统，基于集会空间的需要，将横向的厅堂空间改为纵向使用，主入口改到山墙面。（图 6-9）

《中心学校、国民学校校舍建筑标准》中除规定建筑结构需强调坚固，要有粗略计算之外，还特别强调本省旧式结构做法。国民教育推行的标准校舍遵循的是“坚固耐久”“美观整洁”“节省经费”的原则[2]，这也是战争时期西南地区遵循的最主要的建筑设计和建造原则。

1 四川省国民教育委员会 . 中心学校、国民学校校舍建筑标准 [M]. 西南书局 ,1940:9.

2 同上。

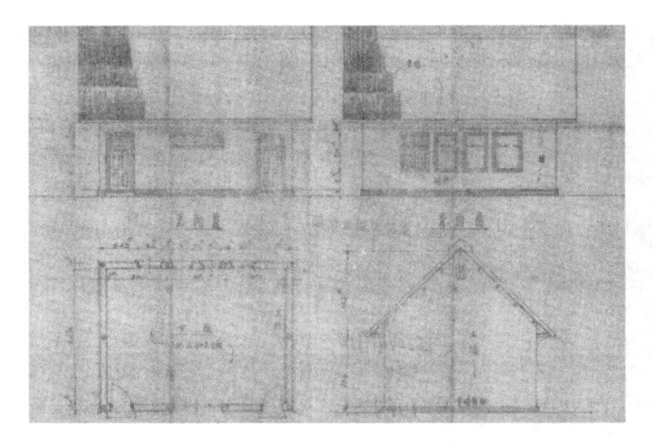

a. 甲种教室标准图（来源：《中心学校、国民学校校舍建筑标准》）

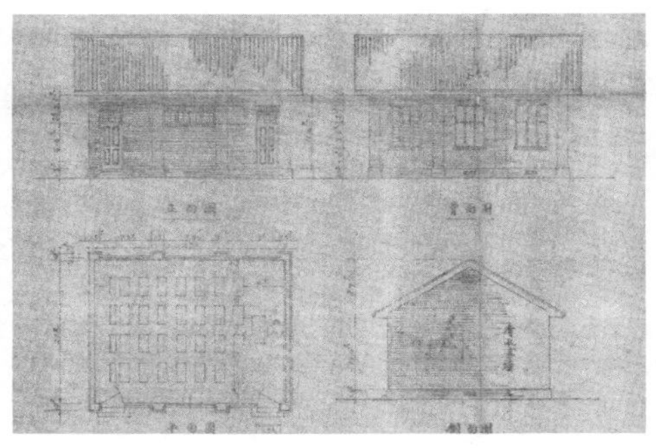

b. 乙种教室标准图（来源：《中心学校、国民学校校舍建筑标准》）

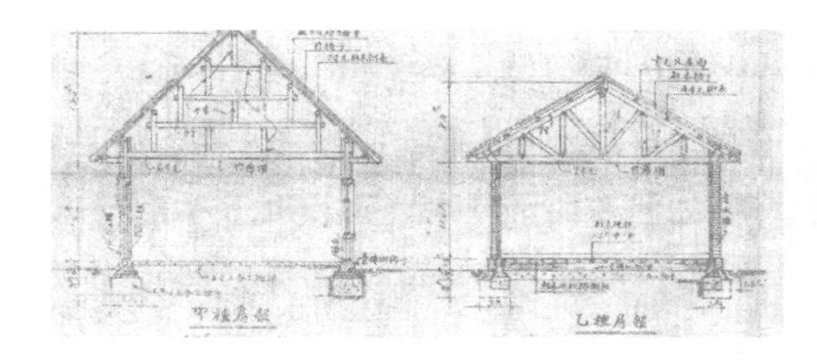

c. 甲、乙种教室剖面图（来源：《中心学校、国民学校校舍建筑标准》）

d. 礼堂立面图与剖面图（来源：《中心学校、国民学校校舍建筑标准》）

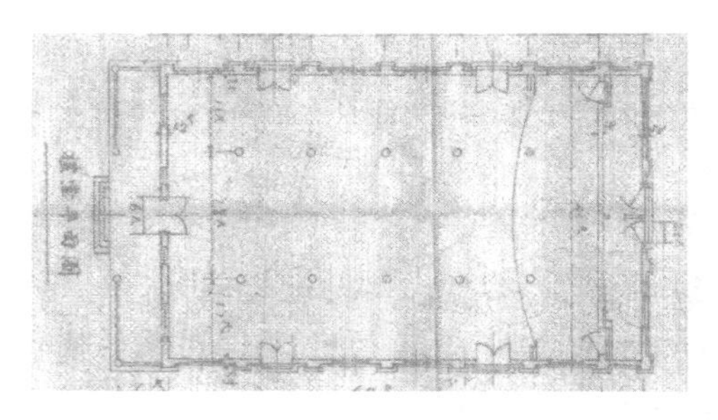

e. 礼堂平面图（来源：《中心学校、国民学校校舍建筑标准》）

f. 礼堂立面图（来源：《中心学校、国民学校校舍建筑标准》）

图 6-9 《中心学校、国民学校校舍建筑标准》中的校舍图纸

### （3）政府主持建造的平民住宅

平民住宅，又叫“贫民住宅”。“第一次世界大战后，欧洲多国遭受战争重创，大批居民失去家园，由国家出资兴建了一批平民住宅，质量普遍不高。”[1] 民国时期，国民政府为解决城市低收入人群的居住问题，也开始建设平民住宅，带有社会救济性质。在 1937 年全面抗战爆发前，南京、上海、北京、杭州等地已开始兴建平民住宅。

1937 年前，重庆市政府已开始筹建平民住宅，最早的是在江北三洞桥边的山咀上，建 132 间简易的平民住宅，“穿斗式木结构，杉杆柱子，桷子作楼板，竹片编墙壁，共分五阶，每阶两栋，每栋作由字形，中间巷道长 9 米，每间屋大小为 4 米 ×3 米。巷道屋一间作公共厨房，厨房内可容 4 口锅灶，供 4 家人使用，公共厕所则设在外面，当时中标承建的施工单位是新新营造厂、平记信义营造厂、新民建筑社。”[2]

全面抗战爆发后，为了安置不断向郊区疏散的政府机关、科研院所的工作人员及平民，同时也为解决“沿江棚户移住”问题，疏散沿江棚户区在洪水水位线以下的居民，重庆开始成规模的实施平民住宅计划。1939 年 2 月，国民政府下令已迁重庆的中央、中国、交通、农民 4 家银行沿着成渝、川黔路两侧修建平民住宅[3]。1940 年，国民政府拨款 25 万元，由重庆市政府下属的营建委员会负责兴建战时平民住宅，选择了郊区的观音桥、杨坝滩、大沙溪、弹子石等 4 处建设地址，随即兴建平民住宅 492 栋。此外，加上先前在唐家沱和黄桷垭两个郊外市场兴建的平民住宅，以及教会出资在市区兴建的望龙门平民住宅，整个抗战期间，全市共有 7 个平民住宅点，共占地 470 亩，房屋累计为 750 栋[4]。

望龙门平民住宅由美红十字会捐赠修建，位于旧市区，由天府营造厂负责施工，1941 年 3 月完成第一期。其建筑分为食堂和住宅，食堂建筑样式简洁，结构平面布置为三排立柱，屋顶为三角形木桁架，上搁檩条，墙体为竹编墙，竹抹窗，立面没有装饰。住宅的结构与食堂类似，山墙为砖砌，其余为竹编墙，每栋住宅由 4 户组成，每户面积近 30 平方米，由 1 大 2 小的三间房组成，每户内设厨房，还有烟囱管道。（图 6-10）

---

1　唐博 . 民国时期的平民住宅及其制度创建——以北平为中心的研究 [J]. 近代史研究 .2010.4.

2　重庆市城乡建设管理委员会，重庆市建筑管理局 . 重庆建筑志 [M]. 重庆：重庆大学出版社 ,1997:129.

3　重庆抗战丛书编纂委员会编 . 重庆抗战大事记 [M]. 重庆：重庆出版社 ,1995:43.

4　谢璇 .1937-1949 年重庆城市建设与规划研究 [D]. 广州：华南理工大学 ,2011:118-119.

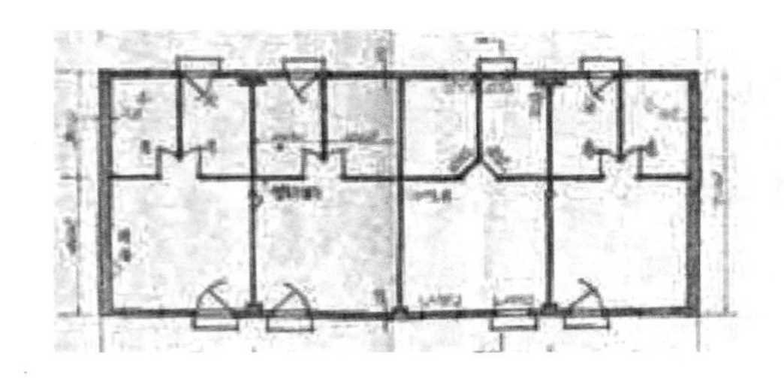

a．平民住宅平面图（来源：《1937-1949 年重庆城市建设与规划研究》）

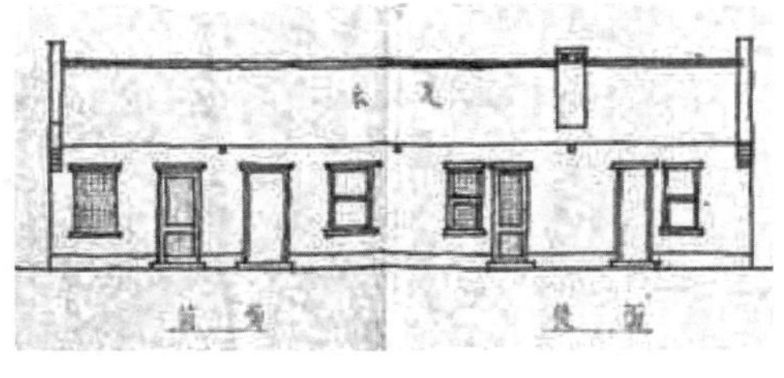

b．平民住宅立面图（来源：《1937-1949 年重庆城市建设与规划研究》）

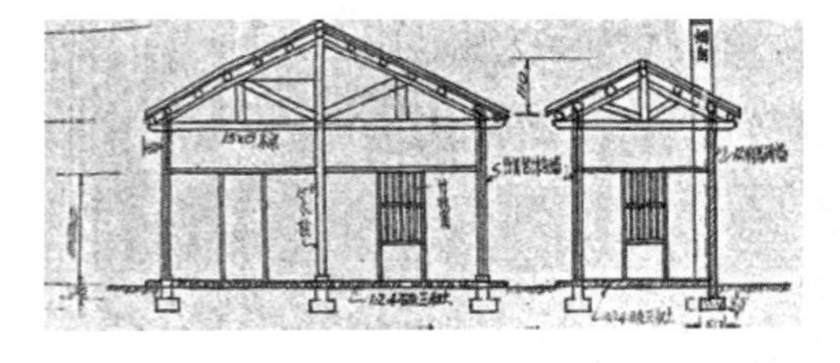

c．平民住宅食堂剖面图（来源：《1937-1949 年重庆城市建设与规划研究》）

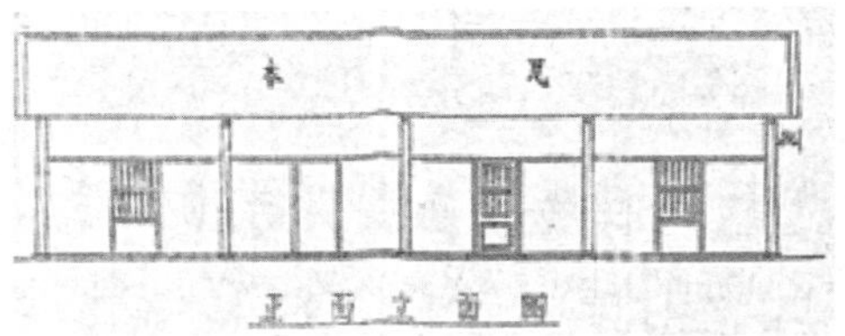

d．平民住宅食堂立面图（来源：《1937-1949 年重庆城市建设与规划研究》）

图 6-10　重庆望龙门平民住宅图纸

从黄桷垭新市场平民住宅的住户入住须知，可以大致了解到当时的建筑条件："所有三合土地均用石灰、煤屑和成石劈柴等工作，请多加爱护；墙壁均系竹编灰壁内外粉刷，不耐碰撞，均经调和，如加修补，则整包不能匀净；各式房屋均系木竹，应当心火烛，望各住户各备水缸，以防万一。"[1] 尽管如此，和卫生条件恶劣、多人混居的棚屋相比，平民住宅仍是按照现代生活方式设计建造的住宅，配备了水井、厕所、垃圾箱等，从多方面满足了当时人民的基本生活需求。

除了以上政府修建的平民住宅外，在战时重庆还有以其他名义建造的具有平民住宅性质的房屋，供往郊区疏散的人员居住。比如位于巴南东泉镇的抗战新村，原建筑布局为东西排列 5 排房屋，每排 6 栋，每栋 6 间房，每间房有厨房、客厅、阁楼，在整个建筑群的四角建有四个厕所。现存房屋两栋，建筑为悬山式小青瓦屋顶，穿斗式木构架，外围有夯土墙围合，内部是木板墙或竹编墙隔断，褐色黏土夯实地面。在战时的昆明人口迅速增长，也建有类似的平民住宅，城区周围出现了集中修建的

1　黄桷垭新市场住户须知 . 重庆市档案馆 : 全宗号 0078, 目录号 0001, 卷号 00003.

居民区，称为“新村”，住宅多为一二层，以小住宅布置平面，外形采用了当地传统的木排架，筒板瓦屋顶，土基墙局部用毛石墙面[1]。

在战时特殊条件下建造的平民住宅，其建筑外观和建造技术是传承自地域风土建筑，但具有统一规划、统一设计、统一建造的特征，其平面改变了传统民居的合院式布局，具有近代集合式住宅的特征。但总的来说，平民住宅建筑质量较差，带有临时性。

#### （4）改良后的穿斗式木结构工业厂房

抗战前西南地区的工业厂房大多采用传统砖木结构，以家庭手工业和工厂手工业为主要的生产方式。保留至今的重庆丝纺厂早期厂房（1909年）均为单层，锯齿形多跨式结构，两端山墙为砖砌，锯齿形屋顶开有侧天窗，采光通风较好[2]。（图2-27）

抗战期间，小型工厂的厂房大多沿用传统建造技术，为了满足现代工业大空间的要求，增加采光，对传统穿斗式木构架进行改进，混合了三角形木桁架与穿斗式木构架的特征，以竹编墙、木板壁、夯土墙等构成围护体，优点是结构用材小，较之传统木构架更稳定，而又不需要大型设备，方便快速建造，成本低廉。白沙新运纺织厂是为解决来川抗属的生活问题而筹建，1940年秋投入生产，厂部为土木结构合院式建筑，夯土墙，悬山顶，两边对称布置，中间为狭长形的天井院；生产车间采用了传统穿斗式木结构，连续的小青瓦单坡屋面。申新第四纺织厂建筑群采用了传统民居风格，平面为合院式布局，既有三角形桁架，也有穿斗式构架，因陋就简。

江津顺江东原铁锅厂为传统结构建造的大空间厂房，江边厂房为砖木结构两层，悬山顶，小青瓦屋面，立面造型简洁，有三角形窗楣装饰；其他厂房砖木结构，穿斗式木屋架，砖柱间架大木梁，梁上为短柱和穿枋，再架次梁，相较于传统穿斗式木屋架，已有很大的改良，大大减少室内柱子的使用。重庆第50兵工厂大部分厂房为砖木结构，改良的穿斗式木屋架，带有三角形桁架特征，小青瓦屋面，厂房顶部凸出，开高侧窗，职工宿舍则为干阑式架空结构。（图6-11）

1　马薇，张宏伟．昆明近代城市与建筑的演变 [J]. 云南工学院学报 ,1992,8(3):39-46.

2　欧阳桦．重庆近代城市建筑 [M]. 重庆：重庆大学出版社 ,2010:306.

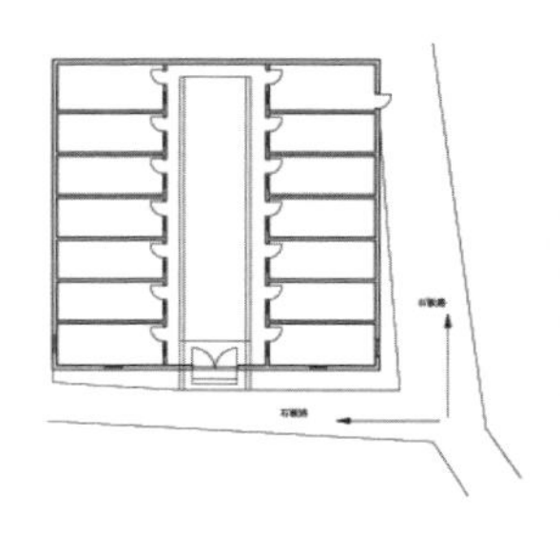

a．白沙新运纺织厂部平面图（来源：张亮绘制）

b．白沙新运纺织厂生产车间（来源：余萍摄影）

c. 申新第四纺织厂（来源《重庆近代城市建筑》）

d．顺江东原铁锅厂（来源：陈东摄影）

e．顺江东原铁锅厂梁架（来源：陈东摄影）

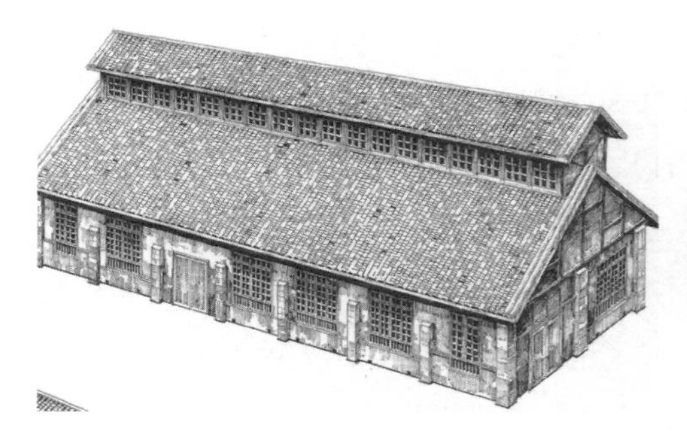

f. 第 50 兵工厂弹簧车间（来源:《重庆近代城市建筑》）

g．第 50 兵工厂一般员工住宅（来源：《重庆近代城市建筑》）

图 6-11　改良穿斗式木结构的工业厂房

### (5) 采用传统技术夯筑的现代机场

抗战期间，西南地区大量修筑军用机场，加上战前军阀统治时零星修筑的机场，总数达到上百座。从功能上又可以分为：①对日备战或城市防空的机场；②为美军进驻作战以及战略轰炸而建的机场；③为满足“驼峰航线”运输的需求而建的机场；④为战机加油、弹药及维修服务的临时机场；⑤服务于航空培训学校的机场；⑥民航机场或者水上机场。

抗战前，由各地军阀主持修筑的机场均为简易跑道，很多是利用原有校场或平地改造而来，修筑时完全依靠人工，少则数日，多则百日便可筑成，缺点是承载力差。早期机场跑道材质包括：

① 土质道面

直接将场地进行平整，能满足轻型飞机临时起降，但也容易陷入泥中，导致事故。比如重庆广阳坝早期机场、成都凤凰山早期机场、贵州都匀机场等，此法在抗战期间仍在大量采用，尤其是临时机场，如德宏芒市机场（1938 年）、昆明干海子机场（1940 年）、思茅曼连机场（1943 年）等。

② 砂石三合土道面

增加了基础垫层，底层为碎石或卵石，表层再用泥夯实。比如清镇平远哨机场扩建跑道（1934 年）、梁山机场新辟跑道（1938 年），采用土石道面，寻甸羊街机场（1942 年）采用碎石泥土道面。

③ 条石道面

用石板等块状材料铺装的道面，平整度不高，容易出现凹凸不平的现象，但承载力较强，不易损毁，一般用于易遭水患的江中岛屿或沙洲类机场。比如祥云机场（1929 年）为粗石跑道，珊瑚坝机场为防止雨季被江水冲走，后改为条石道面（1936 年）[1]。

在抗战爆发以后，由于战争中使用的飞机性能不断提升，重量增加，必须提高机场跑道的承载力，才能满足要求。同时由于苏联和美国空军的对华援助，很多机场开始采用苏联和美国的技术标准来修筑。后期机场跑道材质包括：

1　欧阳杰 . 中国近代机场建设史 [M]. 北京 : 航空工业出版社 ,2008.4.

① 草皮道面

分为天然草皮和人工草皮，草皮道面可以减少尘土飞扬，固定沙土，用在一些简易机场或备用跑道。比如达县机场（1941 年）、云南驿机场（1944 年）有部分跑道是草皮。（图 6-12）

② 泥结碎石道面

其工序是以碎石、卵石为骨料，黏土作为填充料和黏结料，经压实而成的道面。此法优点是承载力强，且可就地取材，采用传统的工具和技术就能修筑，缺点是耗费人工多，采用此法修筑的机场最多。比如白市驿机场（1939 年）、广阳坝机场扩建（1940 年）、腾冲机场扩建（1945 年）和巫家坝机场新跑道（1948 年）等，均是泥结碎石道面。

③ 沥青道面

以沥青为结合料，铺以一定级配的碎石或石屑，均匀搅拌成混合料，再碾压成形，属于高级道面，平整性好，强度高。比如巫家坝机场的一条新跑道（1941 年）为沥青道面。

④ 混凝土道面

以水泥作为胶结料，辅以砂、石骨料加水均匀拌合铺筑而成，属于高级道面，多采用块石堆砌基础，水泥做面层，强度高，承载力强，但养护周期长，战时抢修不方便。比如巫家坝机场副跑道（1948 年）为混凝土道面，白市驿机场的停机坪和跑道（1949 年）均采用了混凝土道面[1]。

近代机场的修筑大多是就地取材，以较易获得的鹅卵石、青石、石灰、黄土、河砂作为原料，水泥、沥青等现代材料稀缺，只有重要的机场才采用。四川水泥厂生产的水泥，为战时机场的升级作出了重要贡献。“战时之空中防御，大半赖美空军之协助，但美机型巨而机重，降落普通机场时，每陷入泥土中，机毁人亡。于是后方各地赶筑特种机场，加强跑道，动员人工数十万，功成以后，卒博美方之赞誉。而供应水泥 8 万余桶，使机场及时而成，美空军得以出发应战。”[2]

四川特种工程的 4 个机场为了起降重型轰炸机，夯筑层厚度达到了 1 米，均是人力抢筑而成，比如广汉机场道面分为 3 层铺筑：“底层先将场地挖去浮土，现出

1 欧阳杰 . 中国近代机场建设史 [M]. 北京：航空工业出版社 ,2008.4.

2 重庆市档案馆 , 重庆师范大学 . 中国战时首都档案文献 • 战时工业 [M]. 重庆 :, 重庆出版社 ,2014:656.

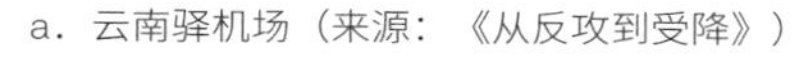

a．云南驿机场（来源：《从反攻到受降》）

b．云南驿机场草皮停机坪（来源：《从反攻到受降》）

图 6-12 西南近代机场的不同材质道面

实底，再逐层填以鹅卵石，每铺一层鹅卵石，灌黄泥浆一次，浆是用石灰黄沙各半调成的，并反复滚压至地面平整，再铺上由黏性特强的黄土调成稠浆后拌和的河沙卵石，分层滚压而成，厚 0.4 米；中层用大卵石按大小分 3 层堆砌，均直立排列于路基上，层层灌注泥浆，分层压实而成，厚 0.5 米；面层则用坚硬的青碎石、河沙拌以黄土浆，分 3 层铺填，各层碎石的质地、大小均有一定标准，须用色青质细的卵石，有杂色粗松即不合格，面层经层层滚压后，厚 0.1 米。”[1]

西南近代机场的施工方法比较原始，在成都等重要机场有一部分美军提供的工程机械，但也主要依靠人力。而地处偏僻的机场缺乏机械设备，更是只能依靠人海战术，人工挖土、采石、运石、碎石，再靠人力拉动大石磙子碾压机场跑道及停机坪，配以传统木桩打夯。动用的人力少则几百人，多则数万人。西南近代机场的修筑技术反映出抗战时期各行各业在物资短缺的情况下，创造性地利用传统材料和技术制造（建造）来满足现代功能要求的产品（建筑或设施），是西南近代建筑转型中很有代表性的一种建造方式。（图 6-13）

1 欧阳杰 . 中国近代机场建设史 [M]. 北京 : 航空工业出版社 ,2008:309.

a．人工输送卵石（来源：《战时中美合作》）

b．铺设基层的卵石（来源：《战时中美合作》）

c．人工将石块敲碎（来源：《战时中美合作》）

d．人力拖拉大石碾子压实碎石和土（来源：《战时中美合作》）

e．人力夯筑道面（来源：《战时中美合作》）

f．人力拖拉大石碾碾压道面（来源：《战时中美合作》）

图 6-13　依靠人力修筑近代机场

### （6）石材砌筑的现代航运与水利设施

抗战期间，大量内迁工业广泛分布在川江沿岸的城镇，水运成为最主要的交通方式，在一些工业原材料的产地，由于原有江河通航能力差，为了更便捷的获取工业原料，运送军需物资，政府组织修筑了一批现代航运设施。

綦江流域自古以来便是川盐运黔的水道，航运开发较早，但由于綦江、蒲河较之长江、嘉陵江等水浅滩多，未建船闸之前，綦江河道最多只能通过容量 30 吨的小木船。为了将綦江流域的铁矿、煤矿等战时工业急需物资运到重庆，自 1938 年至 1945 年，国民政府导淮委员会主持整治綦江，连续修筑闸坝 11 处[1]。綦江流域船闸全部建成后，船只通过能力提高到 200 吨。保留至今的大仁船闸坝和大勇船闸坝（1940 年）为条石砌成的巨形闸坝，流水坝长 58 米，船闸长 66 米，宽 9 米，高 8 米；大严闸的水闸由钢筋混凝土筑成，闸门顶部的两段水泥条内嵌有铁块，并在门上装有滑轮。（图 6-14）荣昌所在的今渝西、川南自古为产粮区，长江水路被日军轰炸阻断后，濑溪河便成为从大足、荣昌、泸州到重庆的重要水路运输通道，时称陪都粮道，在荣昌路孔镇的濑溪河上也建有船闸坝（1942 年），形制与綦江上的船闸坝相似。

抗战时期，西南地区还修筑了一些大型灌溉渠等水利设施，也采用传统的石砌结构。典型的是云南宾川西坪渠（1941—1944 年），主干渠长 39 公里，包括渠道、渡槽等设施，全部为条石砌筑，其中新罗城渡槽横跨桑园河，全长 212 米，上部为引水渡槽，下部为五孔石拱桥，金甸渡槽横跨金甸河，全长 40 米，宽 2.3 米，下部为三跨石拱桥，中间一跨跨度较大。（图 6-15）

---

1 包括在支流蒲河上建成石板滩大智闸、大场滩大仁闸、桃花滩大勇闸共 3 处闸坝，在干流三溪镇建成盖石峒大信闸、羊蹄峒大严闸、大溪口大中闸、滑石子大华闸、剪刀口大常闸、乔溪口大胜闸、江津市车滩大利闸、五福乡大民闸共 8 处闸坝。

a．大仁船闸坝（来源：李卓霖摄影）

b．大勇船闸坝（来源：李显荣摄影）

c．綦江船闸坝运煤船通过（来源：“人文綦江”微信公众号）

d．大华船闸坝通航情景“人文綦江”微信公众号）

图 6-14　綦江流域上的船闸坝

a．西平渠新罗城渡槽（来源：张明摄影）

b．西平渠金甸渡槽（来源：张明摄影）

图 6-15　云南宾川西坪渠渡槽

# 三、战时中国固有式建筑的流行与反思

## 1. 仿官式建筑的中国固有式风格

### （1）抗战时期的中国固有式风格建筑

抗战期间，国民政府迁都重庆，在一些公共建筑设计中延续了南京中央政府倡导的中国固有式建筑，从代表正统的北方官式建筑中寻找设计元素，以代表国民政府形象，寻求民族认同，加强凝聚力。重庆国民政府办公楼是抗战之初由重庆高级工业职业学校的建筑改建而来，在1939至1940年间的轰炸中受损，重新修整时由基泰工程司杨廷宝设计，馥记营造厂施工，在大楼中部入口处增设三开间门廊，采用歇山顶出抱厦的形式，作为建筑主立面构图的中心，屋顶脊饰、檐下斗栱、雀替等建筑语汇的运用，使其更加符合中国宫殿式建筑的形制，以彰显民族形象。陆军大学大礼堂也是中国固有式风格，纵向布局，重檐歇山，入口为歇山顶山面朝外的门廊。（图6-16）

抗战时期西南地区建造的大学校舍也从中国民族形式过渡到模仿北方官式建筑的中国固有式为主。四川大学于1935年搬迁至望江公园旁新建校舍，初期工程包括三馆一舍，即图书馆、化学馆、数学馆和学生宿舍，1938年，由基泰工程司的杨廷宝、张镈设计，成都华西实业公司施工。建筑群均为北方宫殿式建筑的外观，歇山顶为主，檐口起翘平缓，素筒瓦屋面，屋脊的正吻、垂兽等均仿照官式建筑形制。

a. 重庆国民政府大楼（来源：“重庆老街”微信公众号）

b. 陆军大学大礼堂（来源：《重庆近代城市建筑》）

图6-16　抗战时期重庆的中国固有式建筑

其中，图书馆平面为“凸字形”，横三段纵三段构图，正立面中部形成高出屋面的重檐歇山顶形制，一层入口增加小歇山顶门廊；理化馆和化学馆对称布置，形制基本一致，均为“凸字形”平面，横三段纵三段构图，正立面中部为歇山的山面，入口也有门廊，屋顶开老虎窗；另有学生宿舍楼，立面展开面较长，横向分为五段，中段为重檐歇山的山面朝外，两翼为单檐歇山山面朝外；每一栋楼屋顶均有一座攒尖顶小亭子凸出屋面，整体构图与早期的华西协和中学大楼有相似之处。

1938 年，由抗战迁蓉的中央、齐鲁、华西 3 所大学联合华西协和大学在原教学医院基础上组建联合医院，并迁于现址，开始兴建当时国内规模最大的医院，1942 年建成，时称新医院。1946 年抗战胜利后，各大学回迁，医院改名为华西协合大学医院。新医院主要由加拿大籍建筑师苏继贤（William G.Small）设计，由多栋大楼相连组成一个整体，主体为中国固有式风格，与华西协和大学早期建筑群相比，新大楼较少采用地域风格，而是尽量模仿北方官式建筑风格，简化装饰，室内采用改良后的穿斗木屋架为主，翼角起翘比早期建筑平缓。其中，新礼堂（1949 年）主体为重檐歇山顶，四面出带柱廊的歇山顶抱厦，均为山面朝外，屋脊的正吻、垂兽，戗脊的仙人、走兽等均为北方官式建筑形制；麻风病医院采用了中心对称的布局和形式，根据功能需要，8 个建筑单体围绕中心发散状布置，装饰简洁。（图 6-17）

### （2）中式风格的政府建筑制式图案

1942 年，重庆国民政府内政部营建司编制了《内政部全国公私建筑制式图案》，作为国家建筑标准，在全国范围内颁布并开始实施，希望以标准图集的形式对全国各级公私建筑的制式做出规定。主要的起草人为“设计——谭垣，绘图——古平南；审核——哈雄文”[1]。

该图案集共分为四集，其中第二集主要是政府建筑制式，包括：“一、县政府标准制式图；二、县参议会标准制式图；三、县公共市场标准图；四、县公共菜市场标准图；五、公共集会场及公共游息场标准图；六、县城住宅区建筑分段标准图；七、县城楼房住宅标准图；八、县城平民住宅及平房住宅标准图；九、县乡镇谷仓

1　国民政府内政部营建司 . 内政部全国公私建筑制式图案 ,1942.

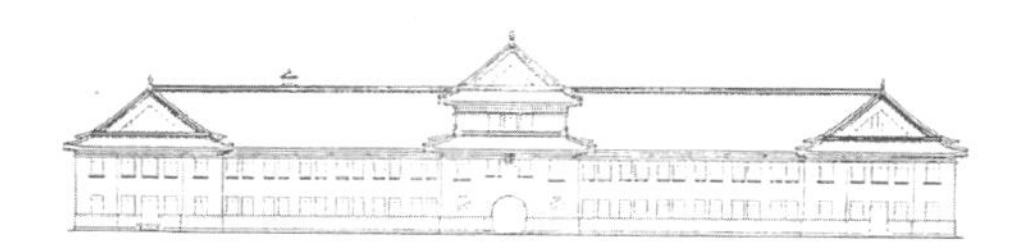

a．四川大学学生宿舍楼立面图（来源：《成都市志・建筑志》）

b．四川大学理化楼立面图（来源：《成都市志・建筑志》）

c．四川大学理化楼（来源：《成都市志・建筑志》）

d．四川大学图书馆（来源：“四川大学档案馆校史办公室”微信公众号）

e．华西协和大学新礼堂（来源：《东方的西方：华西大学老建筑》）

f．华西麻风病医院（来源：《东方的西方：华西大学老建筑》）

图 6-17　四川大学和华西协和大学的中国固有式建筑

标准图；十、乡镇公共市场标准图。”[1] 政府机关大部分是中国固有式风格，强调中轴对称的秩序感，以北方官式大屋顶为主要特征，深受中国固有式建筑思潮的影响。

县政府和地方法院的标准制式图，主体建筑平面为山字形，一横两纵三个矩形平面通过连廊组合在一起；从正立面上看，中间建筑体量最大，歇山顶正面朝外，

1　国民政府内政部营建司．内政部全国公私建筑制式图案 ,1942.

两翼建筑体量较小，歇山顶山面朝外；屋顶采用标准的北方宫殿式建筑的脊饰，有鸱吻、走兽等，筒瓦屋面；屋架为西式的桁架结构，带举折，每榀桁架之间加斜撑，加强结构的整体性。县参议会主体建筑平面为T字形，前面为横向的二层办公楼，后面为纵向的单层礼堂，均为歇山顶，筒瓦屋面，屋脊有鸱吻、走兽，内部为西式桁架结构，带有举折。

中山纪念堂的建筑制式共分了甲、乙、丙三种图案，也是简化的中国固有式建筑，甲、乙种平面为“T字形”，会堂位于后部，建筑正面为歇山顶或四坡顶，丙种平面简化为矩形，取消了后部的会堂空间，歇山顶，小青瓦屋面，相较于县政府、法院、参议会，中山堂简化了屋顶装饰，正脊轮廓似鸱吻，戗脊不做走兽，内部为西式桁架，均为直坡屋面，不带举折，檐口不起翘。县警察局和村镇公共市场标准制式图则仅保留了四坡屋顶的形态，不做传统装饰，已接近现代建筑。（图6-18）

全国各地按《内政部全国公私建筑制式图案》建造的公共建筑较少，昆明抗战胜利纪念堂或是受此影响的建筑之一。最早的建设动议是为纪念“龙云之功绩”而拟建一座“志公堂”，后改为中山纪念堂，1943年发布《昆明市政府兴建中央公园中山纪念堂等征求工程图案办法》，明确“建筑样式：以能发扬我国固有建筑艺术及表彰时代精神为原则”。内政部要求各地营建大型公共建筑应采取招标方式，应征者有梁衍建筑师事务所梁衍、华盖建筑事务所赵深、中国营造学社刘致平、炳华工程司徐炳华、中联工程公司李正诚，以及公利工程司、昆明建筑师事务所、昆明市政府工务局等，最终选择龄华工程师李华的方案。由陆根记营造厂承包施工，主体建筑平面为战斗机形状，对称布局，屋顶采用歇山顶，北方官式建筑样式，筒瓦屋面，正吻、走兽一应俱全，檐下布置斗栱，台基栏杆也采用清式汉白玉栏杆样式。1947年建成后，改称“抗战胜利堂”。（图6-19）

## 2. 对中国固有式建筑的反思

抗战爆发后，随着国民政府的内迁，大批建筑师聚集到西南地区，在从事建筑设计实践的同时，也对当时流行的建筑风格进行公开讨论。战时的经济困境，全社会厉行节约的思潮，使得西南一度成为现代主义派建筑师的大本营。1941年，《新建筑》战时刊曾以专号形式，出版了《中国古典样式建筑之批判》系列文章，童寯

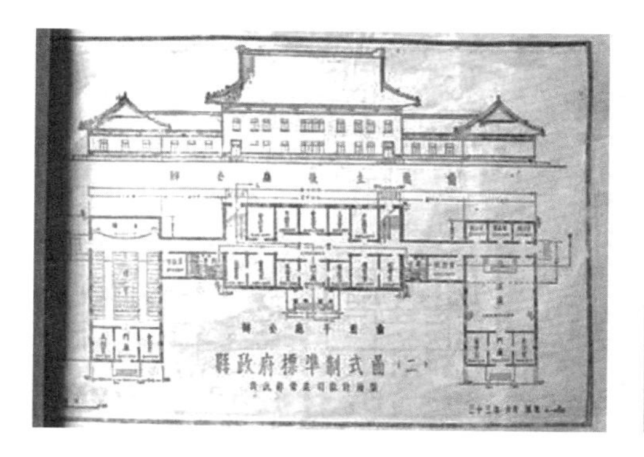


a．县政府标准制式图二（来源：《内政部全国公私建筑制式图案》）

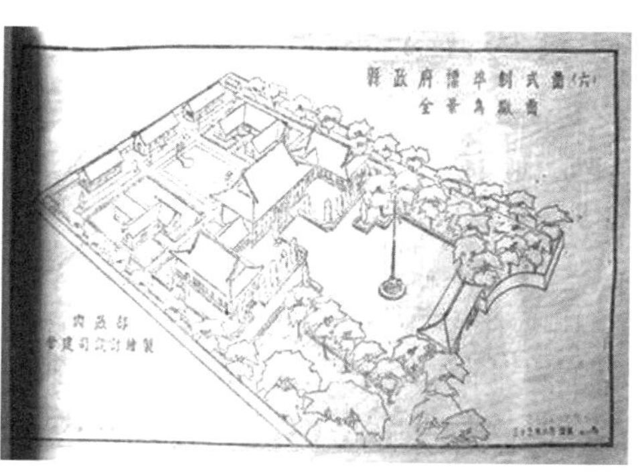


b．县政府标准制式图六（来源：《内政部全国公私建筑制式图案》）

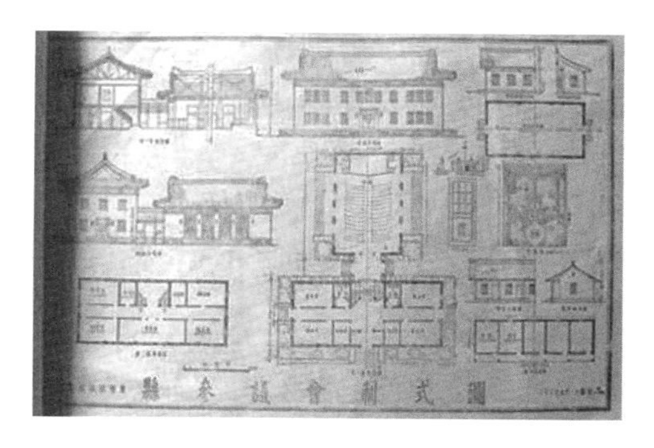


c．县参议会制式图（来源：《内政部全国公私建筑制式图案》）

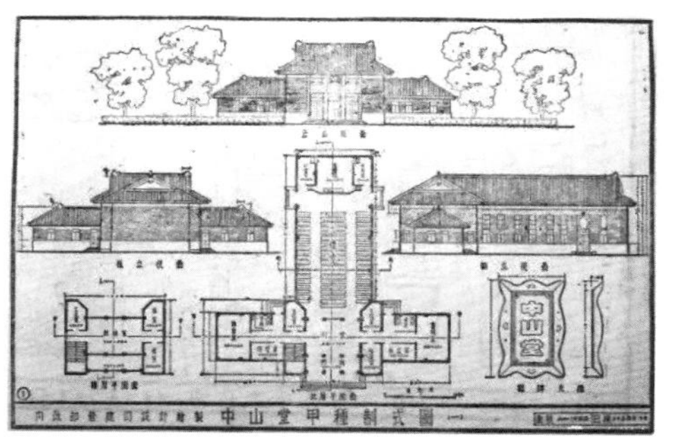


d．中山堂甲种制式图（来源：《内政部全国公私建筑制式图案》）

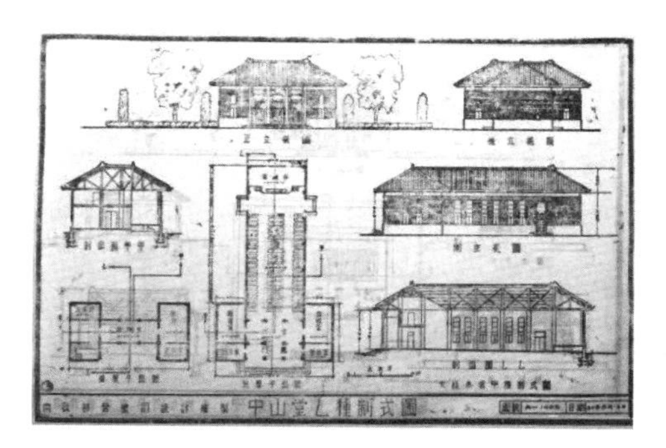


e．中山堂乙种制式图（来源：《内政部全国公私建筑制式图案》）

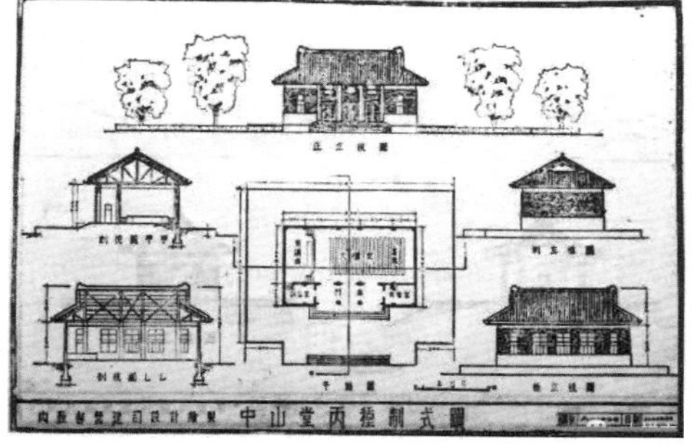


f．中山堂丙种制式图（来源：《内政部全国公私建筑制式图案》）

图 6-18 《内政部全国公私建筑制式图案》中的政府机关建筑图

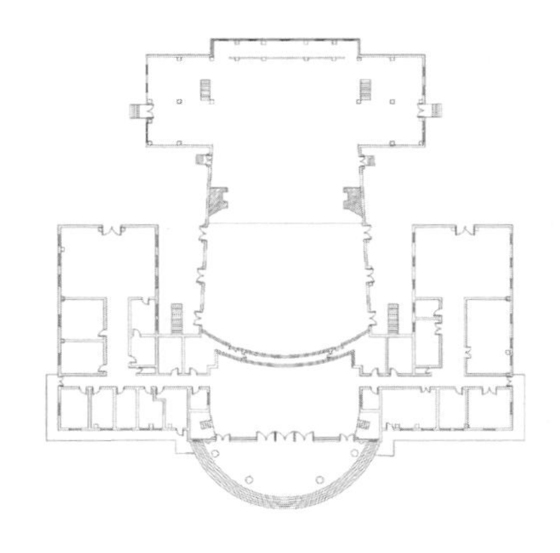

a．抗战胜利纪念堂平面图（来源：根据徐世昌图纸改绘）

b．抗战胜利纪念堂透视图（来源：“大样文化”微信公众号）

图 6-19　昆明抗战胜利纪念堂的中国固有式建筑

在《我国公共建筑外观的检讨》中尖锐地指出：“将宫殿瓦顶，覆在西式墙壁门窗上，便成功为现代中国的公共建筑式样，这未免太容易吧。……一个比较贫弱的国家，其公共建筑，在不铺张粉饰的原则下，只要经济耐久，合理适用，则其贡献，较任何富含国粹的雕刻装潢为更有意义。”[1]

“中国固有式建筑”中的大屋顶是其最显著的特征，但建造这样的屋顶花费甚巨。早期华西协和大学采用的中国民族形式，更多的是模仿地方庙宇的外观，大屋顶虽然花费不菲，但通过局部屋顶升高，并开高侧窗、屋面加老虎窗、檐下开窗等方式，还可以利用一部分大屋顶内部的空间，且相较于当时大学校园普遍采用的西式新古典主义建筑，同样规模的中国民族形式建筑造价应该相差无几。但从西南地区中国固有式建筑的实例和图纸来看，为了符合北方官式建筑的形制，屋面几乎不开高侧窗、老虎窗，而大屋顶多采用西式三角形桁架、豪式屋架等结构，还要做出复杂的屋面举折和凹曲屋面，屋架之间加剪刀撑，导致大屋顶内部的空间几乎无法利用。当时，装饰艺术派和现代主义建筑已经开始在西南地区兴起并流行，建筑装饰已开始大量简化。因此，中国固有式建筑在抗战时期主要用在需要表达民族形象

1　童寯 . 我国公共建筑外观的检讨 [J]. 公共工程专刊 ,1946 年 .

的政府建筑，以及少量学校、医院等公共建筑中，其余建筑中则较少采用。

此外，从全国范围来看，《内政部全国公私建筑制式图案》的实际实施效果并不好，主要是由于图集并未考虑到全国各地域在气候、地形上的差异性。在战时及战后很长一段时间艰难的经济条件下，县一级地方政府根本没有财力建造图集中的中式大屋顶。

## 四、战时流行的装饰艺术派与现代主义风格

### 1. 装饰艺术派与现代主义风格的流行

#### （1）近代建筑业第二个“黄金五年”繁荣期

1937 年，全面抗战爆发后，西南成为大后方，重庆作为国民政府陪都，逐渐成为中国政治、经济、军事和文化的中心，极大地促进了西南地区经济、文化、科学、教育、卫生等各方面的迅速发展。但战时大轰炸又使得西南作为大后方内迁的优势没有得到充分体现。

太平洋战争爆发后，随着美国空军援华，日本逐渐失去制空权，1942 年开始对西南的轰炸次数大幅下降，西南地区的经济、社会、文化得以发展。更为重要的是取得了对日空中作战优势，极大地增强了中国人民抗战胜利的信心，抗战内迁集中全国的人力物力，重庆成为全国的金融中心，西南各大城市也随之复苏并再度繁荣。

从 1942 年的大轰炸减弱，到 1946 年国民政府和全国各地机构、人员大规模回迁之前，西南的近代建筑业有较大的发展，新建了一批装饰艺术派和现代主义风格的银行、商店、影剧院、工厂等建筑。从 1942 年至 1946 年的五年可称为西南近代建筑业发展的第二个“黄金五年”。

#### （2）公共建筑中的装饰艺术派与现代主义风格

日军的轰炸主要集中在西南的军事工业和重要城市的商业密集区，轰炸及由此引发的火灾导致大量传统砖木结构建筑被毁，包括重庆下半城、昆明南屏街、贵阳大十字等商业区均在轰炸中损毁严重。原来的建筑烧毁后留下市中心区的大片空地，这一方面给新的建设提供了空间，另一方面也促进了防火性能更好、结构更坚固的钢筋混

凝土结构建筑的普及，带动装饰艺术派和现代主义风格建筑的流行。在这个过程中，抗战内迁到西南各大城市的建筑师起了重要的作用。到抗战胜利时，重庆、昆明、贵阳的主要商业区沿街立面均已被改造成了现代主义或装饰艺术派风格。（图 6-20）

抗战爆发后，国内建筑师内迁西南开业的有：杨廷宝、关颂声、朱彬、杨宽麟、陆谦受、张镈、黄家骅、顾授书、李祖贤、梁思成、哈雄文、刘敦桢、童寯、李惠伯、徐敬直等[1]。1942 年，重庆核准开业的建筑师事务所多达 72 家，1945 年，成都有 13 家，1948 年，云南核准开业的建筑师事务所有 19 家。外来建筑师主导了西南地区大部分建筑设计业务，重要的建筑工程主要由基泰工程司、华盖建筑事务所和兴业建筑事务所 3 家承接设计。业务最多的是基泰工程司，因其全国知名度高，到西南开展业务早，所以市场份额大。杨廷宝早在 1934 年就受邀到重庆设计装饰艺术派风格的美丰银行，后又设计现代主义风格的川盐银行、农民银行等。基泰工程司当时的宗旨是“开创国内设计业务，中国租界设计权益；发扬中国古代建筑，服务抗战建国工程”。[2]

当时，现代主义风格的银行建筑有 3 个显著特点：一是底层平面布置以营业大厅为中心的两层挑空的大空间，办公用房布置在楼上或后部；二是大量使用石材、水刷石、面砖等饰面材料，采用钢筋混凝土框架结构，已有供热、通风等配套系统，安装了电梯等设备，采用机械化施工技术；三是由中国建筑师自己设计，这些作品在建筑功能和建筑结构的处理上显得相当成熟。（表 6-2）

重庆现代主义风格的银行建筑包括：中央银行大楼（1938 年）由基泰工程司设计，建业营造厂施工，位于街道转角，立面后期经过较大改动，总体装饰简洁；农民银行（1941 年）由基泰工程司杨廷宝设计，建业营造厂施工，现代主义风格，立面设计简洁无装饰，开竖向的长条形窗，平面中央有篮球场将营业办公和后勤隔开，互不干扰；建国银行（1941 年）初建时是砖柱夹壁简易的两层房屋，1944 年，重建为 5 层楼砖木结构楼房，在十字路口，采用圆形平面，底层较高，局部开敞，现代主义风格；万县交通银行由协泰营造公司承建，立面中间为梯形的天井，正面沿中轴线对称，三段式构图，对称设计，装饰简洁的现代主义风格。

---

1 重庆市城乡建设管理委员会，重庆市建筑管理局 . 重庆建筑志 [M]. 重庆：重庆大学出版社 ,1997:48.

2 同上。

a. 1945 年的重庆街头（来源：“重庆发生”微信公众号）

b. 重庆都邮街街景（来源：《大后方的社会生活》）

c. 昆明南屏街街景（来源：《大后方的社会生活》）

d. 贵阳大十字街景（来源：《贵州 100 年 • 世纪回眸》）

图 6-20　抗战时期重庆、贵阳、昆明的街景

表 6-2　1937-1949 年间西南重要的装饰艺术派与现代主义风格建筑

| 原有名称 | 建造时间 | 结构与规模 | 建筑风格 | 建筑师 | 营造厂 |
|---|---|---|---|---|---|
| 重庆中央银行大楼 | 1938 年 | 钢混结构 5 层 | 现代主义 | 基泰工程司 | 建业营造厂 |
| 昆明南屏电影院 | 1940 年 | 砖石结构 2 层 | 现代主义 | 华盖建筑事务所 | 陆根记营造厂 |
| 重庆农民银行大楼 | 1941 年 | 砖混结构 3 层 | 现代主义 | 基泰工程司 | 建业营造厂 |
| 重庆建国银行大楼 | 1941 年 | 砖木结构 5 层 | 现代主义 | — | — |
| 昆明大戏院 | 1942 年 | 钢混结构 2 层 | 现代主义 | 兴业建筑事务所 | 陆根记营造厂 |
| 昆明酒杯楼 | 1945 年 | 钢混结构 3 层 | 现代主义 | — | — |
| 贵州银行大楼 | 1946 年 | 钢混结构 4 层 | 现代主义 | 刘梦萱 | — |
| 昆明中国银行大楼 | 1948 年 | 钢混结构 5 层 | 装饰艺术派 | 公利工程公司 | 昆明裕鑫营造厂 |

来源：自制。

昆明南屏街原是护城河，1930年拆墙填河修起了路，即为南屏街。抗战期间南屏街兴盛起来，金融业尤为发达，被称为昆明的华尔街。昆明银行建于民国后期，因代理美国商品在滇缅公路的贸易而兴盛，建筑因用地形状的限制，形成较为奇特的“凹字楼”，立面采用竖向的装饰线条，竖长方形比例的窗户，典型的装饰艺术派风格；兴文银行建筑立面呈对称设计，以竖向线条为主，现代主义风格。昆明中国银行成立于1938年，中国银行大楼（1948年）为钢筋混凝土框架结构，外观三层，内部为五层，延续了当时全国中国银行建筑普遍采用的带有中式特征的装饰艺术派风格，立面构图简洁，檐口、门窗等有中式装饰符号。

民国时期贵州的银行业较为落后，最有实力的是贵州银行。1912年，唐继尧将贵州官钱局改组为贵州银行，银行大楼（1946年）设计人为刘梦萱，是贵州最早使用钢筋混凝土结构的房屋之一，平面布局大体为矩形，现代主义风格，外墙底层为水泥砂浆仿石材，上部为斩假石，正面窗间墙为清水红砖，屋顶为小青瓦屋面，钢木屋架。（图6-21）

抗战时期，文化、教育和商业建筑也大量采用现代主义风格。1939年建造的国立中央图书馆，在1946年改建为现代主义风格的罗斯福图书馆，平面为T字形，正立面为三段式构图，中轴对称，中段用水泥外墙，装饰横向线条，两翼底层为水泥，上部为青砖外墙；北碚的国立江苏医学院大楼平面为“王字形”，立面为现代主义风格，带有装饰艺术派特征，用横向装饰线条，强调水平向的构图特征。重庆南开中学创建于1936年，是张伯苓创办的南开系列学校之一，“九一八”事变后，华北形势危急，遂决定选址重庆沙坪坝建中学，初建时没有大门，只有四根方柱，后陆续建成教学楼、图书馆、男女生宿舍、礼堂等，建筑多是灰砖墙体、平屋顶的现代主义风格，其中，范孙楼由新华兴业公司设计和施工，立面为简洁的方盒子，布局为内走廊式，从外观上看是平屋顶，实际上是中式的小青瓦屋面，女儿墙加高，从底部看不到瓦屋面。抗战期间，重庆小什字一带的沿街商业建筑立面多已改为装饰艺术派或现代主义风格。重庆中央制药厂的立面带有装饰艺术派风格的典型特征，一层为横向的大开间，二层以上为竖向线条分隔，竖长方形窗，屋顶有竖向装饰线条，由上海迁往重庆的华华公司为现代主义风格建筑。（图6-22）

由于人员内迁和美国士兵驻扎昆明，南屏街上新建了一批电影院、戏院、酒吧、舞厅等新式建筑。南屏电影院（1940年）是昆明最早的一座现代化专业电影院，由

a．重庆农民银行（来源：“重庆老街”微信公众号）

b．重庆建国银行（来源：“时光里独立书店”微信公众号）

c．昆明中国银行（来源：“滇赞中行”微信公众号）

d．贵州银行 1949 年银圆辅币背面的贵州银行大楼图案（来源：“街农公社四脚白社区服务站”微信公众号）

图 6-21　抗战时期西南装饰艺术派与现代主义风格的银行建筑

赵深设计，整体为现代主义风格，局部带有竖向装饰线条，平面布局自由灵活，建筑平面忠实于功能，在街角的入口设计成半圆弧形体块，两层挑高的空间，为了不占用门厅的有限面积，采用悬挑式楼梯进入楼厅，建筑立面为大面积横向玻璃窗，与侧面竖向墙面巧妙地结合；大光明电影院是在倒塌的大逸乐影院的地基上重建的，现代主义风格；昆明大戏院由商人蒋伯英创办，入口位于转角处，呈圆弧形，现代主义风格，带有装饰艺术派特征；酒杯楼（1945 年）与抗战胜利纪念堂同时建造，一共有两幢，左右拱卫着抗战胜利纪念堂，现代主义风格，平面形状似酒杯，因而得名。（图 6-23）

a．重庆罗斯福图书馆（来源：胡征摄影）

b．国立江苏医学院大楼（来源：“南京医科大学”微信公众号）

c．重庆南开中学初建时校园（来源：《学舍百年——重庆中小学校近代建筑》）

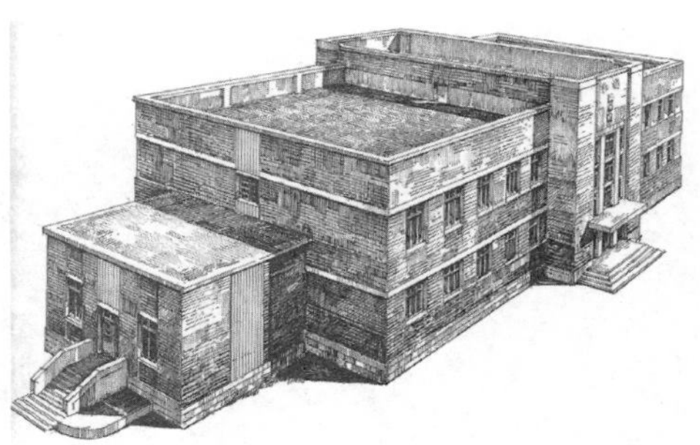

d．重庆南开中学忠恕图书馆（来源：《学舍百年——重庆中小学校近代建筑》）

e．重庆南开中学范孙楼（来源：《中国近代建筑总览·重庆篇》）

f．重庆华华公司（来源：“华华公司”微信公众号）

图 6-22　抗战时期重庆装饰艺术派与现代主义风格的公共建筑

a．昆明大戏院（来源：《一座古城的图像记录》）

b．昆明大光明电影院（来源：《一座古城的图像记录》）

c．昆明南屏电影院（来源："昆明发布"微信公众号）

d．昆明南屏电影院室内（来源："昆明广播电视台"微信公众号）

图 6-23　抗战时期昆明装饰艺术派与现代主义风格的公共建筑

抗战期间，贵阳醒狮路（今科学路）建立了一座科学馆，为欧式园林式布局，建筑群采用中轴对称布置，中轴线顶端是科学馆，右侧是艺术馆和物产陈列馆，左侧为招待所和省立图书馆。科学馆（1941 年）是该建筑群的主体，平面为"工字形"，立面中部略高；艺术馆（1942 年）正面为三个方形体块，中部略高，有两层通高的入口，其余全部为实墙面，虚实对比强烈，外墙几乎没有装饰；物产陈列馆墙面则虚多实少，大面积的采光窗，与左侧艺术馆形成鲜明对比；图书馆是利用原有旧房改建，在两翼的古典建筑基础上，增加了现代风格的入口门头，与其他几幢现代主义建筑风格相协调。贵阳民众教育馆也是三个矩形体块组合，装饰简洁，立面二层窗及窗间墙形成竖向内凹的构图。此外，贵阳六广门体育场与维周篮球场（1943 年）

大门均为装饰艺术派风格，带有横竖装饰线条；国立贵阳医学院大门则为更简洁的现代主义风格。（图 6-24）

### （2）工业与军事建筑中的现代主义风格

西方现代主义建筑发展过程中，工业建筑因高大的空间需求，曾是现代主义建筑中的重要类型。在西南的近代工业建筑中，也有典型的现代主义风格。重庆大溪沟电厂在 1938 年扩建时，委托基泰工程司设计，包括透平间、锅炉间、水池、水塔及进水设施等，大部分建筑是钢筋混凝土结构，大空间的厂房，外观简洁，其中，大门为简洁现代主义风格，透平机车间吸收了欧洲现代主义工业建筑的设计手法，根据设备需要布置空间，立面开大面积钢窗。

a. 贵州艺术馆（来源：《贵州 100 年 • 世纪回眸》）

b. 贵阳民众教育馆（来源：《贵州 100 年 • 世纪回眸》）

c. 贵阳六广门体育场大门（来源：《贵州 100 年 • 世纪回眸》）

d. 国立贵阳医学院大门（来源："黔中书"微信公众号）

图 6-24　抗战时期贵阳装饰艺术派与现代主义风格的公共建筑

合川天府矿区具有200多年的开采历史，1933年，北川铁路建成通车，沿线6家较大的煤窑与北川铁路公司、民生实业轮船公司联合组成新的“天府煤矿股份有限公司”，卢作孚被公推为董事长。天府煤矿厂区内建筑多为砖木结构的单层厂房，样式简洁。后期建造的办公楼“作孚楼”，典型的现代主义风格，外墙为白色，四坡屋顶，青瓦屋面，开大面积的横向窗。

在抗战时期的军事机构中，现代主义风格建筑也较多。国民政府军事委员会重庆行营建筑群，主体建筑为现代主义风格，坡屋顶，小青瓦屋面，入口处为平屋顶女儿墙，带横向装饰线条；中央训练团军乐团驻地建筑为现代主义风格，平面接近方形，一侧有外廊，梁柱结构，立面以横向栏杆强化出水平线条，装饰简洁；川军军部大楼为3层，立面简洁，窗台和窗楣构成连续的横向装饰线条。（图6-25）

a. 重庆大溪沟电厂大门（来源：《重庆近代城市建筑》）

b. 重庆大溪沟电厂厂房（来源：“方志四川”微信公众号）

c. 北碚天府煤矿办公楼（来源：“北碚博物馆”微信公众号）

d. 中央训练团军乐团驻地（来源：《重庆近代城市建筑》）

图6-25　抗战时期重庆现代主义风格的工业和军事建筑

### （3）居住建筑中的现代主义风格

相较于其他风格的居住建筑而言，现代主义风格住宅的平面布局和立面风格更为灵活自由，也充分体现出委托业主和建筑师个人的喜好。重庆宋庆龄旧居（1937年）原为德国留学回国的工程师杨能深的住宅，现代主义风格，立面简洁，开竖向小窗，1941年5月，被日机炸毁，修缮后作为宋庆龄的居所，建筑外表面按照当时防空袭的要求刷为土黄色；史迪威将军旧居位于李子坝的嘉陵新村，由陶桂林的馥记营造厂建造，曾为宋子文宅邸，典型的现代主义风格，立面简洁，开横向大窗，平屋顶；同样位于嘉陵新村的孙科公馆（1939年），由杨廷宝设计，是一幢独特的圆形平面住宅，平面由内外两个同心圆组成。

昆明的近代居住建筑中有一幢风格独特的现代主义建筑，为原昆明市市长庾恩锡别墅（1945年），平面由五个方形体块组成，每一个体块的四角均做成圆角，立面上是中间高，两边低，呈“品”字形，外墙用方圆、大小不等的天然岩石叠砌堆成，故名“磊楼”，面朝滇池，周围有亭、榭、池、泉等。（图6-26）

## 2. 现代主义建筑理论的宣传与推广

抗战以前，《中国建筑》与《建筑月刊》已经开始介绍“现代主义建筑运动”，以受外来文化影响最早的广东和受西方冲击最大的上海等沿海城市为主要阵地，而对内陆地区影响较小。广东省立勷勤大学学生创办的研究和传播现代主义建筑的“中国新建筑杂志社”，以“反对因袭的建筑样式，创造适合于机能性，目的性的新建筑”[1]为办刊宗旨。

1938年10月，广州沦陷，随后“中国新建筑杂志社”的三位主创人员——黎抡杰、郑祖良、霍然等前往重庆，继续在战时传播与倡导现代主义思想理论，使西南成为宣传现代主义建筑的桥头堡。1941年5月，中国新建筑社在重庆以《新建筑新市政合刊》形式复刊，由黎抡杰和郑祖良担任主编，霍然负责发行，成为战时陪都研究和倡导新建筑运动的重要学术阵地。在渝版第一期有黎抡杰的《五年来的中国新建筑运动》，郑樑《论新建筑与实业计划的住居工业》，霍然的《国际建筑与

1 新建筑，渝版第1期.

a. 重庆宋庆龄旧居（来源：胡征摄影）

b. 重庆史迪威将军旧居（来源：胡征摄影）

c. 重庆孙科圆庐别墅（来源："老照片大历史"微信公众号）

d. 昆明庾恩锡磊楼（来源：马洪云摄影）

图 6-26　抗战时期西南现代主义风格的居住建筑

民族形式——论新中国新建筑底"型"的建立》等文章。此外，杂志社在 1942 年、1943 年还出版了黎宁的《国际新建筑运动论》《目的建筑》，郑樑的《新建筑之起源》《战后都市计划导论》等专著。

除了建筑学界对于现代主义建筑运动的宣传和推广之外，战时特殊的环境也是现代主义得以践行的重要原因。战争期间经济萧条，在材料、资金短缺，以及"节俭"观念的影响下，促使对"中国固有式建筑"的反思，建筑的"经济性"开始作为重要考量因素。这与第一次世界大战后西方国家开始推行现代主义建筑有着相似的背景和原因。

# 五、战时城市与乡村居住建筑的变化

## 1. 战时简洁样式的居住建筑

### （1）抗战时期重庆简洁样式的居住建筑

抗战时期，由于物资匮乏，受新生活运动、现代主义建筑思潮等影响，在反思"古典样式"的思潮中，重庆等地的新建筑多以强调经济性和功能性的现代主义风格和简洁样式为主。"简洁样式"并不是指一种固定的建筑样式，而是针对民国后期建造的大量简化装饰的建筑式样的统称，也有学者将其叫作"抗建房"风格。这种建筑不仅节省了材料与经费，还有利于营造艰苦朴素、厉行节约的政治和社会氛围，"一个比较贫弱的国家，其公共建筑，在不铺张粉饰的原则下，只要经济耐久，合理适用，则其贡献，较任何富含国粹的雕刻装潢为更有意"。[1]

战争期间，各同盟国驻华的领事机构均设在重庆，尤其以渝中半岛及南岸的黄山、南山一带居多。一部分领事馆租用原有建筑，如苏联领事馆、德国领事馆等；另一部分新建的领事馆多采用简洁样式，如鹅岭公园内的澳大利亚公使馆平面为规整的矩形，立面没有复杂的装饰；南山植物园内的印度专员公署、法国大使馆，立面同样没有任何繁复的装饰。

在日军大轰炸后，国民政府开始有计划地向郊区疏散，将政治中枢隐藏在黄山、南山、歌乐山等险要的自然山体之中，军政要员也纷纷前往山区避险。南岸的黄山、南山具有自然山体的掩蔽，是防空袭和避暑的理想之地。1938 年，"为避免日机轰炸，侍从室选中了黄山这块地方，从富商黄云陔手中购来为蒋介石修建官邸"。[2] 黄山官邸建筑群有云岫楼、松厅、孔园、草亭、莲青楼、云峰楼、松籁阁、侍从室等，与抗战之前重庆建造的别墅相比，建筑平面更规整，外立面与室内装修简洁，强调经济实用。南山公园路的杜月笙公馆平面接近方形，四坡屋顶，单侧有外廊；黄桷垭的孔香园、于佑任别墅平面也为方形，双坡屋顶，立面简洁。

西郊的歌乐山区以及南郊的南温泉地区，也被选为国民政府中枢的疏散区域。

1　童寯 . 我国公共建筑外观的检讨 [J]. 公共工程专刊 ,1946 年 .

2　胡静夫等著 . 黄山掠影 . 见南岸区政协文史资料研究委员会编 . 南岸区文史资料（一）[M]. 内部印行 ,1985:23.

林园位于歌乐山南麓，由军政部营建司负责修建，主持设计的是刘宝廉，样式简洁，中正楼、美龄楼、马歇尔公馆等同样没有繁复的装饰，部分建筑还使用了传统的穿斗式木屋架。歌乐山王正延公馆、许世英公馆、邓家彦公馆等建筑平面均接近矩形，样式简洁，是抗战时期公馆建筑的典型代表。南泉小泉校长官邸（1938 年）样式简洁，孔祥熙的孔园与林森的听泉楼位于禹山半坡的密林之中，均为青砖砌墙，小青瓦屋面，外观简洁方正。

渝中半岛在战时饱受轰炸，1942 年，日军轰炸减少后，不少官员又将官邸迁回市区。枇杷山的李宗仁公馆、陈诚公馆与戴笠神仙洞公馆等均为简洁样式，平面布局规整，青砖外墙，小青瓦坡屋顶，立面没有繁复的装饰。（图 6-27）

此外，西南各地为迎接蒋介石或宋美龄考察，也修建过一些简洁样式的临时接待用的公馆。北碚澄江镇运河口的美龄堂（1943 年），是为迎接宋美龄前来剪彩而修建，砖混结构单层，立面造型简洁，左右对称，歇山屋顶，小青瓦屋面；潼南金

a．黄山云岫楼（来源：自摄）

b．黄山孔园（来源：自摄）

c．黄山松厅（来源：自摄）

d．南泉听泉楼（来源：自摄）

e．南岸黄桷垭孔香园（来源：陈洋摄影）

f．南岸黄桷垭于右任别墅（来源：陈洋摄影）

g．南岸杜月笙公馆（来源：陈洋摄影）

h．歌乐山林园美龄楼（来源：自摄）

i．陈诚公馆（来源：徐晓渝摄影）

j．神仙洞戴笠公馆（来源：自摄）

图 6-27　重庆简洁样式的政要公馆建筑

龙村的中正室是为蒋介石视察陆军机械化学校而修建的临时官邸，平面布局为 L 形，墙体为砖石砌筑，小青瓦屋面；贵阳黔灵山蒋介石下榻处，是为蒋介石到贵阳视察而建，简洁样式，小青瓦屋面，立面不带任何装饰。（图 6-28）

a．北碚美龄堂（来源：莫骄摄影）

b．双江中正室（来源：刘朝俊摄影）

c．南泉蒋介石官邸（来源：李国红摄影）

d．贵阳黔灵山蒋介石下榻处（来源：《贵州省志·建筑志》）

图 6-28　西南各地简洁样式的接待公馆建筑

### （2）抗战时期简洁样式流行的原因

简洁样式与现代主义的共同点是不用繁复的装饰，区别在于：现代主义是从西方新古典主义中演变而来的，通过现代建筑运动将其推广到全世界。早期现代主义也是一种特定的建筑风格，具有一定的建筑理论支撑，不同现代主义建筑师有自己的设计原则：如平屋顶女儿墙，立面开窗比例大，平面自由灵活等；而简洁样式是从外来的洋房别墅风格与西南本土的民居中演变而来，并不能算是一种特定的建筑风格，平面可以自由灵活，但更多的是要求平面尽量简单，以往重点装饰的部位去繁就简，满足基本使用功能即可。简洁样式也不同于战时的临时棚户建筑，它的设计建造还是以长期使用为目标的，对安全性和耐久性的要求比临时建筑高很多。

简洁样式在战时流行的原因主要有：

① 战时物资短缺，内迁导致城市人口激增，房屋缺口大，加上国民政府倡导的

厉行节约政策，新建筑首先是为满足基本的居住和办公的功能性需求，以“经济、安全、实用”为原则。

② 战前开始推行的新生活运动对建筑风格也有一定影响。新生活运动指 1934 年至 1948 年间，国民政府推行的国民教育运动，战前以“礼义廉耻”为主要思想，战时强调纪律、节约和牺牲精神。新生活运动的开展对民众的思想进步起了一定的作用，提倡节约，对现代主义及简洁样式的推行起到一定的示范作用。

③ 战时建筑大量采用本土建筑材料，延续了川渝地区风土民居不重装饰的特点。抗战期间，钢筋、水泥等建材严重短缺，且主要用于军事工业和设施，而办公、居住建筑大量采用砖、石、木，及小青瓦等传统建材，由本地工匠建造，在一定程度上延续了四川地区民居建筑素不重装饰的特点。

④ 20 世纪 30 年代，建筑界开始反思中国固有式建筑和新古典主义建筑，抗战内迁后，重庆成为现代主义建筑思潮的大本营，简化装饰成为这一时期建筑的主要特点。

### （3）简洁样式的来源及演变过程

抗战时期，简洁样式住宅的建筑风格，既根植于传统的建造观念和本土的材料、技术，也可以看到外来西式洋房平面格局、立面风格的影响。从外来西式风格逐渐过渡到简洁样式的演变过程，大概可以分为 4 个时期：

① 清代以来，川渝地区的风土民居讲究实用性，素不重装饰，与江南、江西、福建、广东、云南等地区的民居相比，川渝地区的民居常用穿斗式木构架，冷摊瓦屋面，木雕、砖雕、石雕较少，大户人家的庄园也如此，有大宅院开凿巨形条石作为台阶，却极少用复杂的雕刻。这一观念传统对四川、重庆的近代建筑产生了较大的影响。

② 在早期教会建筑中，已注重将西式风格与地域风土建筑结合，梁柱式外廊建筑样式简洁，几乎无装饰。比如马桑坝天主（1855 年）教堂神父楼。后来逐渐形成了一种以青砖砌筑外墙和廊柱，小青瓦歇山或悬山顶，门窗不带拱券的一种简洁朴素的建筑样式，比如重庆广益中学（1904 年）教学楼、重庆涪陵洋人楼（1914 年）等，均为外廊式简洁样式，歇山顶小青瓦屋面；华西协和大学在筹建之初先修建的三栋“泥灰夹壁”的临时教学用房，以及医学院小楼（1914 年）均是这种风格，平面为矩形，小青瓦屋面悬山顶。

③ 开埠后，西式洋房风格在传播过程中，采用当地建筑材料，吸收本土建筑风格，减少装饰，但平面布局、立面构图仍基本保持原风格的典型特征。比如重庆贺国光旧居平面和立面构图接近西式洋房风格，但立面简洁，没有特定风格的特征装饰；重庆南山植物园内的西班牙大使馆别墅，保留了西班牙式花园洋房立面构图和缓坡顶的主要特征，立面上简化装饰。

④ 抗战爆发后，各行业既受物资短缺的制约，也受战时节俭思想的影响，建筑普遍采用简洁样式。建筑平面布局力求简洁，多用矩形，立面变化少。比如中国西部科学院慧宇楼（1934 年）是中国固有式建筑，而地质楼（1939 年）和生物研究所则为简洁样式，平面为矩形，立面没有任何装饰。南岸区中央工业实验所，现存房屋 6 栋，平面接近矩形，立面没有任何装饰，外墙刷成土黄色，小青瓦屋面。（图 6-29）

#### （4）民国后期云南的西式风格花园洋房

民国后期，在政局相对稳定的云南，军阀、绅商也建造了少量风格纯正的西式花园洋房。最典型的是龙云的震庄和卢汉的翠湖别墅及西园别墅，虽然风格各异，但仍延续了隅角石材包砌的云南近代建筑典型做法。

震庄（1942 年）是龙云为其子女建造的住所，庭院式布局，有大面积观赏莲池，包括主楼、戏台、水榭、假山及 8 栋式样一致的小洋楼、书库等，主体建筑乾楼为新古典主义风格，正立面为三段式构图，左右对称，主入口有科林斯柱饰的门廊，二层为露台。翠湖边的卢汉公馆（1933 年）为法式别墅风格，平面布局灵活自由，屋顶坡度较陡，黄色外墙，隅角包石，红色机平瓦屋面，室内带壁炉，屋顶有烟囱，装饰考究；卢汉在滇池边建造的西园别墅（1943 年），与翠湖卢汉公馆风格接近，平面自由，红色机平瓦屋面，隅角和门窗套包砌石材。（图 6-30）

### 2. 乡土民居的防御性与装饰特征

#### （1）合院式民居中的“符号化”装饰

西南近代的城市化进程缓慢，建筑转型不彻底，而乡村较城市的经济、社会变革更缓慢。近代乡土民居绝大部分仍使用传统的木、土、砖、石、瓦等本土建筑材料，按照风土建筑传统建造。近代乡土建筑中，受外来影响的主要有：不同时期的乡村

a. 重庆广益中学校舍建筑（来源：《学舍百年——重庆中小学校近代建筑》）

b. 涪陵柯中意洋人楼（来源：张五一摄影）

c. 重庆贺国光旧居（来源：胡征摄影）

d. 重庆西班牙大使馆别墅（来源：陈洋摄影）

e. 重庆中央工业实验所 3 栋（来源：陈洋摄影）

f. 重庆中央工业实验所 4 栋（来源：陈洋摄影）

图 6-29 西南简洁样式的类型与演变

a．震庄乾楼立面图（来源：《云南名人故居建筑特色解读》）

b．震庄乾楼（来源：田凡摄影）

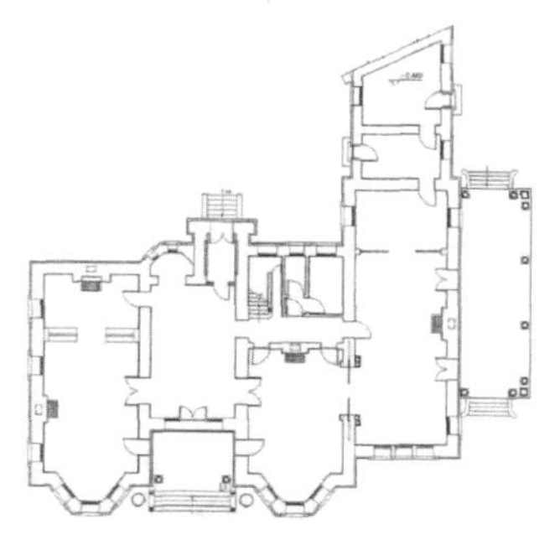

c．翠湖卢汉公馆平面图（来源：《云南名人故居建筑特色解读》）

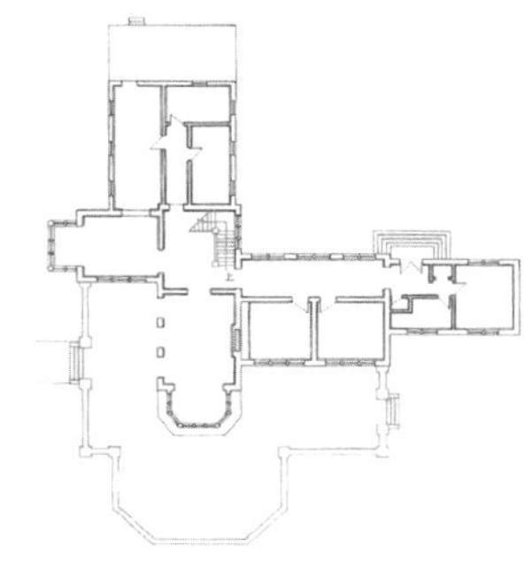

d．卢汉西园别墅平面图（来源：《中国近代建筑总览·昆明篇》）

e．翠湖卢汉公馆立面图（来源：《云南名人故居建筑特色解读》）

f．卢汉西园别墅立面图（来源：《中国近代建筑总览·昆明篇》）

g．翠湖卢汉公馆（来源："五华区华山街道办事处"微信公众号）

h．卢汉西园别墅（来源：马洪云摄影）

图 6-30　云南西式风格的花园洋房

天主教堂、基督教堂，各级军阀将领在乡间建造的外廊式公馆、庄园式公馆中的巴洛克风格大门，以及带有西式装饰元素的乡间祠堂、学校、民居等。

受外来文化影响，合院式民居中出现了西式装饰符号，主要集中在大门、外廊、门窗等部位。大门带西式装饰的如云南弥勒巡检司萧家大院（1948 年），平面为典型的四合院，由正厅、对厅、厢房、耳房组成，木构架等为云南风土民居风格，大门居中，砖石包砌，带有西式风格的巴洛克涡卷式山花墙。外廊式民居中的西式装饰，如昭通镇雄塘房镇滇军师长陇生文住宅，为三合院布局，正房为砖木结构券柱式外廊，厢房为木结构的梁柱式外廊。门窗带西式装饰的如万州金黄甲大院（1937 年），平面为川东地区传统合院式布局，三个中式院落横向展开，主体为穿斗式木构架，内院为中式风格，正立面局部带有西式风格的门窗，入口为长达 60 米的跑马厅，这是传统建筑没有的形制。（图 6-31）

（2）防御性碉楼与碉楼式民居

受外来文化影响的西南乡土建筑还有碉楼式民居。在军阀战争及抗日战争时期，地方治安普遍较差，修筑碉楼可以有效加强防御性。西南近代碉楼式民居又可以分为两种：

① 大型庄园建筑群或村镇中起防御作用的碉楼。这种类型的碉楼出现较早，在中国历史上大规模移民入乡或匪患严重地区自古有之。作为庄园防御体系的碉楼，多位于庄园院墙转角，典型的如江津会龙庄的碉楼，位于庄园的一角；泸县屈氏庄园、大坝庄园的碉楼位于四个角。作为村镇防御体系的碉楼，主要发挥瞭望作用，以防止匪患和火灾等，典型的如重庆丰盛镇近代碉楼建筑群，重庆巴南木洞镇、泸州福宝镇同样也有几栋较高的碉楼。（图 6-32）

② 外观仿碉楼的独栋民居，兼具居住和防御功能。这是民国后期兴起的一种新类型。整栋民居外观形态简洁，墙体较厚，立面开窗小，高达三四层或更高，高度与传统碉楼相仿，但体量更大，可能是受广东沿海侨乡近代碉楼的影响，传播到重庆时又简化了外来装饰，形成了一种带有地方特色的近代碉楼式民居。

渝北石船镇宋家洋房子处于传统民居向碉楼式民居过渡的形态，砖、石、木混合结构，一、二层用条石，三层用砖砌筑，歇山顶，小青瓦屋面，外立面开窗比例大，防御性还不够强；丰都董家镇的飞龙洞皋庐（1942 年）为石结构 4 层楼，平面接近方形，中间有小天井，外立面总体开窗小，防御性较宋家洋房子已有很大的提

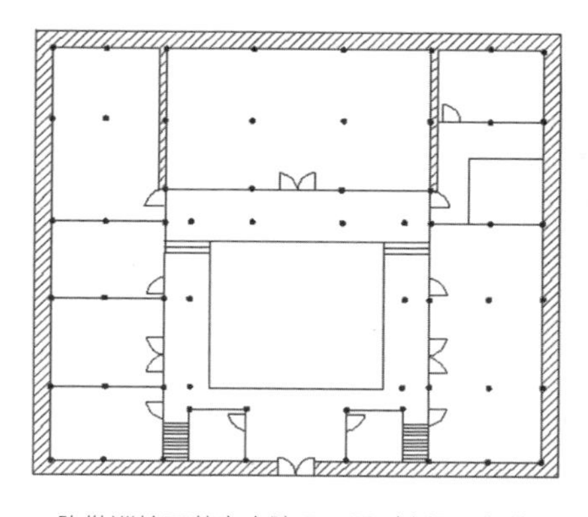

a. 弥勒巡检司萧家大院平面图（来源：杨德辉绘制）

b. 弥勒巡检司萧家大院（来源：段红坤摄影）

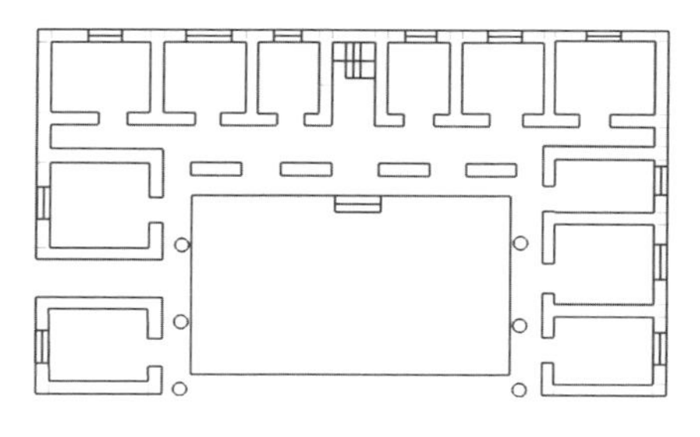

c. 昭通塘房陇生文住宅平面图（来源：根据祁勇图纸改绘）

d. 昭通塘房陇生文住宅（来源：李朝云摄影）

图 6-31　西南近代合院式民居中的符号化装饰

升；巴南界石镇石龙绍兴湾碉楼采用的是碉楼建筑群的组合，共 3 个单体，均具有一定防御性，最高的碉楼达 6 层，顶层向外挑出，中式歇山屋顶，这种单层面积小，顶部出挑的样式与广东侨乡的碉楼建筑更接近。（图 6-33）

西南近代碉楼式民居在外观和装饰方面也受到了外来建筑装饰的影响。涪陵马武镇的黄笃生庄园（1943 年），为典型的碉楼式民居，平面布局呈器字形，三层砖石结构，四坡顶，小青瓦屋面，墙面为青砖砌筑，窗楣为圆弧形，带有弧形花叶纹饰，二、三楼侧面有券柱式内廊，柱头为“白菜头”，室内设置有防御用的枪眼机关，建筑四周还有院墙；义和镇的刘作勤庄园平面与之相似，砖石结构 3 层，四坡顶小青瓦屋面，房屋四角设有漏斗形射击孔，碉楼大门为拱券式，在建筑外围另有附属房屋和高大的院墙，庄园入口大门为西式风格。（图 6-34）

a．江津会龙庄（来源：“江津文旅”微信公众号）

b．巴南丰盛古镇碉楼（来源：自摄）

c．泸县屈氏庄园（来源：自摄）

d．泸县大坝庄园（来源：自摄）

图 6-32 西南近代防御性碉楼建筑

a．渝北宋家洋房子（来源：王劲摄影）

b．丰都飞龙洞村皋庐（来源：秦进摄影）

c．巴南界石镇绍兴湾碉楼鸟瞰（来源：《重庆近代城市建筑》）

d．巴南界石镇绍兴湾碉楼（来源：隆刚政摄影）

图 6-33 西南近代碉楼式民居

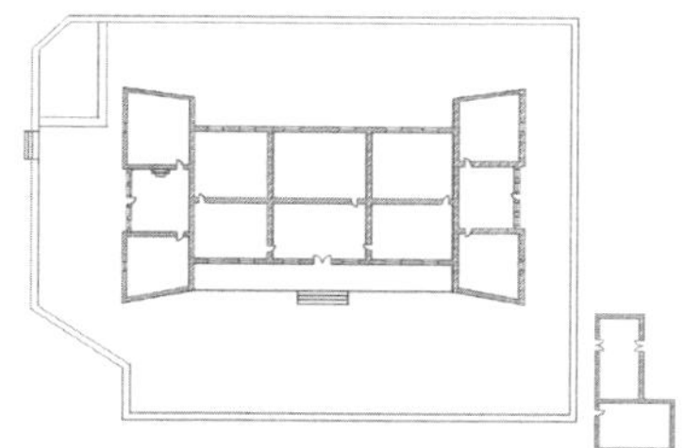

a．黄笃生庄园平面图（来源：杨松绘制）

b．刘作勤庄园平面图（来源：根据徐泽宽图纸改绘）

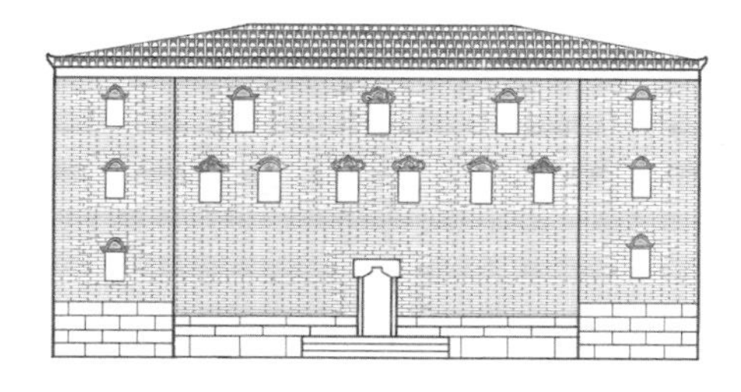

c．黄笃生庄园立面图（来源：杨松绘制）

d．刘作勤庄园立面图（来源：徐泽宽、邓昌杰绘制）

e．黄笃生庄园（来源：张五一摄影）

f．刘作勤庄园（来源：徐泽宽摄影）

g．黄笃生庄园柱廊与漏窗（来源：张五一摄影）

h．黄笃生庄园装饰窗（来源：张五一摄影）

图 6-34　西南近代碉楼式民居中的西式装饰

# 第七章 近代建筑制度与技术对风格的影响

## 一、建筑制度与法规对建筑风格的影响

### 1. 建筑管理机构与建筑业的发展

清朝末年，西南各省均是以传统的工官制度来管理城市建设，在布政司及所辖各府均设工房，掌管包括衙署、官邸等各类公房为主的建造事项。“鸦片战争后，工官制度逐渐失效，清朝政府为管理通商口岸，在各省会及通商城市设置巡城兵马司，兼作交涉使，办理市面警务，维持社会治安，兼事修筑马路、疏浚沟渠及修缮建筑等工程。”[1]此后各省又“设劝业道，各州府县设劝业局（劝工局、劝业所）。当时省劝业道业务范围极宽，既管营建，又管工矿、农商、蚕桑水利及教育等”。[2]

辛亥革命后，西南各省相继成立军政府，之后设都督府，到20世纪20年代普遍成立市政公所，设市后又改制为市政府。由于军阀战争中统治者的轮换更替、朝令夕改，川滇黔三省建筑管理机构不断变化，与近代沿海沿江城市，尤其是租界较为完善的建筑法规相比，西南近代城市并没有建立能延续执行的建筑业管理制度，城市建设是否有成效取决于执政军阀的个人意愿与能力，而不是依靠完善的行业法规制度，这在很大程度上导致西南近代建筑业整体发展缓慢。

1 重庆市城乡建设管理委员会，重庆市建筑管理局．重庆建筑志 [M]. 重庆：重庆大学出版社，1997:10.

2 四川省地方志编纂委员会．四川省志·建筑志 [M]. 成都：四川科学技术出版社，1996:171-172.

（1）各省的近代建筑行业管理机构的变迁

① 四川的近代建筑行业管理机构的变迁

“民国初期，四川多数市县将清末的劝业局改为实业局（实业所、实业科）。如当时的一等县雅安，1918 年改实业科为实业局，营山、忠县等民初只设蚕桑局（蚕桑传习所）兼管建设事宜，1915 年才先后设实业所。民国中期，四川各市县实业局（所）先是改为建设局，后又将建设局（科）与教育局合并，后来两科又分开。1928 年成都设市后，工务局（处）下也分 3 科，第一科主管建筑。”[1] 民国后期，主管全省建筑业的为省建设厅，各市县为建设科（工务局、市政公所）。

重庆巴县的近代建筑行业管理机构的变迁如下：“1911 年 12 月，同盟会重庆支部的成员在重庆成立了蜀军政府，由行政部任命同盟会会员李和阳为‘监司’，负责建设方面的工作。民国初年成立蜀军政府时，设有行政部实业科，1913 年 3 月实业科调整机构改名为巴县实业劝学所。1928 年改称巴县建设局，1932 年改局为科，1935 年巴县建设科与教育科合并为巴县政府第三科合署办公。”[2]

重庆是西南近代唯一有持续城市建设计划的城市。20 世纪 20 年代初，刘湘主政重庆以来，政局较为稳定。为了改变重庆城市建设落后的状况，1921 年，成立了专门管理机构——重庆商埠督办处，任命杨森兼任督办；1922 年，改为重庆市政公所，邓锡侯兼任督办；1925 年，北京临时政府设置重庆商埠督办公署，唐式遵为督办；1926 年潘文华任督办，成立工务处，提出“城市规划建设管理是其主要职责之一”；1927 年 11 月，商埠督办公署改为重庆市政厅，原工务处改为市工务局；1929 年，重庆正式设市，成立市政府，潘文华为第一任市长；1935 年 7 月，潘文华离职，张必果接任市长，工务处改成工务科[3]。1939 年，重庆升格为直辖市，国民政府接管重庆市的一切事务，市政府的一切工作皆以抗战为中心，城市防空和灾民救济是突出问题，临时增设防空洞管理处等机构。

② 贵州的近代建筑行业管理机构的变迁

民国初年到 1923 年前，贵州省政府内设实业厅，各县设实业局；1926 年周西

1　四川省地方志编纂委员会．四川省志・建筑志 [M]. 成都：四川科学技术出版社 ,1996:172.

2　重庆市城乡建设管理委员会，重庆市建筑管理局．重庆建筑志 [M]. 重庆：重庆大学出版社 ,1997:10.

3　李彩．重庆近代城市规划与建设的历史研究（1876-1949）[D]. 武汉：武汉理工大学 ,2012:51-55.

成主政后，设省建设厅，主管建筑营造；1929年，窦居仁任省政府委员兼建设厅厅长；1931年，省政府把实业厅并入建设厅[1]；1923年前，省会贵阳的建设工作由省政府实业厅主管；1923年，省政府设立贵阳市政公所，是贵阳市政建设的专管机构；1926年，省政府成立建设厅后，裁撤市政公所，设立省路政局，后称公路局；1930年，贵阳县成立建设局；1936年，设立建设厅贵阳市政工程处，专管贵阳城区建设；1940年，改称建设厅省会市政工程处；1941年贵阳建市，成立市政府，省政府裁撤建设厅市政工程处，由市政府组建贵阳市工务局[2]。

③ 云南的近代建筑行业管理机构的变迁

1911年至1916年，云南的土木工程由民政司下属的木植局管理；1916年，云南都督府组织条例中规定成立民政厅，总务科第二股技士职掌关于土木工程测量及一切技术事项，厅属木植局仍然存在；1918年，木植局分为3个局，即建筑工程局、官木承销局、官木承运局；1920年6月，由实业科、水利局、财政厅业务科归并成实业厅；1922年，实业厅改组为实业司，这时已无建筑工程局；1927年，实业司又改称为实业厅[3]；1928年4月，云南省政府下设建设厅，厅长为张邦翰，厅内设6个科，成立调查设计委员会，负责调查及设计一切建设事宜；1943年，调查设计委员会撤销，9月，成立总工程师室，办理各项工程之测绘勘察设计等事项[4]。

### （2）西南近代建筑管理机构的特点

① 城市管理起步晚，整体管理水平低

上海、广州、武汉等沿海沿江城市，开埠时间早，租界发展成熟，较早地引入了西方现代城市与建筑行业管理机构和制度，建立了近代执业建筑师事务所和营造厂，极大地拓展并改变了城市空间和面貌。上海租界制定的一系列建筑规则对营造实践的各个方面都进行了详细的规定，其中尤为重要的是四次《土地章程》。上海于1845年签订《土地章程》，经过1854年、1869年、1898年的三次修订，成为

1 贵州省地方志编纂委员会 . 贵州省志 • 建筑志 [M]. 贵阳 : 贵州人民出版社 ,1999:516.

2 贵州省地方志编纂委员会 . 贵州省志 • 建筑志 [M]. 贵阳 : 贵州人民出版社 ,1999:517.

3 云南省城乡建设厅 . 云南省志 • 建筑志 [M]. 昆明 : 云南人民出版社 ,1995:12.

4 云南省城乡建设厅 . 云南省志 • 建筑志 [M]. 昆明 : 云南人民出版社 ,1995:12-13.

“租界制度存在之根本法”[1]。工部局于1901年制定了中式建筑章程，1911年修订；1903年，工部局又制定了西式建筑章程，1914年修订；1923年，工部局统一公布了所订房屋建筑规则，至此，公共租界建筑管理法规已构成体系[2]。“广东省会警察厅”在1912年颁布《取缔建筑章程及实施细则》，可以看作是民国地方政府的第一部建筑管理法规，其内容接近于1856年香港殖民当局颁布的建筑细则[3]。

西南各省市对建筑行业管理规则的制定远远落后于沿海沿江城市。重庆市颁布的《本署整理马路经过街道规则》（1926年9月）和《重庆商埠修改街面暂行规则》仅对街道的修建做出规定；1936年4月，颁布《重庆市承办营造工程暂行规则》《重庆市营造业登记领照暂行章程》和《重庆市工务局审定建筑图说暂行规则》等，才正式开启现代建筑行业管理制度；1941年5月，市工务局公布《重庆市暂行建筑规则》和《非常时期重庆市建筑补充规则》，针对战时特殊状态，对建筑业做了详细规定。

1933年，昆明市颁布《昆明市建筑条例》和《建筑工程承揽人登记暂行规则》，对建筑行业的管理有了明确的规定；1945年8月，云南省建设厅公布了《云南省建筑师开业登记办法》，建筑行业的管理才算有了一定的规章制度[4]。1940年，贵州省政府颁布《贵州省会疏散区域房屋建筑规则》，贵州的建筑行业管理步入正轨。

纵观整个民国时期，川滇黔各省的建筑行业整体的管理水平还是比较低的，且参差不齐。西南三省经济较落后，除了重庆、成都、昆明等个别重点城市外，其他城市没有现代工业作支撑，新建筑总量少，尤其是在县一级层面，建筑业主管机构履行的职能更少。

② 军阀更替频繁，管理机构名称和职能不断变更

由于长达20余年的军阀战争，西南近代政局不稳，军阀统治者轮番更替，且并不受国民政府的实际管辖，因此，中央政令难以到达西南各省的地方一级，长时间处于各自为政的自治状态。而不同军阀统治者在执政理念、管理方式上差异甚大，导致政府机构名称及职能变化无常，严重影响建筑行业的正常发展。

“政府对建筑业的管理机构变更频仍，地处内陆腹地的四川更因军阀混战而朝

---

1　蒯世勋等 . 上海公共租界史稿 [M]. 上海 : 上海人民出版社 ,1980:43.

2　练育强 . 近代上海公共租界的建筑法律制度 [J]. 探索与争鸣 ,2010(03):73-76.

3　刘宜靖 . 早期现代中国建筑规则创立初探——结合陪都时期重庆城市讨论 [D]. 重庆 : 重庆大学 ,2014:48.

4　云南省城乡建设厅 . 云南省志 • 建筑志 [M]. 昆明 : 云南人民出版社 ,1995:13.

令夕改。”[1]“泸州1907年设劝业局，1915年改为蚕务局，1919年设实业所、市政公所，1925年改为实业局，1930年改为建设局（科），1938年与教育科合并为第三科，20年间7易其名。1935年，刘湘主川时，通令各县裁局设科，将建设、教育两科（局）并为第三科；张群主川时，又令各县恢复建设科。”[2]

1926年，周西成主政贵州，成立省建设厅，把各县的实业局改为建设局；1930年，毛光翔委任全省81个县的建设局长；1932年，王家烈任省主席时，将全省81个县建设局裁去60个，只保留了21个，裁撤建设局的县各设建设专员1人，后来有些县又陆续恢复建设局或建设科[3]。

③ 各自为政，城市建设水平与管理者个人相关

相较于沿海沿江地区，军阀统治下的西南各城市的建设力度和管理水平，取决于主政军阀个人发展城市建设的意愿和喜好，也与财政水平和执政能力相关。刘显世主政贵州的十余年间，在城市建设上几乎没有太多作为，而周西成主政时间只有短短3年，却在道路交通、城市建设等方面都作出了贡献，当时贵州的一些法规已开始参照国民政府的法律改组政府机构，试图逐渐规范贵州建筑行业的管理。

1911年，四川就提出要发展公路，20世纪20年代，已经开始勘测并规划线路，到1934年四川境内的公路仅一条成渝公路稍具规模。主要原因在于四川军阀实行防区制，划定了各自的地盘，且一直处于混战状态，长距离的公路不得不实行分段筑路，成渝公路就横跨4个军阀的防区。其中，只有少数军阀重视公路建设，大部分军阀根本无暇顾及。

④ 军阀战争结束后，建筑业管理才步上正轨

1933年，刘湘统一四川，1935年，中央政府完成对贵州政权的实质性掌控之后，西南三省的建筑业管理才迎来较大提升。建筑法规及建筑行业管理开始按照国民政府的要求，上令下达，只是在执行层面要大打折扣。到国民政府迁都重庆后，全国性的建筑行业法律、法规均出自重庆，西南建筑行业才完全纳入国家行政体系内进行有效管理。

---

1 四川省地方志编纂委员会．四川省志·建筑志[M]. 成都：四川科学技术出版社，1996:171.

2 四川省地方志编纂委员会．四川省志·建筑志[M]. 成都：四川科学技术出版社，1996:172.

3 贵州省地方志编纂委员会．贵州省志·建筑志[M]. 贵阳：贵州人民出版社，1999:517-518.

国民政府颁布的全国性建筑法规中，最有影响力的要数1938年颁布的《建筑法》、1943年颁布的《管理营造业规则》、1944年颁布的《建筑师管理规则》，和1945年颁布的《建筑技术规则》。西南各省通常是依据国家法律、法规令各地市政府施行，各大城市单独制定的法律法规比较少。

## 2. 从传统匠帮到近代营造业转变

### （1）传统工匠体系向行业工会的转变

中国古代建筑营造主要依靠匠帮体系，一直延续到民国初年，其后多改为行业工会。“四川古代的建筑工匠，多是由农牧业分离出来的个体劳动者，其技艺多系家传师授，已经有了专业分工，包括木匠、泥瓦匠、锯木匠、石匠、竹匠、油漆匠等，到清初，工匠达30多种。这些工匠在清末已经按不同的专业聚集在一起，形成固定的‘行帮’。各帮自立帮规，入帮的个体工匠必须服从帮规和帮主的指令，不入帮的个体工匠则受到排挤。民国早期，四川各地的建筑行帮，有不少改称‘工会’，如木工工会、泥工工会等。1922年成立的绵竹县建筑业职业工会，有会员300人左右，1934年成立的广汉县工会，下设泥工、砖瓦、锯木、木作等。”[1]

清末，贵州省的土木建筑营造也掌握在匠帮手中，没有建立近代意义上专营建筑工程的营造厂，民间石、木、泥、漆工匠散居在广大城乡，各类公私建筑，或由府、县工房主管，或由房屋业主自行雇佣个体工匠，以“点工制”修建。有的工程是以木工中的“掌墨师”承揽工程，按照业主意图设计和聚集工匠施工，双方商定工程要求、工期、价格及付款办法，形成早期初级非专业施工队伍的承包发包和分散雇工的体制[2]。此外，农村建房，则聘请少量匠人，由邻里亲戚相帮，助而不佣。

民国年间，贵州各县一般有工匠数十至百余名，多的近千人[3]。城市的发展加上社会分工的细化，在贵州的工匠中也逐渐产生了行业工会。“遵义县建立总工会，下设木漆业工会、泥业工会和石业工会；1917年，铜仁县成立县级工会组织，下设

---

1 四川省地方志编纂委员会 . 四川省志 • 建筑志 [M]. 成都 : 四川科学技术出版社 ,1996:144-145.

2 贵州省地方志编纂委员会 . 贵州省志 • 建筑志 [M]. 贵阳 : 贵州人民出版社 ,1999:14.

3 贵州省地方志编纂委员会 . 贵州省志 • 建筑志 [M]. 贵阳 : 贵州人民出版社 ,1999:460.

木业、泥瓦业等11个行业分会。”[1]“1929年，毕节县成立了同业公会；1930年，贞丰县马树清发起组织木石业工会，会员17人；1932年，安龙县建立县总工会，下设木工工会、石工工会、泥水工会；1946年，晴隆县马聚发起组织建筑协会晴隆分会，会员160人。”[2]

1899年，蒙自、蛮耗开埠前，云南几乎是对外隔绝的状态，云南的传统建筑以土木结构为主，依照传统习惯，由木工掌墨，盖的大多是三间四耳、走马转角楼，以及一颗印民居，一般由个体工匠承包，或者乡村内部互助。云南昆明、玉溪、大理、剑川、通海、峨山、江川、宜良等地的建筑独具风格，盛产工匠，形成匠帮体系，还到其他地方承揽建筑工程[3]，比如建造建水大量近代民居的木匠主要出自通海的匠帮，到今天维修这些古建筑依然如此。民国期间，昆明的重要建筑已有营造厂承揽施工，但在广大乡镇，民间建筑仍是由匠帮承揽，或包工包料，或只包工不包料。

### （2）西南近代建筑事务所的发展

西南地区执业建筑师的出现比上海等城市要晚得多，发展缓慢，数量少，且多集中在重庆、成都、昆明等大城市。直到抗战爆发后，国内有名的建筑师才纷纷到西南继续开业[4]，1942年，重庆核准开业的建筑师事务所达72家，到1945年，成都才13家[5]。1948年，云南省核准开业的建筑师事务所有19家[6]。而1949年前，贵州省内无独立的建筑设计机构。

早期外国人在重庆修建的西式建筑及北洋政府的兵工厂等新式建筑，均由外国洋行负责勘察、设计，比如1900年法国教会修建的仁爱堂医院大楼，1905年清政府筹建的铜元局等。1909年后，重庆开始有国外留学归来的专业建筑师，20世纪20年代以前，重庆具备正式资格的土木建筑工程师有日本回国的袁觐光、黎治平，

1 贵州省地方志编纂委员会．贵州省志•建筑志[M]. 贵阳：贵州人民出版社,1999:15.

2 贵州省地方志编纂委员会．贵州省志•建筑志[M]. 贵阳：贵州人民出版社,1999:573.

3 云南省城乡建设厅．云南省志•建筑志[M]. 昆明：云南人民出版社,1995:19.

4 有据可查的如杨廷宝、关颂声、朱彬、杨宽麟、陆谦受、张镈、黄家骅、顾授书、李祖贤、梁思成、哈雄文、刘敦桢、童寯、李惠伯、徐敬直等．详见：重庆市城乡建设管理委员会，重庆市建筑管理局．重庆建筑志[M]. 重庆：重庆大学出版社,1997:48.

5 重庆市城乡建设管理委员会，重庆市建筑管理局．重庆建筑志[M]. 重庆：重庆大学出版社,1997:48.

6 云南省城乡建设厅．云南省志•建筑志[M]. 昆明：云南人民出版社,1995:15.

留学德国的税西恒、刘泰琛等。重庆最早的本土建筑师事务所，是由比利时留学回国的川籍学人罗竞忠等于 1930 年成立的重庆三益建筑师事务所。但到抗战前，重要建筑工程仍交由外地建筑师事务所设计，比如美丰银行、川盐银行大楼均是请基泰工程司设计；“大溪沟发电厂、四川水泥公司玛瑙溪厂房，其工业设计委托上海基泰工程司完成。”[1]

20 世纪初，云南各地的西式建筑工程多由法国的技术人员设计，中式建筑则由本地匠帮建造。1932 年，刘治熙在昆明开办第一个本土建筑师事务所，1933 年，在《民国日报》上登载广告，既承担设计又包揽施工。1937 年，基泰工程司派代表张以文从上海到昆明指导昆华医院施工。抗战爆发后，从上海等地陆续迁来昆明的设计人员增多，以梁思成等为代表的一批建筑师汇聚昆明，促进了建筑学界的活跃，建筑师事务所亦陆续增多，基泰工程司、华盖建筑师事务所、兴业建筑师事务所是当时来昆明开业的规模最大的 3 家事务所。

### （3）西南近代建筑营造厂的发展

上海近代营造业起步早，早期的殖民地外廊式建筑、新古典主义建筑等均由外国营造厂施工。从 20 世纪 60 年代开始，本地工匠通过在外国营造厂学徒和工作，逐渐掌握了近代西式建筑的施工技术，开始承包工程，进入近代建筑施工市场，并最终成为近代上海建筑施工行业的主体。其中，最著名的是浦东川沙、高桥一带传统匠帮向近代营造厂的转型。1880 年，川沙籍建筑工匠杨斯盛开设了上海近代史上的第一家中国营造厂——杨瑞泰营造厂，并于 1893 年独立完成了当时在租界内规模和影响都最大的第二代海关大楼。此后，中国人开设的营造厂便开始大量出现，几乎完全垄断了上海的建筑施工市场。大量本土营造厂的涌现标志着上海的建筑营造业无论在施工技术还是经营方式上都由传统的匠作进入了现代的建筑施工阶段[2]。

重庆是近代西南地区的金融、贸易和工业中心城市，也是长江上游唯一的开埠城市。重庆近代营造业在西南地区起步最早，也发展最快、发展最好。重庆第一家本土营造厂是 1911 年成立的重庆开明建筑公司，“1913 年、1914 年成了大同建筑公司、

1 重庆市城乡建设管理委员会，重庆市建筑管理局．重庆建筑志 [M]. 重庆：重庆大学出版社，1997:25.

2 伍江．上海百年建筑史（1840-1949）[M]. 上海：同济大学出版社，1997:75.

崇实建筑公司，兴建了商业场、市总商会、聚兴诚银行、华盛百货商店等工程。民国前期重庆所有的建筑公司、营造厂、作坊，大多承担木结构、竹捆绑房屋，少量砖石结构，手工操作，肩挑人抬，即使简单的机器设备也很缺乏，也无固定的施工队伍，一般由建筑企业老板雇上一两个师傅作帮手，带几个徒弟就开展施工”。[1]

以重庆为代表的西南近代营造厂的施工技术水平和工艺，均远远落后于沿海沿江城市。比如重庆聚兴诚银行大楼（1916 年）在最近的维修过程中，发现原建筑的结构体系非常混乱，既有砖木结构、石结构，也有钢筋混凝土结构，还有 1946 年添加的钢结构；整个结构体系有诸多不合理之处，建筑外墙较厚，外表面用水泥砂浆抹面，但砌筑砂浆反而用强度低的石灰砂浆，且砌筑质量差，同一面墙的砖块表面凹凸不平，能有数厘米的误差；吊顶以内的柏木圆梁、木格栅形状不规则，排列混乱。而同时期建造的上海徐汇中学崇思楼（1918 年），整体结构体系逻辑清晰，砖木结构为主，洋松大木梁，梁下由铸铁柱支撑，室内形成大跨度的空间；木格栅尺寸规则，排列整齐；局部有混凝土结构的走廊和卫生间；外墙为磨砖对缝的清水红砖墙，勾元宝缝，砌筑工艺非常高；壁柱还做成科林斯柱饰，屋顶为石板瓦的法式“孟莎顶”，形态变化丰富。

“1930 年，重庆市政府考核营造技术的优劣，经登记领照开业的有 15 家公司、营造厂，33 名土木工程师与建筑师，以及一批协助雇主选工人、并能指挥生产的包工头。”[2]1932 年，又开办了蜀华实业公司、华西兴业公司，到 1935 年共有营造厂 15 家。抗战前，重要建筑工程施工还是多交由外地营造厂。比如“1935 年 6 月建成的美丰银行及四川省商业银行大楼，都是银行资本家分别邀请上海、汉口派来的队伍进行施工。”[3] 经过抗战内迁，1939 年，重庆的营造厂增加至 250 家，到抗战后的 1948 年又减少到 92 家。

西南其他城市的近代营造业发展更是远落后于重庆。成都第一家本土营造厂是 1936 年，从重庆迁来的蜀都建筑股份有限公司，1937 年年底，共有营造厂 36 家，1939 年，增加至 139 家[4]。四川其他城市的营造厂出现得也很晚。“自贡最早的营

---

1 重庆市城乡建设管理委员会，重庆市建筑管理局 . 重庆建筑志 [M]. 重庆：重庆大学出版社，1997:24.

2 同上。

3 重庆市城乡建设管理委员会，重庆市建筑管理局 . 重庆建筑志 [M]. 重庆：重庆大学出版社，1997:25.

4 四川省地方志编纂委员会 . 四川省志 • 建筑志 [M]. 四川：四川科学技术出版社，1996:146.

造厂是1935年成立的和记营造厂；泸州的营造厂最早成立于1938年；万县的万昌建筑公司创办于1934年；荣昌、乐山、梁山及雅安所属部分县，三四十年代也出现了一些小营造厂。”[1] 四川全省（含重庆）在1940年共有营造厂近480家，但1949年年末锐减至约160家[2]。

1889年，蒙自、蛮耗开埠，随即近代意义上的营造厂在云南诞生，最早的是成立于1890年的茂源泰商号，当时的营造厂均称为商号[3]。在清光绪和宣统年间，昆明进行登记的建筑商号就有12家，到1911年辛亥革命前已发展到14家[4]。抗战内迁后，昆明南屏街两侧拔地而起很多新式建筑，再次促进了云南建筑事业的发展，上海等地营造厂的内迁给云南带来了先进的建筑施工技术和设备，促进了建筑业的发展，当时从上海等地到昆明的建筑技术人员和工人就达到两万多人。1941年，云南省依法登记的营造厂达到193家，昆明市登记的有33家；抗战胜利以后，云南经济迅速衰落，建筑业进入低谷，上海等地营造厂陆续迁走，省内营造厂则不断倒闭；1948年，全省尚有营造厂80多家；到1949年仅剩19家[5]。

“营造厂和建筑师事务所推动了云南建筑生产方式由传统的个体或小集体的分散施工向多工种、大规模的集体协作施工转变；同时，营造厂承揽工程普遍实行合同制。业主、建筑师和营造厂之间建立相互间的经济契约；建筑设计和施工逐渐分离，由业主委托建筑师事务所进行‘打样’（设计）后，再进行招标或委托施工；由于营造厂职员较少，最多只有一二十人，一般只有三四人。因此，承包工程后都进行分包或临时组织劳务进行施工，一俟工程竣工就解除劳务和协作；建造施工过程实行‘监工制’，工程建设的各方面都派出监工（又称看工），检查和督促施工进度和质量。”[6]

1937年前，贵州只有6家营造厂商，主要承建豪绅富贾住宅及公共建筑；1937年后，沿海一些营造厂迁入贵州，尤其是贵阳的营造厂增加较快，安顺、遵义等主

1 四川省地方志编纂委员会．四川省志·建筑志 [M]. 四川：四川科学技术出版社 ,1996:146-147.

2 同上。

3 云南省城乡建设厅．云南省志·建筑志 [M]. 昆明：云南人民出版社 ,1995:16.

4 云南省城乡建设厅．云南省志·建筑志 [M]. 昆明：云南人民出版社 ,1995:18.

5 云南省城乡建设厅．云南省志·建筑志 [M]. 昆明：云南人民出版社 ,1995:90.

6 云南省城乡建设厅．云南省志·建筑志 [M]. 昆明：云南人民出版社 ,1995:18.

要城镇也相继出现营造厂；1938 年 3 月，省政府发起成立了贵阳建筑公司；1943 年曾对贵阳市营造厂商按规定登记，正在开业的营造厂商 37 家，开业的技师（副）20 人；1945 年，内迁贵州的营造厂商部分离去，在贵阳登记的合格厂商尚有 30 家；1948 年 9 月至 11 月，贵阳市政府工务局收到申请登记营造业 8 家，核发执照 6 家[1]。

在整个民国期间，贵州的营造厂数量和技术水平均较落后，所掌握的西式建筑施工水平有限。如贵阳虎峰别墅为砖木结构外廊式建筑，在四层阁楼原本应是 1 榀屋架的位置并置了 3 榀木屋架，说明当时工人对西式建筑结构和建造技术尚未完全掌握。贵州的营造厂商一般无固定建筑工人，工程按分部分项或按工种转包给分包人，再由分包人雇佣工人施工，营造厂商派员监督工程进度和质量。同时，也有业主自行引进厂商实行包工不包料的形式。“1941 年何应钦为其侄何绍周在兴义建私宅，另建县参议会大楼，就从上海引进营造厂工匠黄友才、沈良俊等 20 多人，与贵阳营造工匠夏阿笑、朱凤翔等承建其砖木结构的 2 层楼房。”[2]

中国传统匠帮具有一定地域性，在经过上百年甚至数百年的营造技术和知识的积累后，建造的地域风土建筑多为就地取材，且是适应当地的经济、气候、地形、习俗的。而近代西式建筑营造技术传入沿海开埠城市后，通过一两代人在西式营造厂学徒的经历，逐渐积累技术和管理经验，由传统匠帮转型为分工协作的近代营造厂。而西南地区整体经济落后，建筑业发展缓慢，近代建筑量少质差，在匠人层面并未完成近代建筑营造技术、营造知识的积累和传承。因此，在 20 世纪 30 年代大量沿海建筑师事务所和营造厂来西南开业之前，本土的匠帮实际上尚未完全掌握西式建筑营造技术和知识，无论是早期教堂建筑对结构形式的探索，还是外廊式建筑中诸多不合理的构造做法，抑或早期新古典主义建筑对传统材料和技术的广泛吸收，都是西南近代营造业技术储备不足的体现，这也是西南近代建筑在外来影响下始终呈现出本土化特征的原因之一。

---

1 贵州省地方志编纂委员会 . 贵州省志 • 建筑志 [M]. 贵阳 : 贵州人民出版社 ,1999:461.

2 贵州省地方志编纂委员会 . 贵州省志 • 建筑志 [M]. 贵阳 : 贵州人民出版社 ,1999:432.

## 3. 战时防空法对建筑风格的影响

1937 年 8 月 19 日，为防敌机空袭，并降低轰炸带来的危害，保障人民生命财产，国民政府正式颁布《防空法》，该法共 15 条，对公民服役、义务、抚恤及防空建设权限等问题做了规定[1]。9 月 1 日，重庆市防空司令部成立，内设办公室，第一、二、三、四科分管积极防空、防空情报、消防防空和财务[2]。10 月，重庆市进行了首次防空大演习。同时，军事委员会重庆行营颁发了《防空筹备大纲》，防空司令部拟定《各区积极防空配置方案》，该方案将重庆划为城区、佛图关区、磁器口区、南岸区、江北区、广阳坝区 6 个防空指挥区[3]。

1938 年 4 月，重庆防空司令部颁布《管理公共避难壕管理细则》，共 12 项，主要包括公共避难壕的日常钥匙管理、洒扫、排水、检查，以及开闭之权限、参观之流程、修复之办法等[4]。10 月，国民公报刊载重庆防空司令部颁布的《市民须知•敌机夜袭时灯火管制实施办法》[5]《防炸办法》[6]《防毒办法》[7]及《避难办法》[8]。1939 年 3 月，重庆防空司令部制定春秋季灯火管制办法。1940 年 2 月，军事委员会公布《防空法施行细则》，共 20 条，分别对防空复议、免役、抚恤，以及通信、经费、保密、征用等问题做了具体规定[9]。

抗战时期，防空是城市建设与管理的第一要务，防空法律法规对建筑风貌的影响主要体现在两个方面：

① 对建筑色彩的影响，外墙统一刷成灰黑色或土黄色

待二次世界大战时期，轰炸机投弹主要是靠肉眼观察瞄准目标，故建筑、行人等一切有鲜明色或放光之物在空袭时均应隐蔽，可减少敌机发现轰炸目标的几率。

1　重庆市人民防空办公室 . 重庆市防空志 [M]. 重庆 : 西南师范大学出版社 ,1994.:148.

2　潘洵 , 周勇 . 抗战时期重庆大轰炸日志 [M]. 重庆 : 重庆出版社 ,2011.:17.

3　重庆市人民防空办公室 . 重庆市防空志 [M]. 重庆 : 西南师范大学出版社 ,1994.:138.

4　国民公报 [N].1938.4.7, 第 3 版 .

5　国民公报 [N].1938.10.13, 第 3 版 .

6　国民公报 [N].1938.10.16, 第 3 版 .

7　国民公报 [N].1938.10.20, 第 3 版 .

8　国民公报 [N].1938.10.22, 第 3 版 .

9　重庆市人民防空办公室 . 重庆市防空志 [M]. 重庆 : 西南师范大学出版社 ,1994:150.

鉴于此，1938 年 1 月，重庆市防空司令部发布通告："本市住户墙垣多属白色，当前防空吃紧之际，白色墙壁，应一律改制为灰黑色，以利防空。防空司令部为谋迅速完成此种设备，特饬警察各分局所，派警挨户督办，统限最近日期内完成，有拖延观望者，定予传案处分。"[1]10 月，"防空委员会函请警察局派警挨户清查，易为敌机轰炸之目标，白粉高墙，及易于着火之芦棚，决严加取缔，并勒令白墙涂成灰色，芦棚即日拆除。"[2]11 月，颁布《取缔有碍防空事项》："对室外凉棚、布质帐篷，商号各色布质市招，在空袭时应收下；商号的广告灯、霓虹灯，应将电门关闭；商号之玻璃柜、屋顶玻璃天窗，应有遮蔽设备；街道路口不准悬挂红黄白等显色布质标语；夏季制服应采用草绿色或土黄色材料裁制；晾晒衣服被褥、染坊暴晒布匹、穿着显明色服装的民众，在空袭时应收置或躲避。"[3]

《重庆防空疏散区域房屋建筑规则》中也明确规定：为了防止空袭，房屋顶面及其外墙面，不得用红色或白色或其他显著颜色。故防空时期的建筑外墙均为灰黑色或土黄色（与土地或山石颜色接近），重庆保留下来的近代建筑在抗战时期的外墙颜色当以此两种居多。

② 对建筑高度和密度的影响，新建筑不得超过三层，房屋间留出空地

房屋越高，越容易成为敌机轰炸的目标，战时新建筑仍是以砖木结构为主，房前屋后留出空地是为减少轰炸引起的火灾波及的范围。1935 年，贵州省建设厅制定并公布《贵阳灾区临时建筑物保灾章程》，规定："凡贵阳灾区房屋建筑及宽度 12 公尺以上的马路沿线的临时建筑物，均按章程的规定，向省政府投保火灾或空袭灾。时间至少一月，至多两年。"[4]1940 年 1 月，贵州省政府颁布《贵州省会疏散区域房屋建筑规则》，规定："建房不得超过三层，两宅不得相连，房屋地面墙壁禁用红色及其他显著颜色，以应防空需要。"[5]

1940 年 10 月，军事委员会办公厅下达《都市营建计划纲要》，规定："各地都市或城镇，建筑物的营造以二层为宜，地基须三分作建筑用，留七分空地布置花

---

1 国民公报 [N].1938.1.16, 第 3 版 .

2 国民公报 [N].1938.10.16, 第 3 版 .

3 国民公报 [N].1938.11.5, 第 3 版 .

4 贵州省地方志编纂委员会 . 贵州省志 • 建筑志 [M]. 贵阳 : 贵州人民出版社 ,1999:17.

5 贵州省地方志编纂委员会 . 贵州省志 • 建筑志 [M]. 贵阳 : 贵州人民出版社 ,1999:18-19.

园和植树，各建筑物不相连等，以适应防空要求。”[1]1942年，各地开始执行国民政府行政院颁布的《公有建筑限制暂行办法》，规定在抗战期间对公有建筑物严格审批，限制建设。

# 二、建材工业与建造技术对风格的影响

## 1. 机制砖瓦对建筑风格的影响

### （1）西南地区机制砖瓦生产的历史

四川传统民居的建筑材料以木材为主，维护墙体一般采用木板墙、竹编墙、版筑夯土墙，大户人家采用石墙砌筑，甚少用砖。四川以往是瓦窑顺带生产砖，均采用土法烧制。由于红砖与青砖烧制温度要求不同，传统土窑只能烧制青砖，其劳动多在农闲时，带有季节性，故一般将其统称为瓦窑，而不叫砖窑或者砖瓦窑。西南其他各省大抵如此。

开埠时期，出现外廊式等新的建筑样式，但仍以本地建筑材料为主。重庆的领事馆和洋行分为梁柱式和券柱式外廊，均为砖木结构，墙体为青砖砌筑，外表抹石灰，屋面用传统小青瓦；除滇越铁路沿线站房采用越南进口的红色机制平瓦以外，云南大部分地区的近代建筑也是用云南本地的传统素筒瓦。

随着西南近代城市的发展，砖木结构建筑数量增多，砖的需求量激增，原有的瓦窑应接不暇，砖瓦生产开始由个体户转向工业化发展，大多仍是手工作业的私营砖瓦厂，生产分散，以青砖为主，重庆本地生产红砖的年代很晚。1931年至1933年，重庆陆续兴办了福元、吉泰等11家砖瓦厂，成都地区也陆续开办[2]，仍采用手工制砖，土窑焙烧，年产量很低。1938年，华一砖瓦厂首建18门轮窑，生产红砖，砖的色调和生产技术始有改变[3]，这是西南地区最早的一家规模化机制砖瓦厂，年产量约100万块，此外较大的还有三才砖瓦厂和瑞泰砖瓦厂。而中式砖瓦厂数量则甚多，就嘉陵江两岸上游一百里内即有七十余家。规模稍大者，筑窑三四个，小者仅有一个[4]。

---

1　贵州省地方志编纂委员会．贵州省志·建筑志[M]．贵阳：贵州人民出版社，1999:19.

2　四川省地方志编纂委员会．四川省志·建材工业志[M]．成都：四川科学技术出版社，1999:77.

3　四川省地方志编纂委员会．四川省志·建材工业志[M]．成都：四川科学技术出版社，1999:84.

4　徐廷荃．重庆砖瓦业概况[J]．国货与实业，1941(3).

### (2) 砖瓦价格对建筑风格的影响

抗战时期，因日军轰炸，为防空需要，国民政府要求不允许使用色彩鲜明的外墙涂料和瓦，机制红瓦和红砖的使用的范围更少。“重庆市所需之砖瓦，可以分为：(一) 青砖及红砖两种，现因防空关系，所用者均为青砖；(二) 平瓦（即西式平瓦）及小瓦（即中国旧式瓦），所用者亦均为青色。各工厂按其出品不同，可以分为西式砖瓦厂与中式砖瓦厂两类。在实际生产营业中，西式砖瓦厂以制造西式平瓦为主，也兼制小瓦及砖；中式砖瓦厂则专门制造中式砖瓦。但因西式砖瓦厂多是机器制造，中式砖瓦厂多是手工制造，这样就导致砖瓦规格不一。”[1]

除了防空的因素外，价格和产量也是影响建筑用材的重要因素。自开埠以来，西南地区长时期内洋瓦都要靠进口或从沿海沿江城市运来，加上运费后更加昂贵。即便是本土生产的机制瓦，价值也非常昂贵，参考 1941 年的砖瓦厂售价（表 7-1），同样面积的屋顶，如用青瓦，每立方米的价格是 3.2 元，若用洋瓦，每立方米的价格要高达 550 元。这也是西南近代建筑中青瓦比红瓦使用更普遍的原因之一，由此也形成了川渝黔地区近代建筑“灰瓦灰墙”的主色调。

表 7-1　重庆砖瓦厂产量及售价情形概略表（1941 年）

| 甲等（大厂） | 瑞泰机制砖瓦厂 | 华一机制砖瓦厂 | 勉记机制砖瓦厂 | 三才机制砖瓦厂 |
|---|---|---|---|---|
| | 坚刚机制砖瓦厂 | 峨山机制砖瓦厂 | | |
| 乙等（小厂） | 兴国砖瓦公司 | 四维砖瓦厂 | 同仁砖瓦厂 | 华光砖瓦厂 |
| | 全福砖瓦厂 | | | |
| 产品 | 产量（上列各厂每月合计） | 售价 | | |
| | | 4 月底 | 6 月底 | 7 月底 |
| 中国瓦 | 250 万 | 160 元 / 万张 | 200 元 / 万张 | 220 元 / 万张 |
| 洋瓦 | 70 万 | 25 元 / 块 | 30 元 / 块 | 30 元 / 块 |
| 青砖 | 200 万 | 400-450 元 / 万块 | 600-620 元 / 万块 | 620 元 / 万块 |
| 注：每建筑面积 1 立方米用砖 400 块，每建筑面积 1 立方米用瓦 200 块，每建筑面积 1 立方米用洋瓦 22 块。 | | | | |

来源：重庆市档案馆，全宗号 0053 目录号 00500。

1　徐廷荃 . 重庆砖瓦业概况 [J]. 国货与实业 ,1941(3) .

## 2. 水泥与钢材对建筑风格的影响

### （1）西南水泥与钢材的生产

水泥在近代被叫作“洋灰”，在云南被叫作“红毛泥”，是从西方传入的。中国最早的水泥厂是1876年在唐山创办的启新洋灰公司，直到20世纪30年代，重庆乃至整个西南地区使用的水泥还是依靠外运，“据海关统计资料，重庆从外地购进有关工程需用水泥的数量，1932年1392吨，1933年1727吨，1934年3400吨。”[1]

早在滇越铁路修筑时，就大量采用了从越南海防进口的水泥，但由于产量不足，加之铁路未修通前靠马帮驮运困难，总的水泥用量仅占所需量的13%，其余均用本地的“烧红土”代替。“‘烧红土’是用当地的黏土（argile）经过焙烧，达到600～700℃，经研磨、筛选，制成粉末，用‘烧红土’与石灰、砂按1：2：3及1：1：1，‘烧红土’与石灰按2：1的配合比（体积比）配置成砂浆，用于砌筑桥、隧和护坡、挡墙等。其耐压强度经试验平均每平方厘米为5千克。”[2]

1932年，王兆奎等筹资5万元在北碚东阳镇设立溥立水泥厂，建造的水泥窑形似一座坟椁，并无烟囱通风，窑内温度还不如烧砖的土窑，因产品质量粗劣不能行销而停办。1935年，由官商合资在重庆创办四川水泥公司，到1937年10月才建成投产，年产约30万桶，为西南地区最大之水泥厂，满足了战时西南地区大量道路交通、军事设施、军工企业等建设的需求。1941年，由官商合资建成华新股份有限公司昆明水泥厂，后改称云南水泥厂，水泥年产量近5000吨。1942年，贵阳头桥建成小水泥厂，有简易厂房20余间；1948年，贵阳市金刚牌水泥问世，年产量仅2000吨。

“九一八事变后，国人咸抱抵抗之决心，预料大战之将临，蜀中士绅特集巨资创办水泥制造工厂，期以奠定战时大后方国防重工业之基础。”[3]1935年，开始集资在重庆南岸玛瑙溪建厂，委托上海基泰工程司设计钢筋混凝土厂房，华西兴业公司承担全部施工任务以及非生产性建筑的设计。当时厂区占地200余亩，职工1000余人，建造大小厂房50座，同时建有职工配套的一切设施。生产设备除了淘泥机外，

1　重庆市城乡建设管理委员会，重庆市建筑管理局．重庆建筑志 [M]. 重庆：重庆大学出版社，1997:99.

2　王耕捷．滇越铁路百年史（1910-2010）——记云南窄轨铁路 [M]. 昆明：云南美术出版社，2010:36.

3　重庆市档案馆，重庆师范大学．中国战时首都档案文献・战时工业 [M]. 重庆：，重庆出版社，2014:655.

全部从丹麦进口，设备安装由供货单位安排。（图 7-1）此外，水泥厂的配套设施还包括设在江津珞璜的采石厂，设在渠县的石膏厂，以及设在綦江蒲河的运煤处等。

四川水泥厂的建立是因抗战而起，因抗战而兴，为抗战大后方的大型军事、工业、交通运输工程的建设提供了保障。抗战时期，“建厂工作络绎不绝，而建厂所必需之水泥，端赖于西南唯一之本公司制造厂供给，计先后供应各兵工厂共 15 万余桶，各厂得以迅速完成生产武器，抗御强敌”。[1] 此外，四川水泥厂为抗战时期其他工程也提供必要的水泥建材：为湘鄂战场修筑沿江防御工事供应水泥 3 万余桶；为修筑美军大型轰炸机起降需要特种机场的跑道供应水泥 8 万桶；供应西南各铁路工程用的水泥共约 25 万桶，公路工程用水泥共约 15 万桶；为资源委员会所属各国营工厂及其他基本工业建厂用的水泥，共约 24 万桶 [2]。

四川水泥公司从 1937 年投产到 1945 年，共生产水泥 19.23 万吨。在西南近代水泥厂中产量最高，但相较于抗战前全国其他水泥厂的产量仍偏低，原因主要有：一是生产技术落后；二是战争期间需求量大，机器未得及时保养，故障率高；三是大量空袭导致临时关机，致使生料凝结，需要去除；四是电力供不应求，导致生产中断；五是曾被日本空军直接轰炸过，导致停产 [3]。

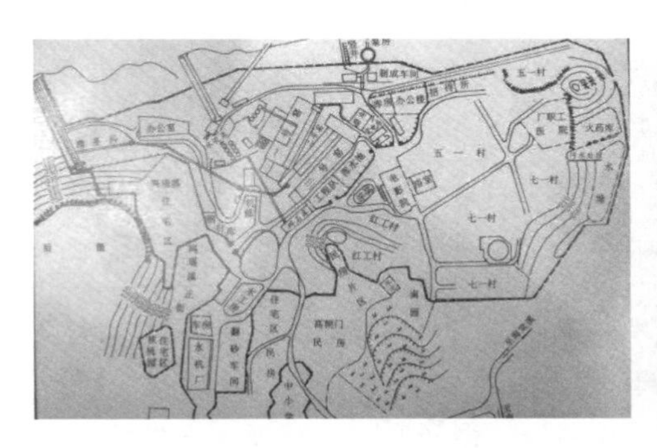

a．南岸区四川水泥股份公司平面图（来源：《重庆工业遗产保护利用与城市振兴》）

b．南岸区四川水泥股份公司原貌（来源：《重庆工业遗产保护利用与城市振兴》）

图 7-1 重庆四川水泥厂

1 重庆市档案馆，重庆师范大学．中国战时首都档案文献 • 战时工业 [M]. 重庆：重庆出版社，2014:655.

2 重庆市档案馆，重庆师范大学．中国战时首都档案文献 • 战时工业 [M]. 重庆：重庆出版社，2014:655-656.

3 重庆市档案馆，重庆师范大学．中国战时首都档案文献 • 战时工业 [M]. 重庆：重庆出版社，2014:656.

抗战内迁前，建筑工程用的大型钢材多依赖国外进口。洋务派官员开办的贵州清溪铁厂，以及熊克武等创办的重庆炼钢厂均以失败告终。20 世纪 30 年代初，英国人在重庆化龙桥正街开办有一家铁工厂，抗战初期因生意清淡，英国老板将这家铁工厂卖给了馥记营造厂，定名为馥记铁工厂，专门为馥记营造厂承建的各项工程加工各种铁件、铁架和水利建设工程闸门[1]。

抗战内迁后，据1942年统计的数据，全国共有钢铁厂114家，仅四川一省就有44家。在重庆规模较大的钢铁厂有迁建委员会钢铁厂、资源委员会与矿冶研究所合办之陵江炼铁厂、资和炼钢厂、资渝炼钢厂等。云南钢铁生产起步于 20 世纪 30 年代末，抗战内迁后，1939 年成立云南钢铁厂和中国电力制钢厂，但产量低，到 1949 年云南省年产钢仅 350 吨，建筑用的钢材和特殊材料，多数还需要以来从国外和省外进口[2]。

抗战前，西南地区的钢铁厂生产工艺差，各种尝试鲜有成功的。抗战时期，内迁钢铁厂生产的钢材多用于制造军械的兵工业，用在民用建筑上的甚少。加之产量低，价格昂贵，运输不便，抗战期间的钢铁建材工业的发展很有限，钢结构用在建筑中的极少。

#### （2）钢筋混凝土结构的发展

19 世纪下半叶，洋务派在西南创办的早期近代工厂建筑中就已使用了进口的水泥和钢材，比如四川机器局，重庆铜元局等。20 世纪初，云南修筑滇越铁路时，大量架设桥梁、开凿隧道、修砌护坡，所用的钢材均为钢铁预制件，从海外运来；隧道、挡土墙、涵渠等工程都使用了越南海防制造的水泥，全线施工共消耗水泥 9000 吨，仅为工程所需的 13%，其余是用自制的“烧红土”代替水泥[3]。碧色寨石寨墙（1909 年）就用了进口水泥，用青石支砌，水泥石灰沙浆黏合，十分牢固。

由于水泥和钢材的价格贵，钢筋混凝土结构长期以来仅用于工业建筑、军事设施，以及重要的政府公共建筑、资本雄厚的金融和商业建筑中（表 7-2）。一般的居住建筑、公共建筑仍采用传统木结构或近代西式建筑的砖（石）木结构，外墙大部分为石灰粉刷，或者石灰搓沙。

---

1　重庆市城乡建设管理委员会，重庆市建筑管理局．重庆建筑志 [M]. 重庆：重庆大学出版社，1997.

2　云南省城乡建设厅．云南省志 • 建筑志 [M]. 昆明：云南人民出版社，1995:92.

3　王耕捷．滇越铁路百年史（1910-2010）——记云南窄轨铁路 [M]. 昆明：云南美术出版社，2010:36.

重庆较早使用水泥的民用建筑是聚兴诚银行大楼（1916年），主体建筑为砖（石）木结构，灰缝采用传统石灰砂浆砌筑，但外墙表面全部采用洋灰抹面。“洋灰”（水泥）在当时的重庆是时髦和昂贵的建筑材料，用于外墙表面的目的显然不是为了结构牢固，而是为彰显银行主人的身份和财富。该大楼在地下一层金库，以及电梯间等局部还采用了钢筋混凝土结构，受力主筋为方钢竹节筋，混凝土粗骨料为大块石灰石[1]。

贵州最早采用钢筋混凝土结构的建筑是大方县中国第一航空发动机制造厂，1939年开始修建钢筋混凝土结构的7层厂房。在贵州的钢筋混泥土结构都是人工搅拌、运输和浇捣，仍属手工作业，并未采用机械施工设备。云南在开埠以后，滇南等地的民居建筑中，已有用混凝土结构做露台或外廊的，早期全部靠外国进口，技术和施工人员主要是法国人和越南人。

由于水泥产量低，供不应求，所以西南近代建筑外墙面一般仍以石灰砂浆、青砖墙、搓沙、木板墙、竹编墙等为主。民国后期，沿海常用的一些近代建筑外墙装饰做法逐渐传入西南地区，有用水泥拉毛、水刷石、斩假石等，如重庆聚兴诚银行在1946年修复时沿林森路立面采用了斩假石饰面，交通银行、川康平民银行主立面采用水刷石。云南近代商店、银行、旅馆、影剧院等，建筑外墙已推行斧凿式（斩假石）、绿豆石、水刷石等粉刷，地坪采用水磨石。

表7-2　重庆近代代表性的钢筋混凝土结构建筑

| 编号 | 建筑名称 | 设计/建造年代 | 层数 | 设计者 | 施工者 |
|---|---|---|---|---|---|
| 1 | 铜元局 | —/1908 | — | 上海慎昌洋行 | 上海慎昌洋行 |
| 2 | 聚兴诚银行 | —/1916 | 4（地下1层） | 余子杰 | — |
| 3 | 美丰银行 | 1934/— | 7 | 基泰工程司 | 馥记营造厂 |
| 4 | 交通银行 | 1934/1935 | 5（地下2层） | 倍克（加拿大） | 洪发利营造厂 |
| 5 | 川盐银行 | 1935/— | 8 | 刘杰 | 新西南营造厂 |
| 6 | 中国银行 | —/1936 | 5 | — | — |
| 7 | 中央银行 | 1938/— | 5 | 基泰工程司 | 建业营造厂 |
| 8 | 跳伞塔 | 1942/— | — | 基泰工程司 | 六合工程公司 |

来源：自制。

1　重庆市建筑科学研究院．聚兴诚银行旧址结构安全性评估报告[R]．重庆，2016.

# 结语

## 一、西南近代建筑风格演变研究成果

### 1. 西南近代建筑风格演变特征

本书以西南近代建筑整体作为研究对象，以建筑风格的形成与演变作为研究方向，以外来文化影响下的本土化特征及过程作为研究视角，系统梳理了西南近代建筑的主要类型和发展演变过程。主要研究成果及创新点体现在以下几个方面。

#### （1）理清了西南近代建筑发展的历史分期

通过对西南近代历史进程及近代建筑演变过程的宏观分析，结合前人对西南近代建筑发展分期的认识，对西南近代建筑发展历史进行了分期。分别以鸦片战争（1840 年）、近代城市开埠（1889 年）、辛亥革命（1911 年）、军阀战争结束（1933 年）、抗战后回迁（1946 年）作为时间节点，将西南近代建筑的发展分为了 5 个时期：萌芽期（1840—1888 年）、转变期（1889—1910 年）、发展期（1911—1933 年）、繁荣期（1933—1946 年）、衰退期（1946—1949 年）。

鸦片战争是中国近代建筑转型的起点之一，但与沿海沿江开埠较早的城市受租界制度影响有所不同，西南早期近代建筑的风格转变主要体现在城乡间的天主教建筑中。西南地处内陆腹地，城市开埠较晚，因开埠而传入的西式建筑风格主要影响到重庆和云南滇越铁路沿线，传播范围有限。辛亥革命后，政权的更替、国家体制的变革，产生了新的建筑需求，也出现了新的建筑风格，但受军阀战乱影响，社会经济落后，城市建设成就不高，近代建筑业不发达。军阀战争结束，西南地区迎来较大的发展，尤其是抗战爆发后，重庆成为陪都，西南成为抗战大后方，内迁的物资和人员进一步促进了西南的发展，“摩登”的新建筑样式出现，与沿海沿江城市接轨。到抗战胜利回迁后，西南近代建筑业又陷入衰退。

相较于以往的研究，本书将1933年西南军阀内战结束作为一个重要的时间节点，此时，城市迎来较快发展，外来建筑师事务所和营造厂纷纷开业，在建筑风格上与沿海沿江近代城市逐渐同步，建造了一批新古典主义、装饰艺术派和现代主义风格的大楼，西南近代建筑进入繁荣期。根据重点建筑的建造时间，又将繁荣期分为了为三个阶段，分别以日军大轰炸的开始（1938年）与减弱（1942年）作为时间节点，实际上，西南近代建筑业真正快速发展的黄金时期，只有1933年至1938年的第一个“黄金五年”，以及1942年至1946年的第二个“黄金五年”，这是西南近代建筑新结构、新风格集中发展的两个时期，建筑师在这一时期的风格转变中扮演了重要角色，尤其体现在金融、商业类建筑中。

（2）归纳出了西南近代建筑的功能与风格类型

本书虽然不是按照西南近代建筑史的思路写作，但第一次从整体的视角对西南近代所有类型的建筑进行了全面调查，搜集了大量建筑图纸与照片资料。通过类比，归纳出西南近代建筑的主要功能类型，包括：教会建筑、居住建筑、行政建筑、商业建筑、办公建筑、教育建筑、工业建筑、军事设施、临时建筑等；总结出西南近代建筑的主要风格类型，包括：本土民居风格、中西合璧风格、巴洛克风格、罗马式风格、哥特式风格、外廊式风格、法式洋房风格、骑楼式风格、新古典主义风格、中国民族形式、中国固有式、装饰艺术派风格、现代主义风格、临时建筑、简洁样式、碉楼式民居等。每一种功能与风格类型的典型建筑均收入本书之中，可以作为后续研究的史料和素材。

（3）考证了西南近代建筑主要风格的样式来源

西南近代建筑这一研究对象的时间跨度大，地域范围广，出现的建筑风格类型多样，且每种风格又有丰富的变化。本书选取了最主要也最典型的建筑风格作为追溯对象，考证其样式来源。

西南近代天主教堂建筑的风格来源主要有：开埠以前，借用本土民居风格的教堂；19世纪中叶，融合了西式修院合院式平面布局与中式木构架的本土修院；19世纪下半叶以后，形成了各类中西融合的天主教堂与修院，平面有中式合院式、西式庭院式（又分围合式、半围合式，以及由此而发展出的变化形式）、分列式等，立面风格则有中式民居式、中式砖石牌楼式、中式木构牌楼式，以及简化的西式巴洛克式、罗马风、哥特式、教区教堂式等。

开埠以后，西南近代建筑出现了外来的新样式：重庆开埠后，由长江中下游地区传入了殖民地外廊式风格，用于领事馆、洋行，很快影响到士绅公馆，并与中式建筑融合形成本土化的外廊式风格，广泛流行于重庆、贵州等地；云南开埠后，由越南传入了“黄墙红瓦”的法式洋房风格，最早用于滇越铁路沿线站房，后来广泛影响到个碧临屏铁路，以及昆明和滇南的近代民居、公共建筑等。

辛亥革命后的军阀统治时期，由于社会的变革，需要代表新时代的建筑样式，公共建筑的风格来源主要有：借鉴自清末新政时期的巴洛克风格门头，广泛流行于政府机关和新式学校的大门中，四川、贵州庄园式公馆的门头也受此影响；由南方沿海城市传入的骑楼式商业街，采用西式风格的“表皮”，短暂流行于部分城镇；由基督教会建立的教会医院大楼，最早采用西式新古典主义风格，此后建设的教会中学、教会大学建筑群，进一步融入中国元素，创造一种新的中国民族形式。在国民政府倡议下，转而采用模仿官式建筑的中国固有式建筑风格。

抗战时期，公共建筑中流行过多种风格，并因战时特殊环境制约又有其独特性，主要来源有：新古典主义风格、装饰艺术派和现代主义风格是由沿海开埠城市传入的，随着建筑师事务所到西南地区承接业务而在抗战前后流行一时；战争时期，大量建造的临时建筑、平民住宅，主要传承自本地的棚屋、茅屋等传统简易建筑技术；国民政府行政机关则多为中国固有式建筑风格，内政部还以建筑制式图案的方式加以规定，国民政府颁布的中小学校标准建筑样式，则受本地穿斗式木构建筑传统的影响，也吸收了西式木构架的做法；战时的工业建筑，军事、水利设施等，在钢材、水泥及施工机械设备匮乏的条件下，创新性地延续传承了传统建造技术。

### (4) 分析了西南近代建筑风格演变的过程和原因

影响西南近代建筑风格演变的因素很多，有政治、经济、文化、观念、制度，以及建筑材料和技术等多种因素。从文化上看，一直受到中国传统文化与外来西方文化的双重影响，一方面，地域风土建筑在广大城乡仍占据主导，持续不断地对各种外来建筑样式产生影响；另一方面，外来样式在传入初期往往保持了比较典型的风格特征，但在向西南内陆城乡传播过程中，在传统文化和本土工匠的影响下逐渐与地域风土建筑融合，形成了一些新的风格特征。这一过程既是外来建筑样式在西南地区的本土化过程，也是本土文化对外来文化不断吸收和涵化的过程。

西南近代教堂和修院的平面布局，从最早的本土民居的中式合院布局，发展到按西式修院的庭院式布局；延伸出几种本土化的中西融合的平面布局类型；再后来又出现神父楼与经堂并置的新布局形式。近代教堂的空间格局，由最早的明间做经堂，正面入口，室内空间分为横向和纵向两种布置方式；逐步发展到山面入口，纵向布置，祭坛设在尾端的布置方式；继而形成典型的巴西利卡三廊式室内空间。近代教堂的立面风格，从中式民居外观，发展到山面入口的中式歇山顶殿堂外观；再到将山面作为重点装饰的主立面后形成的各种不同的立面风格，包括：中式砖石牌楼、木构牌楼，以及简化的巴洛克、罗马风、哥特式等，都带有中西融合的特征。影响教堂和修院建筑风格变化的主要因素有：鸦片战争以前的禁教政策，天主教在西南采取的本土化传教策略，19 世纪下半叶频发的教案和巨额赔款，以及此时外国殖民势力的强大。在近代天主教建筑中，中西方建筑文化不断融合的主要动因来自外来的基督宗教试图弥合与中国传统文化之间的矛盾，而在建筑形制和风格融合上所做的不断尝试和探索。

外廊式风格在西南地区的传播和演变，与沿海沿江城市相比具有非常显著的地域特点。西南最早的外廊式建筑是 19 世纪中叶教堂中梁柱式外廊的神父楼，由带檐廊的中式歇山顶殿堂演变而来；开埠以后，领事馆和洋行普遍采用连续券柱式外廊结构，与沿海沿江城市早期殖民地外廊式建筑形制相似，并很快影响到教堂神父楼以及本地绅商的住宅；在传播过程中，受内陆地区对西式结构和建造技术掌握不全面的制约，演变出梁柱式结构加弧形券装饰的中西合璧风格；此后，本地工匠按照习惯的“间架”逻辑，最终形成了本土化的按开间布置的外廊式洋房。外廊式风格在传播过程中发生本土化演变的主要原因在于，大量的建造活动仍是依靠传统匠帮，受其技术、经验、习惯、观念的影响较大。

法式洋房风格是因滇南开埠和滇越铁路的修筑，最早出现在铁路沿线站房中，在传播过程中逐渐形成了云南近代本土化洋房风格的典型特征，包括“黄墙红瓦、隅角包石”等。而重庆、成都地区的本土化洋房风格是由长江中下游城市传入，结合本土材料，形成青瓦白墙或灰墙的外观，与云南有显著不同。在此基础上，进一步简化平面形态，摒弃立面装饰，节省建造成本，形成一种战时“简洁样式”。造成洋房式风格地域差异的主要原因在于，近代以来云南与四川、重庆对外主要的交通通道是不同的，建筑风格传播的源头不同，呈现出来的结果也不尽相同。

巴洛克风格最早出现是受清末“宪政”和“劝业”思潮的影响，主要用于建筑入口立面或大门，来源可能是教堂中更早出现的本土化巴洛克风格。辛亥革命后，各地夺取政权的军阀统治者也需要一种新的建筑样式来标榜新政权，在建筑主体结构不变的情况下仅改动大门或门头，无疑是最便捷的方式，巴洛克风格广泛流行于政府机关、新式学校、军阀士绅庄园中。在骑楼式商业街传入时，自然又成为骑楼和商业街立面“表皮”的主要样式。巴洛克风格更多是指一种“巴洛克化”的立面构图和装饰，没有固定制式，与传统的牌楼式立面和门头、八字朝门等均能较好的融合，从而创造于不同于以往的立面形象。这一时期的社会矛盾主要是为争夺控制权的地域内部矛盾和南北方的矛盾，因而“标新”是社会对建筑风格的普遍选择标准。

在西南地区，西方新古典主义风格的传入与中国新古典主义风格的兴起几乎是在同一时期，都是由基督教会开创的。西方新古典主义风格最早用于教会医院建筑中，中国新古典主义风格则最早出现在教会学校建筑中，着重吸收了西南古建筑的风格和特色装饰。二者外观虽然差异甚大，但在平面布局和立面构图上具有相似的逻辑，差别在于后者用中式建筑语汇替代西式，创造出一种中国民族样式。其最早兴起原因与天主教建筑相似，同样是出于本土化传教的策略需要。此后，在南京国民政府的倡导下，更多模仿北方宫殿样式的中国固有式建筑出现，广泛运用在地方公共建筑中，并最终形成政府机关建筑标准图集。这是内忧外患下民族意识觉醒的体现，社会主要矛盾已经转变为“与列强和侵略者”的外部矛盾，政府和知识界普遍要求一种能代表中华民族形象的建筑样式。

20 世纪 30 年代军阀战争结束后，新古典主义风格再次兴起，且几乎是与装饰艺术派和现代主义风格同步传入西南地区的。这一时期，重庆、成都、昆明、贵阳等主要城市进入快速发展时期，重要的商业金融机构开始聘请沿海地区的建筑师事务所主持设计，沿海地区的营造厂主导施工，带来当时“摩登”的新建筑样式，包括石材包砌或水刷石饰面的西式新古典主义风格，简化装饰的装饰艺术派和现代主义风格，这些建筑体量高大，普遍采用钢筋混凝土结构，代表着商业金融机构的实力。这一时期“摩登”建筑风格的流行基本是与上海等近代城市同步的，抗战期间，受现代主义建筑思潮影响，曾公开对建筑形式进行讨论，使得简化装饰的装饰艺术派和现代主义风格更流行。

地域风土建筑及其营造技术在近代仍有一定的生命力。首先，西南地处内陆腹地，外来建筑风格尤其是建造技术的影响非常有限，仅限于交通便利的大城市，广大的城镇、乡村仍延续传承了风土建筑形制和传统营造技术；其次，各种外来风格总是要依靠本土工匠来建造，在这个过程中主动或被动的与地域风土建筑融合，创造出许多新的建筑形象；最后，在抗战时期，受轰炸破坏、交通断绝影响，造成物资紧张、经济困难，用传统材料和技术建造了大量的临时住宅、平民住宅，以解决战时房屋紧缺的问题，而内迁的大学、中小学校等校舍建筑，也借鉴了地域穿斗式结构的做法，并与西式桁架进行了融合。

## 2. 西南近代建筑转型的特点

中国建筑的现代转型是中国近代建筑发展的时代背景和大趋势，也是中国近现代建筑史延续至今的重要命题。西南地区由于历史发展进程的不同，与近代典型沿海沿江地区相比，在建筑现代转型上有着自身的特点：

### （1）西南建筑现代转型与沿海沿江地区相比具有滞后性

由于身处内陆，对外交通不便，开埠时间晚等原因，直到 19 世纪末，西南地区的建筑才开始显著地受到外来样式的影响。20 世纪初至 30 年代前，在沿海沿江开埠城市近代建筑业快速发展的黄金时期，西南却深陷军阀战争的泥潭，各省之间形成军阀割据势力，统治者轮番更替，战乱不断，横征暴敛，破坏了西南近代民族工商业发展的基础，仅重庆、昆明等在城市建设和工商业发展方面有所作为，逐渐发展成为西南地区的中心城市。

20 世纪 30 年代，军阀战争结束后，西南地区的城市建设和建筑行业才迎来滞后的黄金发展期。然而，很快又面临抗战的全面爆发，迁都重庆虽然带来内迁资源和人才集中的优势，但日军无休止的大轰炸又使得建筑业再一次停滞，抗战后期取得制空权后，社会经济和建筑业才有所恢复和发展。总的来说，与沿海沿江地区相比，西南地区由于长时间受战争的影响，建筑行业发展和建筑现代转型都具有明显的滞后性。

### （2）西南建筑现代转型与沿海沿江地区城市相比具有不彻底性

沿海沿江城市近代建筑业的快速发展、建筑制度的完善，一定程度上与近代租界的建立和发展相伴随。通过租界建设，输入了西方工业革命以后形成的一整套近代城市规划和建设模式，且有较为成熟的治安体系保障工商业的稳定发展。这套模式包括基于土地法建立的城市和建筑行业管理的法律、法规、制度，推动道路、桥梁、自来水、电力、通信等城市公共基础设施建设，建筑师和营造厂专业分工，引进西方的建筑材料、结构、设备，以及施工机械等，培养大批专业建筑师和工程技术人才。这些制度很快被模仿，并推行到租界之外的华界等城区，促进了沿海沿江城市的整体繁荣。

反观西南近代城市，没有真正意义上的租界，重庆王家沱日租界，因位置偏远，并没有实质性的开发。而各地军阀执政者更替频繁，朝令夕改，难以持续有效地进行城市建设和管理，且受个人的能力和思维制约较大。比如四川受军阀割据的“防区制”影响极大，且战争不断，无法有效地组织各种建设；贵阳在周西成主政的三年里进行了有效的城市建设，但因他离世便戛然而止。重庆自 1921 年刘湘驻防重庆后，政局相对稳定，1929 年正式设市后，参考租界模式，在城市建设上取得了一定成就；昆明自唐继尧到龙云统治时期，也进行了一定规模的城市建设，1928 年正式设市。但这一过程仅持续到 1937 年抗战爆发，周期短，大型的工商企业数量少，商业金融业较弱，没有形成规模化的房地产业，专业化的建筑师和营造厂数量少，西南建筑的现代转型不彻底。

### （3）西南近代外来样式与风土建筑的被动与主动融合交替进行

外来样式的本土化始终是建筑现代转型的重要课题，或主动或被动的中西方建筑技术与形式的融合贯穿了整个西南近代建筑发展的各个时期。西南近代教会建筑中，受禁教政策影响，早期教堂被动采用中式民居样式，并将西式庭院式修院建造成中式外观；教案之后重建的教堂则以西式空间和立面风格为主，主动融合了地域风土建筑的立面样式，也吸收了各地域、各民族建筑的装饰元素。基督教会建造的医院、学校大楼，既有采用西方新古典主义风格的，也有主动融合中式建筑外观的，形成了最早的中国民族形式。

开埠以后，外来建筑样式随殖民势力而传入开埠城市和地区，在传播过程中受制于本土建筑材料、匠作传统、建造技术等，或主动或被动地与风土建筑融合。重庆的殖民地外廊式最终演变出中西合璧的本土化外廊式建筑风格；云南的法式洋房风格最终演变出中西合璧的本土化风格。在政府机关、新式学校、军阀士绅公馆、商业街面中，主动融入了西式巴洛克风格，形成典型的“中华巴洛克”风格大门或门头。新古典主义商业金融建筑，抗战时期的工业建筑、军事设施等，受限于建筑材料和施工设备、技术水平，被动地融入本土结构做法和技术特征。

#### （4）西南近代建筑形成了一些带有时代地域特征的典型风格

西南近代建筑的主要风格类型与全国其他地区的近代建筑大同小异，比如中华巴洛克、殖民地外廊式、中国固有式、新古典主义、装饰艺术派、现代主义等。但也有一些融合了地域建筑特征的独特风格。比如，西南近代天主教堂中，本土修院具有独特的西式平面和中式外观，教堂融合本土砖石牌楼、木构牌楼立面而形式的中西合璧式风格；中西合璧的本土式外廊建筑，融合了中式建筑的“间架”设计逻辑；云南“黄墙红瓦、隅角门窗包石”的本土化洋房，也是其他地区较少见的样式；基督教会大学中将中式建筑语汇融入西式新古典主义建筑平面布局和立面构图中，从而创造出的带有西南地域特色的中国民族形式；抗战期间，以重庆为代表的“简洁样式”，已成为重庆近代建筑的重要特征，有别于其他近代城市建筑。

## 二、西南近代建筑未来研究方向展望

本书对西南近代建筑风格形成与演变的研究虽然取得了初步的成果，但依然有诸多值得深入探究的方向，展望未来，可以深入开展的研究方向如下：

#### （1）西南近代教会建筑调查与研究

西南近代教会建筑是较为特殊的类型，建筑数量多，时间跨度大，地域分布广，风格类型多样，许多位于乡村的教堂别具特色，集中体现了鸦片战争国门洞开前后，地处内陆的西南腹地中西方文化的交流与融合过程，具有较高的学术研究价值和遗产保护价值。本书主要基于对现存教堂实例的调查，从风格类型及演变角度做了初步阐释，但对西南近代教会的外文文献涉猎较少。经初步调查，位于法国的巴黎外方传教会总部保存有大量近代西南外籍传教士活动的法文资料，在这些传教士离开中国时，或回到欧洲，或前往东南亚继续传教，有不少回忆录散布于各处。

未来可以多学科联合，对现存教堂进行数据采集和测绘，通过法文、拉丁文等一手文献将相关人物与教堂、修院一一对应，进一步厘清建筑设计、建造的过程，探究风格选择背后的动因和制约因素。

#### （2）西南近代防空工程调查与研究

防空工程是一个城市重要的基础设施，以重庆为代表的西南近代城市的防空工程数量多、分布广、类型多样，具有重要的研究价值与遗产保护价值。抗战时期，西南地区成为人口和资源集中的大后方，为躲避轰炸，在各大城市建造了大量防空工程，包括防空洞和防空隧道、防空坑和防空壕、防空避难室和防空地下室、防空预警建筑和设施等，这是我国第一次大规模建造防空设施，在建造技术、规划组织上积累了经验。西南近代城市经历了长达5年的大轰炸，在战争中付出了惨痛的生命和财产代价，同时也积累了异常宝贵的经验。

新中国成立后，不同时期对城市防空设施有所扩建，到今天这些防空设施有的被改造成交通隧道，有地改作商业开发，有的依旧空关甚至无人知晓。本书仅对民国时期的防空设施类型和建造技术作了初步梳理。未来可以对以重庆为代表的城市防空工程进行专项研究，从防空设施类型、设计思想、建造技术、历史演变、防空效能等方面入手，研究近代防空工程的经验和教训，并对现存的防空设施进行资源调查，提出整体保护、利用、展示的设想。

#### （3）西南近代建筑风格的后续影响研究

在实地调研中也发现一些有意思的建筑现象，在新中国成立后的一段时期内，西南地区的建筑风格和建造技术明显受到近代建筑的影响，在偏远的乡镇中也能见到。20世纪五六十年代建造的乡镇礼堂、电影院、粮站、学校、戏台等公共建筑中，既有延续民国样式的外廊式建筑，如云南建水官厅镇小学校舍；也出现了带有时代印记的柱头和雕饰，如四川西充关文镇戏台，圆柱柱头受苏联建筑风格影响，台前槛墙上有镂空石雕的“斗私批修”四个大字，在延续近代建筑特征的同时又赋予了新的时代特色。（图 8-1）

这些新中国成立后的典型建筑中，各地的电影院、粮站等还保存不少，但乡镇戏台、礼堂等只能零星见到，大部分尚未被公布为不可移动文物，面临着快速消失的风险。未来应该将西南近现代建筑研究下限扩展至改革开放前后，将这一历史时期的西南建筑放在现代转型的大背景中去进行调查和研究，分析那个时代建筑风格演变及其原因。

（4）西南近代建筑史的研究与写作

本书重点研究西南近代建筑的风格演变史，对于建筑技术史、制度史、人物史、机构史有所涉猎，限于篇幅和研究角度，没有进行专题讨论。在中国建筑现代转型的大背景下，技术史、制度史是重要研究内容，人物史、机构史是重要支撑。未来的研究可以继续从技术史、制度史、人物史、机构史等角度展开，将西南近代城市与建筑的制度建设、技术演进、重要人物和机构变迁等，与沿海沿江城市租界模式下的发展成果做一个比较，反思西南近代建筑的发展进程。

本书所积累的西南近代建筑素材已较为充足，但距离写作西南近代建筑史还有很大的距离。要继续深化以上各项西南近代建筑研究，综合各类研究成果，才有可能完成西南近代建筑史的写作。

a．云南建水官厅镇原小学教学楼（来源：自摄）

b．四川西充关文镇戏台（来源：自摄）

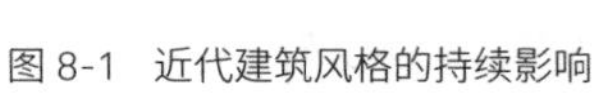

图 8-1　近代建筑风格的持续影响

# 附 录

## 附录 1 现存西南近代天主教堂建筑

| 省份 | 名称 | 地址 | 建成时间 | 所属教派 | 建造者 | 功能 |
| --- | --- | --- | --- | --- | --- | --- |
| 重庆 | 若瑟堂 | 渝中区解放碑街道 | 1893 年 | 巴黎外方传教会 |  | 教堂 |
|  | 法国仁爱堂 | 渝中区七星岗街道 | 1900 年 | 巴黎外方传教会 |  | 教堂 + 医院 |
|  | 白果树天主教堂 | 巴南区接龙镇 | 清 | 巴黎外方传教会 |  | 教堂 + 修院 |
|  | 露德堂 | 璧山县正兴镇 | 1903 年 | 巴黎外方传教会 | 马神父 |  |
|  | 小官山天主教堂 | 涪陵区百胜镇 | 1888 年 |  |  |  |
|  | 五桂堂天主教堂 | 涪陵区五桂堂街 | 清 |  |  |  |
|  | 合隆天主教堂 | 合川区燕窝镇 | 1904 年 | 巴黎外方传教会 |  |  |
|  | 江北天主教堂 | 江北区江北城街道 | 1928 年 / 2006 年 | 巴黎外方传教会 | （法）尚维善 |  |
|  | 铜罐驿天主教堂 | 九龙坡区铜罐驿镇 | 1924 年 | 巴黎外方传教会 |  | 教堂 + 修院 |
|  | 慈母山修院 | 南岸区鸡冠石镇 | 1911 年 | 巴黎外方传教会 |  | 修院 |
|  | 南川天主教堂 | 南川区东城街道 | 1904 年 | 巴黎外方传教会 |  |  |
|  | 甘家坝天主教堂 | 南川区水江镇 | 1936 年 | 巴黎外方传教会 | （法）加德 |  |
|  | 周家湾天主教堂 | 永川区南大街街道 | 1910 年 | 巴黎外方传教会 |  |  |
|  | 书院巷天主教堂 | 永川区中山路街道 | 1904 年 | 巴黎外方传教会 | （法）董神父 |  |
|  | 学坝街天主教堂 | 大足县龙岗街道 | 1910 年 | 巴黎外方传教会 |  |  |
|  | 石马马跑教堂 | 大足县石马镇 | 1900 年 | 巴黎外方传教会 | （法）罗兰 |  |
|  | 金堂天主教堂 | 綦江县打通镇 | 1910 年 |  |  |  |
|  | 荣昌昌元天主教堂 | 荣昌县昌元街道 | 1915 年 | 巴黎外方传教会 | （法）季伯吉、莫神父 | 教堂 + 学校 |

续表

| 省份 | 名称 | 地址 | 建成时间 | 所属教派 | 建造者 | 功能 |
|---|---|---|---|---|---|---|
| 重庆 | 河包真原堂 | 荣昌县河包镇 | 1905 年 | 巴黎外方传教会 | | |
| | 巴川天主教堂 | 铜梁县巴川街道 | 1907 年 | 巴黎外方传教会 | | |
| | 永嘉天主教堂 | 铜梁县永嘉镇 | 1910 年 | 巴黎外方传教会 | | |
| | 别口卢家圣堂 | 潼南县别口乡 | 清 | | | |
| | 双江天主教堂 | 潼南县双江镇 | 1908 年 | | | |
| | 庙宇漕天主教堂 | 巫山县庙宇镇 | 1903 年 | 巴黎外方传教会 | （法）德司望 | 教堂 + 学校 |
| | 笃坪圣母堂 | 巫山县笃坪乡 | 1894 年 | 巴黎外方传教会 | （法）德司望 | |
| | 天池天主教堂 | 忠县新生镇 | 1891 年 | 巴黎外方传教会 | | 教堂 + 修院 |
| 四川 | 平安桥天主教堂 | 成都西华门街 | 1904 年 | 巴黎外方传教会 | （法）杜昂、骆书雅 | 教堂 + 修院 |
| | 张家巷天主教堂 | 成都驷马桥街道 | 1901 年 | 巴黎外方传教会 | 白微明 | |
| | 圣修堂 | 成都温江区寿安镇 | 清 | | | |
| | 天主教堂 | 成都温江柳城街道 | 1895 年 | | | |
| | 领报修院 | 成都彭州市白鹿镇 | 1895 年 | 巴黎外方传教会 | （法）谷兰布、白立山 | 修院 |
| | 马桑坝天主教堂 | 成都彭州市丹景山镇 | 1856 年 / 1880 年 | 巴黎外方传教会 | 洪广化 | |
| | 元通天主教堂 | 成都崇州市元通镇 | 1897 年 | 巴黎外方传教会 | | |
| | 崇州天主教堂 | 成都崇州市正东街 | 1896 年 | 巴黎外方传教会 | 吕春鸣 | |
| | 舒家湾天主教堂 | 成都金堂县淮口镇 | 1902 年 | 巴黎外方传教会 | 狄壁 | |
| | 高板（七堆瓦）天主教堂 | 成都金堂县高板镇 | 1902 年 | 巴黎外方传教会 | 鱼霞松 | |
| | 邛崃天主教堂 | 成都邛崃市西街 | 1899 年 | 巴黎外方传教会 | | |
| | 吴圣堂 | 成都邛崃市牟礼镇 | 1890 年 | 巴黎外方传教会 | | |
| | 天主教堂 | 成都大邑县新场镇 | 20 世纪初 | | | |

续表

| 省份 | 名称 | 地址 | 建成时间 | 所属教派 | 建造者 | 功能 |
| --- | --- | --- | --- | --- | --- | --- |
| 四川 | 晋原天主教堂 | 成都大邑县晋元镇 | 1897 年 |  | 岑君瑟 |  |
|  | 天禄堂 | 自贡筱溪街道 | 1937 年 |  |  |  |
|  | 天主教真原堂 | 泸州新马路 | 1877 年 | 巴黎外方传教会 |  |  |
|  | 江西街天主教堂 | 泸州叙永县叙永镇 | 1887 年 |  |  |  |
|  | 绵竹天主教堂 | 德阳绵竹市剑南镇 | 1926 年 | 巴黎外方传教会 | （法）白立山 |  |
|  | 什邡天主教堂 | 德阳什邡市亭江东路 | 1912 年 | 巴黎外方传教会 | （法）谷播兰 | 教堂 + 孤女院 |
|  | 石板乡天主教堂 | 绵阳石板乡 | 1905 年 | 巴黎外方传教会 | （法）白立山 |  |
|  | 柏林天主教堂 | 绵阳游仙区柏林乡 | 1913 年 | 巴黎外方传教会 | （法）白立山 |  |
|  | 秀水天主教堂 | 绵阳安县秀水镇 | 1913 年 | 巴黎外方传教会 | （法）鲁神父 |  |
|  | 天主教堂 | 广元朝天区滩镇 | 清 |  |  |  |
|  | 小经堂 | 遂宁船山区育才路街道 | 1919 年 |  |  | 教堂 + 学校 |
|  | 松林圣堂 | 遂宁船山区仁里镇 | 1912 年 |  | 冯文华 |  |
|  | 竹林井天主教堂 | 遂宁安居区步云乡 | 1928 年 |  |  |  |
|  | 重龙天主教堂 | 内江资中县重龙镇 | 1911 年 |  |  |  |
|  | 拆楼圣堂 | 峨眉山桂花桥镇 | 1850 年 |  |  |  |
|  | 龙池天主教堂 | 峨眉山龙池镇 | 1848 年 |  |  |  |
|  | 天主教堂 | 乐山夹江县焉城镇 | 1916 年 |  |  |  |
|  | 南充天主教堂 | 南充顺庆区大北街 | 1889 年 |  | （法）李若瑟 | 教堂 |
|  | 西山本笃堂 | 南充西山风景区 | 1930 年 | 本笃会比利时分会 |  | 修院 |
|  | 阆中天主教堂 | 南充阆中市学道街 | 1876 年 |  |  |  |

续表

| 省份 | 名称 | 地址 | 建成时间 | 所属教派 | 建造者 | 功能 |
|---|---|---|---|---|---|---|
| 四川 | 拱星街天主教堂 | 宜宾拱星街 | 1900 年 | 巴黎外方传教会 | | 教堂 |
| | 文星街天主教堂 | 宜宾文星街 | 1884 年 | 巴黎外方传教会 | 袁若瑟 | |
| | 玄义玫瑰教堂 | 宜宾临港区沙坪镇 | 1895 年 | 巴黎外方传教会 | | 教堂 + 修院 |
| | 天主教堂 | 广安华蓥市永兴镇 | 1905 年 | | | |
| | 天主教会学校 | 达州通川区北外镇 | 清代 | | | |
| | 李坝村天主教堂 | 达州市渠县渠南乡 | 1885 年 | | | |
| | 邓池沟天主教堂 | 雅安宝兴县蜂桶寨乡 | 1831 年 / 1839 年 | 巴黎外方传教会 | | 教堂 + 修院 |
| | 大众路天主教堂 | 雅安西城街道 | 1900 年 | | | |
| | 文林天主教堂 | 眉山仁寿县文林镇 | 清 | | | |
| | 天主教堂 | 资阳安岳县岳阳镇 | 清 | | | |
| | 平江天主教堂 | 攀枝花格里坪镇 | 1885 年 | 巴黎外方传教会 | （法）铎安国 | |
| | 达维桥天主教堂 | 阿坝小金县美兴镇 | 1919 年 | 巴黎外方传教会 | （法）佘廉霭 | |
| | 泸定天主教堂 | 甘孜泸定县火炬路 | 1919 年 | 巴黎外方传教会 | | |
| | 磨西天主教堂 | 甘孜泸定县磨西镇 | 1922 年 | 巴黎外方传教会 | | |
| | 和平天主教堂 | 甘孜泸定县磨西镇 | | 巴黎外方传教会 | | 教堂 + 医院 |
| | 天主教堂 | 甘孜道孚县 | 1903 年 | | | |
| | 德昌天主圣心堂 | 凉山德昌县上翔街 | 1907 年 | 巴黎外方传教会 | （法）贾原真 | |
| | 会理天主教堂 | 凉山会理县 | 1926 年 | 巴黎外方传教会 | （法）贾原真 | |
| | 木古天主教堂 | 凉山会理县 | 1924 年 | | | |

续表

| 省份 | 名称 | 地址 | 建成时间 | 所属教派 | 建造者 | 功能 |
|---|---|---|---|---|---|---|
| 贵州 | 贵阳北天主教堂 | 贵阳陕西路 | 1876 年 | 巴黎外方传教会 | （法）李万美、毕乐士 | 教堂 + 修院 |
| | 青岩天主教堂 | 贵阳花溪区青岩镇 | 1870 年代 | 巴黎外方传教会 | | 教堂 + 修院 |
| | 六冲关圣母教堂 | 贵阳北郊植物园 | 1867 年 | 巴黎外方传教会 | （法）胡缚理 | 教堂 |
| | 六冲关修院 | 贵阳北郊植物园 | 1916 年 | 巴黎外方传教会 | （法）李嘉善 | 修院 |
| | 天主圣心修女院 | 贵阳新天街道 | 1940 年 | 巴黎外方传教会 | （法）安济华 | 修院 |
| | 遵义天主教堂 | 遵义杨柳街 | 1867 年 | 巴黎外方传教会 | （法）沙布尔 | 教堂 + 学堂 |
| | 湄潭天主教堂 | 遵义湄潭浙大南路 | 1898 年 | 巴黎外方传教会 | | |
| | 绥阳天主教堂 | 遵义绥阳县 | 1835 年 | 巴黎外方传教会 | | |
| | 毛田天主教堂 | 遵义务川县砚山镇 | 1885 年 / 1989 年 | 巴黎外方传教会 | （法）金方济 | |
| | 二郎天主教堂 | 遵义习水县二郎乡 | 1902 年 | | | |
| | 安顺天主教堂 | 安顺法院街 | 1867 年 | | | |
| | 普定天主教堂 | 安顺普定县城关镇 | 1902 年 | | | |
| | 陇戛天主教堂 | 安顺普定县城关镇 | 清 | | | |
| | 镇宁城关镇天主教堂 | 安顺镇宁县 | 1880 年 | 巴黎外方传教会 | （法）吴培善 | |
| | 黄果树天主教堂 | 安顺镇宁县黄果树镇 | 1898 年 / 1985 年 | | | |
| | 长脚天主教堂 | 安顺镇宁县大山乡 | 1911 年 | | | |
| | 花江天主教堂 | 安顺关岭县花江镇 | 1846 年 | | | |
| | 景家冲弥格修院 | 兴义安龙县城西郊 | 1936 年 | 巴黎外方传教会 | | 修院 |
| | 石阡天主教堂 | 铜仁石阡县汤山镇 | 1901 年 | | | |

续表

| 省份 | 名称 | 地址 | 建成时间 | 所属教派 | 建造者 | 功能 |
|---|---|---|---|---|---|---|
| 贵州 | 德江天主教堂 | 铜仁德江县青龙镇 | 1934 年 | | | |
| | 流水天主教堂 | 铜仁思南县香坝乡 | 20 世纪初 | | 罗伯雍 | |
| | 周大街天主教堂 | 黔东南镇远舞阳镇 | 1898 年 | 巴黎外方传教会 | | |
| | 旧州天主教堂 | 黔东南黄平旧州镇 | 1901 年 | 巴黎外方传教会 | （法）穆神父 | |
| | 通州天主教堂 | 黔南平塘县通州镇 | 1907 年 | | | |
| | 惠水天主教堂 | 黔南惠水涟江街道 | 1931 年 | | 谦神父 | |
| | 团坡天主教堂 | 黔南福泉市龙昌镇 | 近现代 | | | |
| | 犀头岩圣母堂 | 黔南贵定县云雾镇 | 1872 年 | | | |
| | 平伐圣心堂 | 黔南贵定县云雾镇 | 1888 年 | | | |
| | 独山天主教堂 | 黔南独山县 | 1879 年 | | | |
| | 三棒天主教堂 | 黔南独山县尧棒乡 | 1899 年 | | | |
| 云南 | 耶稣圣心堂 | 昆明北京路 | 1935 年 | 巴黎外方传教会 | （比）雍守正 | |
| | 昆阳天主教堂 | 昆明晋宁县昆阳镇 | 1930 年 | | | |
| | 天主教堂 | 昆明石林县尾则村 | 1935 年 | | | |
| | 五联天主教堂 | 曲靖麒麟区三宝镇 | 1878 年 | | | |
| | 白雾天主教堂 | 曲靖会泽县娜姑镇 | 1913 年 | | | |
| | 龙台天主教堂 | 昭通盐津县龙台乡 | 19 世纪 30 年代 | | （法）袁棚索 | 教堂 + 修院 |
| | 成凤山天主教堂 | 昭通盐津县成凤山 | 清 | | | 教堂 + 学校 |
| | 大湾子天主教堂 | 昭通市彝良县城旁 | 清 | | | |

续表

| 省份 | 名称 | 地址 | 建成时间 | 所属教派 | 建造者 | 功能 |
|---|---|---|---|---|---|---|
| 云南 | 天星天主教堂 | 丽江华坪县新庄乡 | 1937 年 | | | |
| | 天主教堂 | 红河开远市东乡 | 1899 | | | |
| | 滥泥箐天主教堂 | 红河弥勒县西一镇 | 1924 年 | | | |
| | 鲁都克天主教堂 | 文山砚山县阿舍乡 | 1909 年 | | （法）布格尔 | |
| | 大理天主教堂 | 大理市魁阁社区 | 1930 年 | | （法）叶美章 | 教堂 |
| | 下关天主教堂 | 大理下关市关平路 | 1938 年 | | | |
| | 古底天主教堂 | 大理宾川平川镇 | 民国 | | | |
| | 重丁天主教教堂 | 怒江贡山丙中洛乡 | 1921 年 | | （法）任安守 | |
| | 白汉洛天主教堂 | 怒江贡山丙中洛乡 | 1905 年左右 | | （法）任安守 | |
| | 秋那桶教堂 | 怒江贡山丙中洛乡 | 清末 | | | |
| | 茨中教堂 | 迪庆德钦燕门乡 | 1914 年 | 巴黎外方传教会 | （法）彭茂美 | 教堂 + 修院 |
| | 茨姑教堂 | 迪庆德钦燕门乡 | 1866 年 | | | |
| | 小维西天主教堂 | 迪庆维西县白济汛乡 | 1875 年 | | | |
| | 维西天主教堂 | 迪庆维西县保和镇 | 1904 年 | | | |

来源：根据四川、重庆、云南、贵州省第三次全国文物普查资料及实地调研资料整理

# 附录 2 现存西南近代基督教堂建筑

| 省份 | 名称 | 地址 | 建成时间 | 所属教派 | 建造者 | 功能 |
|---|---|---|---|---|---|---|
| 重庆 | 木洞福音堂 | 巴南区木洞镇 | 清 | | | |
| | 松堡美国教会学校旧址 | 沙坪坝区井口镇 | 民国 | | | |
| | 福音堂 | 奉节县永安镇 | 民国 | | | |
| | 福音堂 | 酉阳县龙潭镇 | 民国 | | | |
| 四川 | 基督教青年会 | 成都春熙路街道 | 1926 年 | | | |
| | 基督教恩光堂 | 成都四圣祠北街 | 1921 年 | | | |
| | 上翔街基督教经堂 | 成都青羊区上翔街 | 1909 年 | | | |
| | 基督教经堂 | 泸州濂溪路社区 | 1913 年 | | | |
| | 绵竹基督教堂 | 德阳绵竹市春晞路 | 1923 年 | 圣公会 | （英）路景云 | |
| | 遂宁福音堂 | 遂宁镇江寺街道 | 1921 年 | | | |
| | 基督教堂 | 乐山兴发街 | 民国 | | | |
| | 基督教三一堂 | 阆中杨天井街 | 20 世纪初 | | | |
| | 基督教福音堂 | 阆中郎家拐街 | 1893 年 | | （英）盖士利 | |
| 贵州 | 福音堂 | 黔东南黎平德凤镇 | 清 | | | |
| | 福音堂 | 黔南平塘通州镇 | 1903 年 | | | |
| | 四方井教会学校 | 毕节威宁县龙街镇 | 1907 年 | | | |
| | 毕节福音堂 | 毕节百花路 | 清 | | | |
| 云南 | 基督教青年会 | 昆明护国街道 | 1934 年 | | | |
| | 撒老乌西南神学院 | 昆明禄劝县撒营盘镇 | 1914 年 | | | 神学院 |
| | 坝多基督教堂 | 玉溪新平县漠沙镇 | 1929 年年 | | | |
| | 凉风坳基督教堂 | 昭通大关县天星镇 | 1917 年 | | | |
| | 茅坡福音堂 | 昭通彝良县树林乡 | 1909 年 | | | |

续表

| 省份 | 名称 | 地址 | 建成时间 | 所属教派 | 建造者 | 功能 |
|---|---|---|---|---|---|---|
| 云南 | 西布河新村基督教堂 | 丽江宁蒗县西布河乡 | 1936 年 | | | |
| | 果园坡耶稣教堂 | 思茅墨江县联珠镇 | 1939 年 | | | |
| | 糯福教堂 | 思茅澜沧县糯福乡 | 1921 年 | 美国浸信会 | | 教堂 + 学校 |
| | 明子基督教堂 | 临沧忙畔街道 | 1922 年 | | | |
| | 大寨基督教堂 | 临沧云县大寨镇文丰村 | 1930 年代 | | | |
| | 解放新村基督教堂 | 临沧双江县勐勐镇 | 1925 年 | | | |
| | 彝家基督教堂 | 临沧双江县勐勐镇 | 清 | | | |
| | 回晓基督教堂 | 临沧双江县邦丙乡 | 清 | | | |
| | 团山基督教堂 | 临沧双江县大文乡 | 民国 | | | |
| | 曼允教堂 | 景洪市允景洪街 | 1917 年 | | | 教堂 + 医院 |
| | 大理基督教堂 | 大理市银苍社区 | 1925 年 | | | |
| | 里吾底教堂 | 怒江福贡架科底乡 | 1934 年 | | | |
| | 老姆登教堂 | 怒江福贡匹河怒族乡 | 1933 年 | | | |

来源：根据四川、重庆、云南、贵州省第三次全国文物普查资料及实地调研资料整理

# 附录 3 现存滇越铁路与个碧临屏铁路车站建筑

| 铁路 | 车站名称 | 县区 | 建造年代 | 现存老建筑 |
|---|---|---|---|---|
| 滇越铁路 | 云南府车站 | 官渡区 | 1910 年 | 墙体 1 段 |
| | 西庄车站 | 官渡区 | 1910 年 | 房屋 1 幢 |
| | 水塘车站 | 呈贡县 | 1910 年 | 有房屋 2 间 |
| | 寻甸车站 | 寻甸县 | 1910 年 | 仓房 1 栋 |
| | 拉里黑车站 | 弥勒县 | 1909 年 | 车站 1 座 |
| | 西扯邑车站 | 弥勒县 | 1909 年 | 车站 1 座，有 2 个单体建筑 |
| | 热水塘车站 | 弥勒县 | 1909 年 | 车站 1 座 |
| | 小河口车站 | 弥勒县 | 1909 年 | 车站 1 座，有 2 个单体建筑 |
| | 西洱车站 | 弥勒县 | 1909 年 | 车站 1 座，有行车室、候车室、月台 |
| | 大沙田车站 | 弥勒县 | 1909 年 | 车站 1 座，有行车室、月台 |
| | 开远车站 | 开远市 | 1909 年 | 车站 1 座，有机车库、法国医院、洋人坟、巴都署、226 号洋楼、331 号洋楼、333 号洋楼、336 号洋楼等 |
| | 大庄车站 | 开远市 | 1909 年 | 车站 1 座，有站长室、候车室、水塔 |
| | 小龙潭车站 | 开远市 | 1909 年 | 车站 1 座 |
| | 大塔车站 | 开远市 | 1909 年 | 车站 1 座 |
| | 碧色寨车站 | 蒙自县 | 1909 年 | 车站 1 座，有滇越铁路车站站房、蒙自海关碧色寨分关、滇越铁路警察分局、滇越铁路工程指挥所、滇越铁路帮办房、税务分局、消费局等 |
| | 芷村车站 | 蒙自县 | 1909 年 | 车站 1 座，有站长房及金库、车站站房、列车队用房、工务段用房、派出所用房、电务段用房共 7 个单体建筑 |
| | 戈姑车站 | 蒙自县 | 1909 年 | 车站 1 座 |
| | 落水洞车站 | 蒙自县 | 1909 年 | 车站 1 座 |
| | 草坝车站 | 蒙自县 | 1910 年 | 车站 1 座，有车站站房、站台、股道等建筑 |
| | 黑龙潭车站 | 蒙自县 | 1909 年 | 车站 1 座，有车站站房、站台、股道等建筑 |
| | 腊哈地车站 | 屏边县 | 1908 年 | 车站 1 座，有 10 号楼、14 号楼、转车桥和站道 |
| | 大树塘车站 | 屏边县 | 1910 年 | 车站 1 座 |
| | 白河桥车站 | 屏边县 | 1910 年 | 车站 1 座，铁桥 2 座 |

续表

| 铁路 | 车站名称 | 县区 | 建造年代 | 现存老建筑 |
|---|---|---|---|---|
| 滇越铁路 | 白寨车站 | 屏边县 | 1908 年 | 车站 1 座，有法式建筑 1 幢、水塔 1 座 |
| | 337 车站 | 屏边县 | 1908 年 | 车站 1 座 |
| | 波渡箐车站 | 屏边县 | 1908 年 | 车站 1 座，有站房 1 座、水塔 1 座 |
| | 冲庄车站 | 屏边县 | 1908 年 | 车站 1 座，有冲庄线路工区 1 个、职工住宿楼 1 座、供销社房子 1 座、粮所仓库 1 座 |
| | 倮姑车站 | 屏边县 | 1908 年 | 车站 1 座 |
| | 停塘车站 | 屏边县 | 1908 年 | 车站 1 座 |
| | 湾塘车站 | 屏边县 | 1908 年 | 车站 1 座 |
| | 南溪车站 | 河口县 | 1903 年 | 车站 1 座，有河口海关、候车室、站房、货运室、职工宿舍楼 2 幢 |
| | 河口车站 | 河口县 | 1903 年 | 车站 1 座，有候车厅、库房、宿舍楼、办公楼、值班室、列车员公寓等 |
| | 老范寨车站 | 河口县 | 1903 年 | 车站 1 座，有候车室、仓库、粮店、货运室、宿舍。 |
| | 马街车站 | 河口县 | 1903 年 | 车站 1 座，有库房、候车室、站房、货运室、职工宿舍楼 |
| | 蚂蝗堡车站 | 河口县 | 1903 年 | 车站 1 座，有库房、候车室、站房、货运室等 |
| | 山腰车站 | 河口县 | 1903 年 | 车站 1 座，有库房、候车室、交接所、值班室、外宾招待所、铁路公安派出所等 |
| 个碧临屏铁路 | 个旧车站 | 个旧市 | 1915 年 | 车站 1 座，有站房 1 座，个碧临屏铁路公司办公楼 1 座 |
| | 鸡街车站 | 个旧市 | 1913 年 | 车站 1 座，有站房 1 座、机修房 1 座、行车房 1 座、值班室 1 座 |
| | 乍甸车站 | 个旧市 | 1915 年 | 车站 1 座、货运仓 1 座 |
| | 石岩寨车站 | 个旧市 | 1915 年 | 车站 1 座 |
| | 火谷都车站 | 个旧市 | 1915 年 | 车站 1 座 |
| | 泗水庄车站 | 个旧市 | 1915 年 | 车站 1 座 |
| | 石窝铺车站 | 个旧市 | 1920 年 | 车站 1 座 |
| | 碧色寨车站 | 蒙自县 | 1915 年 | 车站 1 座，有个碧石铁路车站站房、个碧石铁路警察分局、个碧石铁路材料厂、云锡公司转运站、转盘等 |

续表

| 铁路 | 车站名称 | 县区 | 建造年代 | 现存老建筑 |
| --- | --- | --- | --- | --- |
| 个碧临屏铁路 | 江水地车站 | 蒙自县 | 1915 年 | 车站 1 座 |
| | 雨过铺车站 | 蒙自县 | 1915 年 | 车站 1 座 |
| | 蒙自车站 | 蒙自县 | 1915 年 | 车站 1 座 |
| | 建水车站 | 建水县 | 民国 | 车站 1 座，有二层楼房 1 栋 |
| | 临安车站 | 建水县 | 民国 | 车站 1 座，有售票房、候车厅、办公室 |
| | 南营车站 | 建水县 | 民国 | 车站 1 座，有正房、厢房 2 栋、碉楼 2 座 |
| | 五里冲车站 | 建水县 | 民国 | 车站 1 座，有管理房 |
| | 下坡处车站 | 建水县 | 民国 | 车站 1 座，有站房 1 座、加水塔 1 座 |
| | 乡会桥车站 | 建水县 | 民国 | 车站 1 座，有站房 1 座 |
| | 麻栗树车站 | 建水县 | 民国 | 车站 1 座，有站房 1 座 |
| | 大田山车站 | 建水县 | 民国 | 车站 1 座，有站房 1 座 |
| | 护路碉堡 | 建水县 | 民国 | 车站 1 座，有碉堡 1 座 |
| | 石屏火车站 | 石屏县 | 1936 年 | 车站 1 座，有 2 号老站房，机车检修房，其它用房等 |
| | 白马庙水塔 | 石屏县 | 民国 | 车站 1 座，有站房 1 座 |
| | 坝心车站 | 石屏县 | 民国 | 车站 1 座有，办公室、候车室、宿舍、二轨道等 |

# 参考文献

## 专著

[1] 刘敦桢 . 西南古建筑调查概况 [M]// 刘敦桢文集 : 第四卷 . 北京 : 中国建筑工业出版社 ,2007.

[2] 斯心直 . 西南民族建筑研究 [M]. 昆明 : 云南教育出版社 ,1992.

[3] 蓝勇 . 西南历史文化地理 [M]. 重庆 : 西南师范大学出版社 ,1997.

[4] 徐宗泽 . 中国天主教传教史概论 [M]. 上海 : 上海世纪出版集团 .2010.

[5] 侯幼彬 . 中国大百科全书（建筑·园林·城市规划卷）[M]. 北京 : 中国大百科全书出版社 ,2004.

[6] 王世仁 . 中国古建筑探微 [M]. 天津 : 天津古籍出版社 ,2004.

[7] 杨秉德 . 中国近代中西建筑文化交融史 [M]. 武汉 : 湖北教育出版社 ,2003.

[8] 刘亦师 . 关于中国近代建筑史研究的几个基本问题 [M]// 张复合 . 中国近代建筑研究与保护（八）. 北京 : 清华大学出版社 ,2012.

[9] 刘先觉 . 中国近现代建筑艺术 [M]. 武汉 : 湖北教育出版社 ,2004.

[10] 建筑工程部建筑科学研究院 , 建筑理论及历史研究室 , 中国建筑史编辑委员会 . 中国近代建筑简史 [M]. 北京 : 中国工业出版社 ,1962.

[11] 杨嵩林 . 中国近代建筑总览 重庆篇 [M]. 北京 : 中国建筑工业出版社 ,1993.

[12] 蒋高宸 . 中国近代建筑总览 昆明篇 [M]. 北京 : 中国建筑工业出版社 ,1993.

[13] 王绍周 . 中国近代建筑图录 [M]. 上海 : 上海科学技术出版社 ,1989.

[14] 杨秉德 . 中国近代城市与建筑 [M]. 北京 : 中国建筑工业出版社 ,1993.

[15] 赖德霖 . 中国近代建筑史研究 [M]. 北京 : 中国建筑工业出版社 ,2007.

[16] 李海清 . 中国建筑现代转型 [M]. 南京 : 东南大学出版社 ,2004.

[17] 周坚 . 西方建筑文化影响下的贵阳近代建筑 [M]// 张复合 . 中国近代建筑保护与研究（七）. 北京 : 清华大学出版社 ,2010.

[18] 陈顺祥 , 周坚 ."西风"渐进影响下的贵州近代建筑 [M]// 张复合 , 刘亦师 . 中国近代建筑保护与研究（九）. 北京 : 清华大学出版社 ,2014.

[19] 罗松 . 黔西南近代建筑浅探 [M]// 张复合 , 刘亦师 . 中国近代建筑保护与研究（九）. 北京 : 清华大学出版社 ,2014.

[20] 隗瀛涛 . 重庆城市研究 [M]. 成都 : 四川大学出版社 ,1989.
[21] 成都市城市科学研究会 . 成都城市研究 [M]. 成都 : 四川大学出版社 ,1989.
[22] 隗瀛涛 . 近代重庆城市史 [M]. 成都 : 四川大学出版社 ,1991.
[23] 张学君 , 张莉红 . 成都城市史 [M]. 成都 : 成都出版社 ,1993.
[24] 谢本书 , 李江 . 近代昆明城市史 [M]. 昆明 : 云南大学出版社 ,1997.
[25] 张仲礼 , 熊月之 , 沈祖炜 . 长江沿江城市与中国近代化 [M]. 上海 : 上海人民出版社 ,2001.
[26] 隗瀛涛 . 中国近代不同类型城市综合研究 [M]. 成都 : 四川大学出版社 ,1998.
[27] 杨宇振 . 区域格局中的近代中国城市空间结构转型初探——以“长江上游”和“重庆”城市为参照 [M]// 张复合 . 中国近代建筑研究与保护（五）. 北京 : 清华大学出版社 ,2006:271-284.
[28] 杨宇振 .《陪都十年建设计划草案》初探 [M]// 张复合 . 中国近代建筑研究与保护（八）. 北京 : 清华大学出版社 ,2012.
[29] 周坚 , 陈顺祥 . 贵州近代天主教堂造型的研究 [M]// 张复合 . 中国近代建筑研究与保护（八）. 北京 : 清华大学出版社 ,2012.
[30] 徐敏 . 中国近代基督宗教教堂图录（上、下）[M]. 南京 : 凤凰出版传媒股份有限公司 , 江苏美术出版社 ,2012.12.
[31] 董黎 . 中国近代教会大学建筑史研究 [M]. 北京 : 科学出版社 ,2010.
[32] 张丽萍 . 相思华西坝——华西协和大学 [M]. 石家庄 : 河北教育出版社 ,2004.
[33] 张菁 , 佘海超 . 近代平民住宅的重庆实践 [M]// 张复合 , 刘亦师 . 中国近代建筑保护与研究（九）. 北京 : 清华大学出版社 ,2014.
[34] 骆建云 , 谢璇 . 抗战时期重庆近郊分散式工业区建设 [M]// 张复合 . 中国近代建筑研究与保护（八）. 北京 : 清华大学出版社 ,2012:190-198.
[35]〔法〕荣振华 .16-20 世纪入华天主教传教士列传 [M]. 耿昇 , 译 . 桂林 : 广西师范大学出版社 .2010.
[36] 刘杰熙 . 四川天主教 [M] 成都 : 四川人民出版社 ,2009.
[37] 郭丽娜 . 清代中叶巴黎外方传教会在川活动研究 [M]. 北京 : 学苑出版社 ,2012.
[38] 韦羽 .18 世纪天主教在四川的传播 [M]. 广州 : 广东人民出版社 ,2014.
[39] 秦和平 . 基督宗教在西南民族地区的传播史 [M]. 成都 : 四川民族出版社 ,2003.
[40] 张坦 .“窄门”前的石门坎——基督教文化与川滇黔边苗族社会 [M]. 昆明 : 云南教育出版社 ,1992.

[41] 王耕捷 . 滇越铁路百年史（1910-2010）——记云南窄轨铁路 [M]. 昆明 : 云南出版集团，云南美术出版社 .2010.
[42] 孙官生 . 百年窄轨——滇越铁路史 • 个碧石铁路史 [M]. 北京 : 中国文联出版社 ,2008.
[43] 王玉芝，彭强，范德伟 . 滇越铁路与滇东南少数民族地区社会变迁研究 [M]. 昆明 : 云南出版集团，云南人民出版社 ,2012.
[44] 吴兴帜 . 延伸的平行线 : 滇越铁路与边民社会 [M]. 北京 : 北京大学出版社 ,2012.
[45] 王明东 . 民国时期滇越铁路沿线乡村社会变迁研究 [M]. 昆明 : 云南大学出版社 ,2014.
[46] 周勇 . 西南抗战史 [M]. 重庆 : 重庆出版社 ,2013.
[47] 中国人民政治协商会议西南地区文史资料协作会议 . 抗战时期内迁西南的高等院校 [M]. 贵阳 : 贵州民族出版社 ,1988.
[48] 中国人民政治协商会议西南地区文史资料协作会议 . 抗战时期西南的金融 [M]. 重庆 : 西南师范大学出版社 ,1994.
[49] 中国人民政治协商会议西南地区文史资料协作会议 . 抗战时期西南的教育事业 [M]. 贵阳 : 贵州省文史书店 ,1994.
[50] 重庆市政协学习及文史委员会，西南师范大学重庆大轰炸研究中心 . 重庆大轰炸 [M]. 重庆 : 西南师范大学出版社 ,2002.
[51] 潘洵，周勇 . 抗战时期重庆大轰炸日志 [M]. 重庆 : 重庆出版社 ,2011.
[52] 重庆抗战丛书编纂委员会 . 重庆抗战大事记 [M]. 重庆 : 重庆出版社 ,1995.
[53] 潘洵 . 抗战时期西南后方社会变迁研究 [M]. 重庆 : 重庆出版社 ,2011.
[54] 刘志英，张朝辉 . 抗战大后方金融研究 [M]. 重庆 : 重庆出版社 ,2014.
[55] 唐润明 . 衣冠西渡 : 抗战时期的政府机构大迁移 [M]. 北京 : 商务印书馆 ,2015.
[56] 云南省档案馆 . 抗战时期的云南社会 [M]. 昆明 : 云南人民出版社 ,2005.
[57] 黄晓东，张荣祥 . 重庆抗战遗址遗迹保护研究 [M]. 重庆 : 重庆出版社 ,2013.
[58] 欧阳杰 . 中国近代机场建设史 [M]. 北京 : 航空工业出版社 ,2008.
[59] 徐新建 . 西南研究论 [M]. 昆明 : 云南教育出版社 ,1992.
[60] 云南省社会科学院历史研究所 . 中国西南文化研究 [M]. 昆明 : 云南民族出版社 ,1996.
[61] 戴志中，杨宇振 . 中国西南地域建筑文化 [M]. 武汉 : 湖北教育出版社 ,2003.
[62] 赖德霖，伍江，徐苏斌 . 中国近代建筑史 第一卷 门户开放——中国城市和建筑的西化与现代化 [M]. 北京 : 中国建筑工业出版社 ,2016.
[63] 赖德霖，伍江，徐苏斌 . 中国近代建筑史 第二卷 多元探索——民国早期各地的现代化及

中国建筑科学的发展 [M]. 北京 : 中国建筑工业出版社 ,2016.
[64] 赖德霖 , 伍江 , 徐苏斌 . 中国近代建筑史 第三卷 民族国家——中国城市建筑的现代化与历史遗产 [M]. 北京 : 中国建筑工业出版社 ,2016.
[65] 赖德霖 , 伍江 , 徐苏斌 . 中国近代建筑史 第四卷 摩登时代——世界现代建筑影响下的中国城市与建筑 [M]. 北京 : 中国建筑工业出版社 ,2016.
[66] 赖德霖 , 伍江 , 徐苏斌 . 中国近代建筑史 第五卷 浴火河山——日本侵华时期及抗战之后的中国城市和建筑 [M]. 北京 : 中国建筑工业出版社 ,2016.
[67] 方豪 . 中国天主教史人物传（上）[M]. 北京 : 中华书局 ,1988.
[68] 古洛东 . 圣教入川记 [M]. 成都 : 四川人民出版社 ,1981.
[69] 贵州省地方志编撰委员会 . 贵州省志·宗教志 [M]. 贵阳 : 贵州人民出版社 ,2007.
[70] 隗瀛涛 . 四川近代史稿 [M]. 成都 : 四川人民出版社 ,1990.
[71] 中国第一历史档案馆 , 福建师范大学历史系 . 清末教案（第 1 册）[M]. 北京 : 中华书局 ,1996.
[72] 周春元 , 何长凤 , 张祥光 . 贵州近代史 [M]. 贵阳 : 贵州人民出版社 ,1987.
[73] 刘鼎寅 , 韩学军 . 云南天主教 [M]. 北京 : 宗教文化出版社 ,2004.
[74] 四川省地方志编纂委员会 . 四川省志 • 宗教志 [M]. 成都 : 四川人民出版社 ,1998.7.
[75] 陈鸿钧 . 四川贵州云南三省宣教概况 [M]// 中华全国基督教协进会 . 中华基督教会年鉴（第 7 期）,1924.
[76] 四川省地方志编纂委员会 . 四川省志 • 建筑志 [M]. 成都 : 四川科学技术出版社 ,1996.
[77]《云南近代史》编写组 . 云南近代史 [M]. 昆明 : 云南人民出版社 ,1993.
[78] 贵州新闻图片社 . 世纪回眸 : 贵州 100 年 [M]. 贵阳 : 贵州人民出版社 ,2013.
[79] 重庆市城乡建设管理委员会 , 重庆市建筑管理局 . 重庆建筑志 [M]. 重庆 : 重庆大学出版社 ,1997.
[80] 云锡志编委会 . 云锡志 [M]. 昆明 : 云南人民出版社 ,1992.
[81] 王铁崖 . 中外旧约章汇编（第 1 册）[M]. 北京 : 三联书店 ,1957.
[82] 昭通龙云等 . 新纂云南通志（卷 143 商业考一）[M]. 昆明 : 云南人民出版社年点校本 ,2007.
[83] 李硅 . 云南近代经济史 [M]. 昆明 : 云南民族出版社 ,1995.
[84] 云南省城乡建设厅 . 云南省志 • 建筑志 [M]. 昆明 : 云南人民出版社 ,1995.
[85] 谢本书 , 冯祖贻 . 西南军阀史（第一卷）[M]. 贵阳 : 贵州人民出版社 ,1991.
[86] 谢本书 , 冯祖贻 . 西南军阀史（第二卷）[M]. 贵阳 : 贵州人民出版社 ,1994.
[87] 谢本书 , 冯祖贻 . 西南军阀史（第三卷）[M]. 贵阳 : 贵州人民出版社 ,1994.

[88] 西南军阀史研究会 . 西南军阀史研究丛刊（第二辑）[M]. 贵阳 : 贵州人民出版社 ,1983.

[89] 贾大全 . 四川通史 卷七 , 民国 [M]. 成都 : 四川人民出版社 ,2010.

[90] 贵州省地方志编纂委员会 . 贵州省志 • 建筑志 [M]. 贵阳 : 贵州人民出版社 ,1999.

[91] 云南省志 • 冶金工业志编纂委员会 . 云南省志 • 冶金工业志 [M]. 昆明 : 云南人民出版社 ,1995.

[92] 中国水利百科全书编辑委员会 . 中国水利百科全书 [M]. 北京 : 中国水利水电出版社 ,2006.

[93] 蒋纬国 . 抗日御海（第 2 卷）[M]. 台北 : 黎明文化实业公司 ,1979.

[94] 交通银行总管理处 . 金融市场论 [M]. 上海 ,1947.

[95] 何辑五 . 十年来贵州经济建设 [M]. 南京 : 南京印书馆 ,1946.

[96] 张肖梅 . 云南经济 [M]. 中国国民经济研究所 ,1942.

[97] 欧阳桦 . 重庆近代城市建筑 [M]. 重庆 : 重庆大学出版社 ,2010.

[98] 陆仰渊 , 方庆秋 . 民国社会经济史 [M]. 北京 : 中国经济出版社 ,1991.

[99] 李波 . 重庆抗战遗址遗迹图文集 [M]. 重庆 : 重庆大学出版社 ,2011.

[100] 上海建筑施工志编委会 . 东方巴黎——近代上海建筑史话 [M]. 上海 : 上海文化出版社 ,1991.

[101] 杜满希 . 法国与四川 : 百年回眸 [M]. 四川 : 成都传媒集团 , 成都时代出版社 ,2007.

[102] 郑时龄 . 上海近代建筑风格 [M]. 上海 : 上海教育出版社 ,1999.

[103] 李海清、汪晓茜 . 叠合与融通——近世中西合璧建筑艺术 [M]. 北京 : 中国建筑工业出版社 ,2015.

[104] 铁道部财务司调查科 . 粤滇线云贵段经济调查总报告 [C]. 见 : 近代中国史料丛刊三编 [M]. 文海出版社（第 87 辑）.

[105] 魏司 . 巴蜀老照片 [M]. 成都 : 四川大学出版社 ,2009.

[106] 谭茂森 . 云南大学志 [M]. 云南大学内部发行 ,1997.

[107] 朱寿朋 . 光绪朝东华录 [M]. 上海：上海集成图书公司，宣统元年 .

[108] 欧阳桦 , 李竹汀 . 学舍百年——重庆中小学校近代建筑 [M]. 重庆 : 重庆大学出版社 ,2014.

[109] 罗照田 . 东方的西方：华西大学老建筑 [M]. 成都 : 四川人民出版社 ,2018.

[110] 思红 . 重庆生活片段 [A]. 施康强 . 四川的凸现 [M]. 北京 : 中央编译出版社 ,2001.

[111] 四川省国民教育委员会 . 中心学校、国民学校校舍建筑标准 [M]. 西南书局 ,1940.

[112] 重庆市档案馆 , 重庆师范大学 . 中国战时首都档案文献 • 战时工业 [M]. 重庆 : 重庆出版集团 , 重庆出版社 ,2014.

[113] 南岸区政协文史资料研究委员会 . 南岸区文史资料（一）[M]. 内部印行 ,1985.

[114] 蒯世勋 . 上海公共租界史稿 [M]. 上海 : 上海人民出版社 ,1980.

[115] 重庆市人民防空办公室 . 重庆市防空志 [M]. 重庆 : 西南师范大学出版社 ,1994.

[116] 四川省地方志编纂委员会 . 四川省志 • 建材工业志 [M]. 成都 : 四川科学技术出版社 ,1999.

## 期刊

[1] 周坚 , 郑力鹏 . 贵州近代天主教堂建筑类型初探 [J]. 建筑遗产 ,2020,3.

[2] 郭丽娜 . 巴黎外方传教会与天主教的中国本土化历程 [J]. 汕头大学学报（人文社会科学版）.2006,1.

[3] 郭丽娜 , 刘文立 , 朱清萍 . 清代中期巴黎外方传教会在川培养华籍神职人员活动述评 [J]. 宗教学研究 ,2009,1.

[4] 郭丽娜 , 陈静 . 论巴黎外方传教会对天主教中国本土化的影响 [J]. 宗教学研究 ,2006,4.

[5] 徐刚 . 方苏雅与“昆明教案”——1900 年的昆明大火 [J]. 滇池 ,2006,6.

[6] 傅友周 . 重庆铜元局的回忆片断 [J]. 重庆工商史料 ,1983.

[7] 马薇 , 张宏伟 . 昆明近代城市与建筑的演变 [J]. 云南工学院学报 ,1992,3.

[8] 田鸠 , 杨帆译 . 四川动乱概观 [J]. 近代史资料 ,1962,4.

[9] 董幼娴 . 重庆保险业概况 [J]. 四川经济季刊 ,1945,2(1).

[10] 李紫翔 . 抗战以来四川之工业 [J]. 四川经济季刊 ,1945,3(5).

[11] 张林艳 , 何云玲 , 刘晓芳 . 滇越铁路车站等级设置与周边城镇化关系的探讨 [J]. 云南地理环境研究 ,2010,8.

[12] 何家伟 .《申报》与南洋劝业会 [J]. 史学月刊 ,2006,5.

[13] 车辚 . 滇越铁路与民国昆明城市形态变迁 [J]. 广西师范学院学报（哲学社会科学版）,2013,7.

[14] 彭长歆 .“铺廊”与骑楼 : 从张之洞广州长堤计划看岭南骑楼的官方原型 [J]. 广州 : 华南理工大学学报（社会科学版）,2006,6:66-69.

[15] 赵若焱 . 云南大学会泽楼建筑初探 [J]. 建筑史论文集 ,2000,4.

[16] 李海清 , 敬登虎 . 全球流动背景下技术改进与选择案例研究——抗战后方“战时建筑”设计混合策略初探 [J]. 建筑师 ,2020,1.

[17] 唐博 . 民国时期的平民住宅及其制度创建—— 以北平为中心的研究 [J]. 近代史研究 .2010,4.

[18] 童寯 . 我国公共建筑外观的检讨 [J]. 公共工程专刊 ,1946 .
[19] 练育强 . 近代上海公共租界的建筑法律制度 [J]. 探索与争鸣 ,2010,3.
[20] 徐廷荃 . 重庆砖瓦业概况 [J]. 国货与实业 ,1941,3.

## 论文

[1] 方芳 . 巴蜀建筑史——近代 [D]. 重庆 : 重庆大学 ,2010.
[2] 屈仰 . 重庆抗战时期建筑研究 [D]. 重庆 : 重庆大学 ,2011.
[3] 郭小兰 . 重庆陪都时期建筑发展史纲 [D]. 重庆 : 重庆大学 ,2013.
[4] 刘宜靖 . 早期现代中国建筑规则创立初探——结合陪都时期重庆城市讨论 [D]. 重庆 : 重庆大学 ,2014.
[5] 景小彤 . 川西地区民国时期建筑研究 [D]. 绵阳 : 西南科技大学 ,2017.
[6] 谢璇 .1937-1949 年重庆城市建设与规划研究 [D]. 广州 : 华南理工大学 ,2011.
[7] 李彩 . 重庆近代城市规划与建设的历史研究（1876-1949）[D]. 武汉 : 武汉理工大学 ,2012.
[8] 赵耀 .《陪都十年建设计划草案》之研究 [D]. 重庆 : 重庆大学 ,2014.
[9] 李文泽 . “嘉陵江三峡乡村建设”时期北碚的城市与建筑（1927-1949）[D]. 重庆 : 重庆大学 ,2018.
[10] 李艳林 . 重构与变迁——近代云南城市发展研究（1856-1945 年）[D]. 厦门 : 厦门大学 ,2008.
[11] 马方进 . 近代成都城市空间转型研究（1840-1949）[D]. 西安 : 西安建筑科技大学 ,2009.
[12] 黄瑶 . 重庆近代天主教堂建筑研究 [D]. 重庆 : 重庆大学 ,2003.
[13] 曹伦 . 近代川西天主教教堂建筑 [D]. 成都 : 西南交通大学 ,2003.
[14] 何畅 . 宜宾教区近代天主教堂建筑研究 [D]. 西安 : 西安建筑科技大学 ,2006.
[15] 张炯 . 云南基督教堂及其建筑文化探析 [D]. 昆明 : 昆明理工大学 ,2009.
[16] 程琦 . 云南少数民族地区基督教教堂建筑装饰艺术研究 [D]. 昆明 : 昆明理工大学 ,2010.
[17] 李睿 . 重庆近代金融建筑研究 [D]. 重庆 : 重庆大学 ,2006.
[18] 华观庆 . 重庆抗战时期使馆建筑研究 [D]. 重庆 : 西南大学 ,2015.
[19] 庞启航 . 成都地区近代公馆建筑形态研究 [D]. 成都 : 西南交通大学 ,2008.
[20] 何雨维 . 成都市近代居住建筑保护现状与研究 [D]. 成都 : 西南交通大学 ,2010.
[21] 陈卓 . 重庆近代居住建筑研究 [D]. 重庆 : 重庆大学 ,2006.
[22] 匡志林 . 重庆近代宅第建筑特色研究 [D]. 重庆 : 重庆大学 ,2012.

[23] 曹帆 . 云南名人故居建筑特色解读 [D]. 昆明 : 昆明理工大学 ,2012.

[24] 孙音 . 成都近代教育建筑研究 [D]. 重庆 : 重庆大学 ,2003.

[25] 邱扬 . 重庆近代教育建筑研究 [D]. 重庆 : 重庆大学 ,2006.

[26] 李晶晶 . 华西协合大学近代建筑研究 [D]. 泉州 : 华侨大学 ,2012.

[27] 许东风 . 重庆工业遗产保护利用与城市振兴 [D]. 重庆 : 重庆大学 ,2012.

[28] 罗连杰 . 新古典主义建筑思潮与近现代重庆主城建筑演变（1891-1960）[D]. 重庆 : 重庆大学 ,2016.

[29] 东人达 . 滇黔川边基督教传播研究 [D]. 北京 : 中央民族大学 ,2003.

[30] 车辚 . 滇越铁路与近代云南经济变迁 [D]. 成都 : 四川大学 .2008.

[31] 梁克旭 . 滇越铁路与近代云南社会文化研究——技术与文化关系的视野 [D]. 昆明 : 昆明理工大学 .2008.

[32] 张宗学 . 滇越铁路与近代云南社会文化研究 [D]. 昆明 : 昆明理工大学 .2008.

[33] 张永帅 . 近代云南的开埠与口岸贸易研究（1889-1937）[D]. 上海 : 复旦大学 ,2011.

[34] 彭飞 . 昆明近代城市形态发展的特征及其影响因素 [D]. 昆明 : 昆明理工大学 ,2009.

[35] 严何 . 古韵的现代表达——新古典主义建筑演变脉络初探 [D]. 上海 : 同济大学 ,2009.

# 后 记

本书是在同济大学博士论文基础上加以修订而成。自2011年进入同济大学常青院士门下，到2017年年底提交博士论文通过答辩，前后近七年时光。在这七年里，从常老师的课堂上及与他平时交谈中，我在学问上获得很大的启发，常老师广博的学问、严谨的治学态度、对学生的关心爱护给我留下了深刻印象和潜移默化的影响。正是在常老师的指导和帮助下，才能形成今日案头的书稿，感谢恩师对我研究论文的指导！

一个人，一台车，足迹编布西南三省一市，其中包括位置偏远、人烟稀少的乡村。在论文的资料搜集过程中，无论是现场调研还是文献整理，都得到了西南三省一市诸多长辈、老师和朋友们的帮助。在这里要特别感谢重庆市文物系统的师友幸军、熊子华、周大庆、邹后曦、袁东山、刘继东、孙慧、白莹、黎明、易军、朱俊东、姚勇、温小华、陈昀、胡翔云、左茜、王斌、张亮、庄朝彬等，四川省文物系统的师友何振华、贺晓东、唐飞、颜劲松、蒋成、李良、罗培红、冯健、张燕、陈科、贾雨田、张仕秋、温桂彪、梁馨、唐云梅、汤伟、傅寒等，云南省文物系统的师友余剑明、刘旭、叶荣波、朱云生、白成明、李永生、李跃伟、杨馨、唐开吉等；贵州省文物系统的师友张勇、陈顺祥、彭银、李飞、周儒凤、范国铃、胡泓、罗松、陈平、田茂军、刘健、韦玮、陈红等，感谢曾多次陪同我在西南实地调研的长辈陈卫红，好友贾成。

在写作过程中，有过多次纠结，推翻论文框架，又再次重新组织材料，这既是学问的提升过程，也是人生的历练过程。在最后的写作过程中，要感谢对论文选题和论文思路中提出过中肯建议的所有老师和朋友，感谢我的博士导师常青院士，我的硕士导师曹永康教授，感谢同济大学郑时龄院士、卢永毅教授、钱宗灏教授、梅青教授、朱晓明教授，东南大学朱光亚教授，复旦大学杜晓帆教授、陆建松教授、王金华教授，西南交通大学沈中伟教授，上海市文物保护研究中心谭玉峰研究员，解放军理工大学奚江琳教授，东南大学李海清教授、同济大学张鹏教授、王红军副教授、刘涤宇副教授、李颖春副教授、刘雨婷老师，感谢西南交大张宇老师，感谢黄印武老师，感谢师兄沈海虹、尧云、蒲仪军，师姐陈曦，感谢同门汤诗旷、梁智尧、巨凯夫，同届学友李晓、刘成、曾巧巧、罗宇龙、邱兆达，本科同学梁智勇，感谢师弟郭建伟，师妹苏项琨。

如果本书能够给后来的研究者提供一些有价值的史料或素材，亦或有启发的观点，这些是对我研究生涯最重要的肯定。

2022 年 9 月于复旦